普通高等教育"十三五"规划教材（网络工程专业）

Linux 服务器配置与管理项目教程
（微课版）

赵良涛　姜猛　肖川　杨云　编著

中国水利水电出版社

www.waterpub.com.cn

·北京·

内 容 提 要

本书着眼于企业应用，以学生能够完成中小企业建网、管网的任务为出发点，以工作过程为导向，以工程实践为基础，注重工程实训和应用，同时配以知识点微课和项目实训慕课，使"教、学、做"融为一体，是一本工学结合的教材。

本书以 CentOS 7/RHEL 7 为平台，根据网络工程实际工作过程所需要的知识和技能抽象出 13 个教学项目、17 个项目实录和 2 个综合实训项目。教学项目包括：安装 CentOS 7 服务器、配置 Linux 基础网络、管理用户和组、管理文件系统与磁盘、配置与管理 samba 服务器、配置与管理 DHCP 服务器、配置与管理 DNS 服务器、配置与管理 NFS 服务器、配置与管理 Apache 服务器、配置与管理 FTP 服务器、配置与管理电子邮件服务器、配置防火墙与代理服务器、配置与管理 VPN 服务器。

本书既可以作为高等院校计算机应用专业和网络技术专业理论与实践一体化教材使用，也可以作为 Linux 系统管理和网络管理的自学指导书。

图书在版编目（CIP）数据

Linux服务器配置与管理项目教程：微课版 / 赵良涛等编著. -- 北京：中国水利水电出版社，2019.7（2024.1 重印）
普通高等教育"十三五"规划教材. 网络工程专业
ISBN 978-7-5170-7858-6

Ⅰ. ①L… Ⅱ. ①赵… Ⅲ. ①Linux操作系统－高等学校－教材 Ⅳ. ①TP316.89

中国版本图书馆CIP数据核字(2019)第150166号

策划编辑：石永峰　　责任编辑：张玉玲　　加工编辑：辛　杰　　封面设计：李　佳

书　　名	普通高等教育"十三五"规划教材（网络工程专业） Linux 服务器配置与管理项目教程（微课版） LINUX FUWUQI PEIZHI YU GUANLI XIANGMU JIAOCHENG (WEIKE BAN)
作　　者	赵良涛　姜猛　肖川　杨云　编著
出版发行	中国水利水电出版社 （北京市海淀区玉渊潭南路 1 号 D 座　100038） 网址：www.waterpub.com.cn E-mail: mchannel@263.net（答疑） 　　　　　sales@mwr.gov.cn 电话：(010) 68545888（营销中心）、82562819（组稿）
经　　售	北京科水图书销售有限公司 电话：(010) 68545874、63202643 全国各地新华书店和相关出版物销售网点
排　　版	北京万水电子信息有限公司
印　　刷	三河市德贤弘印务有限公司
规　　格	184mm×260mm　16 开本　16.75 印张　412 千字
版　　次	2019 年 7 月第 1 版　2024 年 1 月第 3 次印刷
印　　数	5001—6000 册
定　　价	45.00 元

前　　言

1. 编写背景

《Linux 网络服务器配置管理项目实训教程》（第二版）是国家精品课程和国家精品资源共享课程配套教材。该书出版 4 年来，得到了兄弟院校师生的厚爱，已经重印 7 次。为了适应计算机网络的发展和高等院校教材改革的需要，我们对本书第二版进行了改版，吸收了有实践经验的网络企业工程师参与教材大纲的审订与编写，改写或重写了核心内容，删除部分陈旧的内容，增加了部分新技术的内容。

2. 修订内容

主要修订的内容有：

（1）进行了版本升级，由 Red Hat Enterprise 5.0 升级到 CentOS 7.4 和 Red Hat Enterprise 7.4。

（2）通过扫描二维码随时随地观看知识点微课程和实训项目视频。

（3）增加"管理文件系统与磁盘"。

（4）增加授课计划、项目指导书、电子教案、电子课件、课程标准、大赛、试卷、拓展提升、项目任务单、实训指导书等相关电子参考资料。

（5）重写或改写 samba 服务器、DHCP 服务器、DNS 服务器、NFS 服务器、Apache 服务器、FTP 服务器、电子邮件服务器、防火墙和代理服务器、VPN 服务器等核心内容。

3. 本书特点

（1）这是一本基于工作过程导向的工学结合教材。配备立体化的教辅资源，所有教学录像与实验视频全部上网。

国家精品资源共享课程网址：http://www.icourses.cn/coursestatic/course_2843.html。

（2）实训内容源于企业实际应用，"微课+慕课"体现了"教、学、做"的完美统一。

每个项目后面都增加"项目拓展"内容。知识点微课、项目实训慕课互相配合，读者可以通过扫描二维码随时进行项目的学习与实践。

4. 配套的教学资源

（1）全部章节的知识点微课和全套的项目实训慕课都可通过扫描书中二维码获取。

知识点微课：开源自由的 Linux 操作系统的简介、Linux 用户和软件包管理、Linux 的文件系统、TCP/IP 网络接口配置、管理与维护 samba 服务器、配置 DHCP 服务器、配置 DNS 服务器、管理与维护 NFS 服务器、管理与维护 Apache 服务器、管理与维护 FTP 服务器、管理与维护 iptables 防火墙。

项目实训慕课：安装与基本配置 Linux 操作系统、管理用户和组、管理文件权限、管理 lvm 逻辑卷、管理动态磁盘、管理文件系统、配置 TCP/IP 网络接口、配置与管理 samba 服务器、配置与管理 DHCP 服务器、配置与管理 DNS 服务器、配置与管理 NFS 服务器、配置与管理 Web 服务器、配置与管理 FTP 服务器、配置与管理电子邮件服务器、配置与管理 iptables 防火墙、配置与管理 squid 代理服务器、配置与管理 VPN 服务器等。

（2）教学课件、电子教案、授课计划、项目指导书、课程标准、拓展提升、项目任务单、实训指导书等。

（3）参考各服务器的配置文件。

（4）大赛试题及答案。

（5）试卷 A、试卷 B、习题及答案。

5. 教学大纲

本书的参考学时为 80 学时，其中实训为 44 学时，各项目的参考学时参见下面的学时分配表。

章节	课程内容	学时分配	
		讲授	实训
项目 1	安装 CentOS 7 服务器	2	2
项目 2	配置 Linux 基础网络	2	2
项目 3	管理用户和组	2	2
项目 4	管理文件系统与磁盘	2	2
项目 5	配置与管理 samba 服务器	2	2
项目 6	配置与管理 DHCP 服务器	2	2
项目 7	配置与管理 DNS 服务器	4	4
项目 8	配置与管理 NFS 网络文件系统	2	2
项目 9	配置与管理 Apache 服务器	4	4
项目 10	配置与管理 FTP 服务器	4	4
项目 11	配置与管理电子邮件服务器	4	4
项目 12	配置防火墙与代理服务器	4	4
项目 13	配置与管理 VPN 服务器	2	2
综合实训一	Linux 系统故障排除		4
综合实训二	企业综合应用		4
课时总计		36	44

本书是由教学名师、微软工程师和骨干教师共同策划编写的一本工学结合教材，由菏泽学院赵良涛、山东现代学院姜猛、烟台南山学院肖川、山东现代学院杨云编著。付强、杨昊龙、张晖、王世存、杨翠玲、杨秀玲、王瑞、王春身、韩巍、戴万长、唐柱斌、杨定成等也参加了相关章节的编写或视频录制。

计算机研讨与资源共享 QQ 群：414901724，QQ：68433059。

编者

2019 年春节于泉城

目　　录

第三篇　常用网络服务

第四篇　网络互联与安全

第一篇 系统安装与网络配置

不积跬步，无以至千里。

——荀子《劝学》

项目 1 安装 CentOS 7 服务器

项目描述

某高校组建了学校的校园网，需要架设一台具有 Web、FTP、DNS、DHCP、samba、VPN 等功能的服务器来为校园网用户提供服务，现需要选择一种既安全又易于管理的网络操作系统。

项目目标

- 了解 Linux 系统的历史、版权以及 Linux 系统的特点。
- 了解 CentOS 7 的优点及其家族成员。
- 掌握如何利用 VM 安装虚拟机。
- 掌握如何搭建 CentOS 7 服务器。
- 掌握使用 RPM。
- 掌握使用 yum。
- 掌握 systemd 初始化进程。

1.1 相关知识

1.1.1 认识 Linux

1. Linux 系统的历史

Linux 系统是一个类似 UNIX 的操作系统，Linux 系统是 UNIX 在计算机上的完整实现，它的标志是一个名为 Tux 的可爱的小企鹅，如图 1-1 所示。UNIX 操作系统是 1969 年由 K.Thompson 和 D.M.Richie 在美国贝尔实验室开发的一个操作系统。由于良好而稳定的性能而迅速在计算机中得到广泛的应用，在随后的几十年中又做了不断的改进。

1990 年，芬兰人 Linus Torvalds 接触了为教学而设计的 Minix 系统后，开始着手研究编写一个开放的与 Minix 系统兼容的操作系统。1991 年 10 月 5 日，Linus Torvalds 在赫尔辛基技术大学的一台 FTP 服务器上发布了一个消息，这也标志着 Linux 系统的诞生。Linus Torvalds 公布了第一个 Linux 的内核版本 0.0.2 版。在最开始时，Linus Torvalds 的兴趣在于了解操作系统运行原理，因此 Linux 早期的版本并没有考虑最终用户的使用，只是提供了最核心的框架，使得 Linux 编程人员可以享受编制内核的乐趣，但这样也保证了 Linux 系统内核的强大与稳定。Internet 的兴起，使得 Linux 系统也能十分迅速地发展，很快就有许多程序员加入了 Linux 系统的编写行列之中。

随着编程小组的扩大和完整的操作系统基础软件的出现，Linux 开发人员认识到，Linux

已经逐渐变成一个成熟的操作系统。1992 年 3 月，内核 1.0 版本的推出，标志着 Linux 第一个正式版本的诞生。这时能在 Linux 上运行的软件已经十分广泛了，从编译器到网络软件以及 X-Window 都有。现在，Linux 凭借优秀的设计、不凡的性能，加上 IBM、Intel、AMD、Dell、Oracle、Sybase 等国际知名企业的大力支持，市场份额逐步扩大，逐渐成为主流操作系统之一。

2．Linux 的版权问题

Linux 是基于 Copyleft（无版权）的软件模式进行发布的，其实 Copyleft 是与 Copyright（版权所有）相对立的新名称，它是 GNU 项目制定的通用公共许可证（General Public License，GPL）。GNU 项目是由 Richard Stallman 于 1984 年提出的，他建立了自由软件基金会（FSF）并提出 GNU 计划的目的是开发一个完全自由的、与 UNIX 类似但功能更强大的操作系统，以便为所有的计算机使用者提供一个功能齐全、性能良好的基本系统，它的标志是角马，如图 1-2 所示。

图 1-1　Linux 的标志——Tux　　　　　　　图 1-2　GNU 的标志——角马

GPL 是由自由软件基金会发行的用于计算机软件的协议证书，使用证书的软件称为自由软件，后来改名为开放源代码软件（Open Source Software）。大多数的 GNU 程序和超过半数的自由软件都使用它，GPL 保证任何人都有权使用、复制和修改该软件。任何人都有权取得、修改和重新发布自由软件的源代码，并且规定在不增加附加费用的条件下可以得到自由软件的源代码，同时还规定自由软件的衍生产品必须以 GPL 作为它重新发布的许可协议。Copyleft 软件的组成非常透明化，这样当出现问题时，就可以准确地查明故障原因，及时采取相应对策，同时用户不用再担心有"后门"的威胁。

小资料：GNU 这个名字使用了有趣的递归缩写，它是 "GNU's Not UNIX" 的缩写。由于递归缩写是一种在全称中递归引用它自身的缩写，因此无法精确地解释出它的真正全称。

总之，Linux 操作系统作为一个免费、自由、开放的操作系统，它的发展势不可挡。

1.1.2　理解 Linux 体系结构

Linux 一般有 3 个主要部分：内核（Kernel）、命令解释层（Shell 或其他操作环境）、实用工具。

1．内核

内核是系统的心脏，是运行程序和管理磁盘及打印机等硬件设备的核心程序。操作环境向用户提供一个操作界面，它从用户那里接受命令，并且把命令送给内核去执行。由于内核提供的都是操作系统最基本的功能，如果内核发生问题，整个计算机系统就可能会崩溃。

Linux 内核的源代码主要用 C 语言编写，只有部分与驱动相关的用汇编语言 Assembly 编写。Linux 内核采用模块化的结构，其主要模块包括存储管理、CPU 和进程管理、文件系统管理、设备管理和驱动、网络通信以及系统的引导、系统调用等。Linux 内核的源代码通常安装在/usr/src 目录，可供用户查看和修改。

2. 命令解释层

命令解释层是系统的用户界面，提供了用户与内核进行交互操作的一种接口。它接收用户输入的命令，并且把它送入内核去执行。

操作环境在操作系统内核与用户之间提供操作界面，它可以描述为一个解释器。操作系统对用户输入的命令进行解释，再将其发送到内核。Linux 存在几种操作环境，分别是：桌面（desktop）、窗口管理器（window manager）和命令行（command line shell）。Linux 系统中的每个用户都可以拥有自己的用户操作界面，根据自己的要求进行定制。

3. 实用工具

标准的 Linux 系统都有一套叫作实用工具的程序，它们是专门的程序，如编辑器、执行标准的计算操作等，用户也可以产生自己的工具。

实用工具可分为以下 3 类。

● 编辑器：用于编辑文件。

● 过滤器：用于接收数据并过滤数据。

● 交互程序：允许用户发送信息或接收来自其他用户的信息。

Linux 的编辑器主要有：Ed、Ex、Vi、vim 和 Emacs。Ed 和 Ex 是行编辑器，Vi、vim 和 Emacs 是全屏幕编辑器。

Linux 的过滤器（Filter）读取用户文件或其他设备输入数据。

交互程序是用户与机器的信息接口。Linux 是一个多用户系统，它必须和所有用户保持联系。

1.1.3 认识 Linux 的版本

Linux 的版本分为内核版本和发行版本两种。

1. 内核版本

内核提供了一个在裸设备与应用程序间的抽象层。例如，程序本身不需要了解用户的主板芯片集或磁盘控制器的细节就能在高层次上读写磁盘。

内核的开发和规范一直由 Linus 领导的开发小组控制着，版本也是唯一的。开发小组每隔一段时间公布新的版本或其修订版，从 1991 年 10 月 Linus 向世界公开发布的内核 0.0.2 版本（0.0.1 版本功能相当简单所以没有公开发布）到目前最新的内核 4.18.8 版本，Linux 的功能越来越强大。

Linux 内核的版本号命名是有一定规则的，版本号的格式通常为"主版本号.次版本号.修正号"。主版本号和次版本号标志着重要的功能变更，修正号表示较小的功能变更。以 2.6.12 版本为例，2 代表主版本号，6 代表次版本号，12 代表修正号。其中次版本号还有特定的意义：如果是偶数数字，就表示该内核是一个可放心使用的稳定版；如果是奇数数字，则表示该内核加入了某些测试的新功能，是一个内部可能存在着 Bug 的测试版。如 2.5.74 表示是一个测试版的内核，2.6.12 表示是一个稳定版的内核。读者可以到 Linux 内核官方网站 http://www.kernel.org/下载最新的内核代码，如图 1-3 所示。

图 1-3　Linux 内核官方网站 http://www.kernel.org/

2. 发行版本

仅有内核而没有应用软件的操作系统是无法使用的，所以许多公司或社团将内核、源代码及相关的应用程序组织构成一个完整的操作系统，让一般的用户可以简便地安装和使用 Linux，这就是所谓的发行版本（Distribution），一般谈论的 Linux 系统便是针对这些发行版本的。目前各种发行版本超过 300 种，它们的发行版本号各不相同，使用的内核版本号也可能不一样，现在最流行的套件有 Red Hat（红帽子）、CentOS、Fedora 、openSUSE、Debian、Ubuntu、红旗 Linux 等。

本书是基于最新的 CentOS 7 系统编写的，书中内容及实验完全通用于 CentOS、Red Hat、Fedora 等系统。也就是说，当学完本书后，即便公司内的生产环境部署 Red Hat，也照样可以搞定。更重要的是，本书配套资料中的 ISO 镜像与全国职业技能大赛基本保持一致，因此更适合备考职业技能大赛的考生使用。（加入 QQ 群 189934741 可随时索要 ISO 及其他资料，后面不再说明。）

1.1.4　CentOS

社区企业操作系统（Community Enterprise Operating System，CentOS）是 Linux 发行版之一，它是 Red Hat Enterprise Linux 依照开放源代码规定释出的源代码所编译而成的。由于出自同样的源代码，因此有些要求高度稳定性的服务器以 CentOS 替代商业版的 Red Hat Enterprise Linux。两者的不同在于 CentOS 并不包含封闭源代码软件。

CentOS 在 2014 年初，宣布加入 Red Hat。CentOS 是一个基于 Red Hat Linux 提供的可自由使用源代码的企业级 Linux 发行版本。每个版本的 CentOS 都会获得十年的支持（通过安全更新方式）。新版本的 CentOS 大约每两年发行一次，而每个版本的 CentOS 会定期（大概每六个月）更新一次，以便支持新的硬件。这样，就会建立一个安全、低维护、稳定、高预测性、高重复性的 Linux 环境。

CentOS 是 RHEL（Red Hat Enterprise Linux）源代码再编译的产物，而且在 RHEL 的基础上修正了不少已知的 Bug ，相对于其他 Linux 发行版，其稳定性值得信赖。

CentOS 加入红帽后，依旧保持了之前的特点：

● CentOS 依然不收费。

● 保持赞助内容驱动的网络中心不变。

● Bug、Issue 和紧急事件处理策略不变。

● Red Hat Enterprise Linux 和 CentOS 防火墙也依然存在。

1.1.5 CentOS 7 的主要特点

CentOS 7 于 2014 年 7 月 7 号正式发布，这是一个企业级的 Linux 发行版本，基于 Red Hat 红帽免费公开的源代码。

和以前的版本相比，CentOS 7 主要加入以下新特性：

（1）从 CentOS6.x 在线升级到 CentOS 7。

（2）加入了 Linux 容器（LinuX Containers，LXC）支持，使用轻量级的 Docker 进行容器实现。

（3）默认的 XFS 文件系统。

（4）使用 systemd 后台程序管理 Linux 系统和服务。

（5）使用 firewalld 后台程序管理防火墙服务。

1.2 项目设计及准备

中小型企业在选择网络操作系统时，首先推荐企业版 Linux 网络操作系统。一是由于其开源的优势，另一个是考虑到其安全性较高。

要想成功安装 Linux，首先必须要对硬件的基本要求、硬件的兼容性、多重引导、磁盘分区和安装方式等进行充分准备，获取发行版本，查看硬件是否兼容，选择适合的安装方式。做好这些准备工作，Linux 安装之旅才会一帆风顺。

CentOS 7 支持目前绝大多数主流的硬件设备，不过由于硬件配置、规格更新极快，若想知道自己的硬件设备是否被 CentOS 7 支持，最好去访问硬件认证网页，查看哪些硬件通过了 CentOS 7 的认证。

1. 多重引导

Linux 和 Windows 的多系统共存有多种实现方式，最常用的有 3 种。

在这 3 种实现方式中，目前用户使用最多的是通过 Linux 的 GRUB 或者 LILO 实现 Windows、Linux 多系统引导。

2. 安装方式

任何硬盘在使用前都要进行分区。硬盘的分区有两种类型：主分区和扩展分区。一个 CentOS 7 提供了多达 4 种安装方式，可以从 CD-ROM/DVD 启动安装、从硬盘安装、从 NFS 服务器安装或者从 FTP/HTTP 服务器安装。

3. 物理设备的命名规则

Linux 系统中的一切都是文件，硬件设备也不例外。既然是文件，就必须有文件名称。系统内核中的 udev 设备管理器会自动把硬件名称规范起来，目的是让用户通过设备文件的名字可以猜出设备大致的属性以及分区信息等，这对于陌生的设备来说特别方便。另外，udev 设备管理器的服务会一直以守护进程的形式运行并侦听内核发出的信号来管理/dev 目录下的设备文件。Linux 系统中常见的硬件设备的文件名称见表 1-1。

表 1-1 常见的硬件设备及其文件名称

硬件设备	文件名称
IDE 设备	/dev/hd[a-d]
SCSI/SATA/U 盘	/dev/sd[a-p]
软驱	/dev/fd[0-1]
打印机	/dev/lp[0-15]
光驱	/dev/cdrom
鼠标	/dev/mouse
磁带机	/dev/st0 或/dev/ht0

由于现在的电子集成驱动器（Integrated Drive Electronics，IDE）设备已经很少见了，所以一般的硬盘设备都是以"/dev/sd"开头的。而一台主机上可以有多块硬盘，因此系统采用 a～p 来代表 16 块不同的硬盘（默认从 a 开始分配），而且硬盘的分区编号也有如下规定：

- 主分区或扩展分区的编号从 1 开始，到 4 结束。
- 逻辑分区从编号 5 开始。

> **注意** /dev 目录中的 sda 设备之所以是 a，并不是由插槽决定的，而是由系统内核的识别顺序来决定的。读者以后在使用 iSCSI 网络存储设备时就会发现，明明主板上第二个插槽是空着的，但系统却能识别到/dev/sdb 这个设备。sda3 表示编号为 3 的分区，而不能判断 sda 设备上已经存在了 3 个分区。

那么/dev/sda5 这个设备文件名称包含哪些信息呢？答案如图 1-4 所示。

图 1-4 设备文件名称

首先，/dev 目录中保存的应当是硬件设备文件；其次，sd 表示是存储设备，a 表示系统中同类接口中第一个被识别到的设备；最后，5 表示这个设备是一个逻辑分区。一言以蔽之，"/dev/sda5"表示的就是"这是系统中第一块被识别到的硬件设备中分区编号为 5 的逻辑分区的设备文件"。

4. 硬盘相关知识

硬盘设备是由大量的扇区组成的，每个扇区的容量为 512 字节，其中第一个扇区最重要。第一个扇区里面保存着主引导记录与分区表信息。就第一个扇区来讲，主引导记录需要占用 446 个字节，分区表为 64 个字节，结束符占用 2 个字节；其中分区表中每记录一个分区信息就需要 16 个字节，这样一来最多只有 4 个分区信息可以写到第一个扇区中，这 4 个分区就是 4 个主分区。第一个扇区中的数据信息如图 1-5 所示。

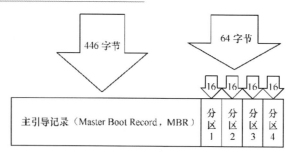

图 1-5　第一个扇区中的数据信息

第一个扇区最多只能创建出 4 个分区，于是为了解决分区个数不够的问题，可以将第一个扇区的分区表中的 16 个字节（原本要写入主分区信息）的空间（称为扩展分区）拿出来指向另外一个分区。也就是说，扩展分区其实并不是一个真正的分区，而更像是一个占用 16 个字节分区表空间的指针——一个指向另外一个分区的指针。这样一来，用户一般会选择使用 3 个主分区加 1 个扩展分区的方法，然后在扩展分区中创建出数个逻辑分区，从而来满足多分区（大于 4 个）的需求。主分区、扩展分区、逻辑分区可以像图 1-6 那样来规划。

> **注意**　所谓扩展分区，严格地讲，它不是一个实际意义的分区，它仅仅是一个指向下一个分区的指针，这种指针结构将形成一个单向链表。

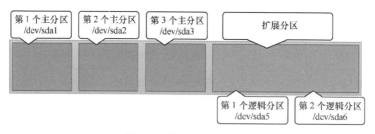

图 1-6　硬盘分区的规划

思考：/dev/sdb8 是什么意思？

5. 规划分区

启动 CentOS 7 安装程序前，需根据实际情况的不同，准备 CentOS 7 DVD 光盘或 ISO 镜像，同时要进行分区规划。

对于初次接触 Linux 的用户来说，分区方案越简单越好，所以最好的选择就是为 Linux 装备两个分区，一个是用户保存系统和数据的根分区（/），另一个是交换分区；其中，交换分区不用太大，与物理内存同样大小即可；根分区则需要根据 Linux 系统安装后占用资源的大小和所需要保存数据的多少来调整大小（一般情况下，划分 15GB～20GB 就足够了）。

当然，对于 Linux 熟手，或者要安装服务器的管理员来说，这种分区方案就不太适合了。此时，一般还会单独创建一个/boot 分区，用于保存系统启动时所需要的文件，再创建一个/usr 分区，操作系统基本都在这个分区中；还需要创建一个/home 分区，所有的用户信息都在这个分区下；还有/var 分区，服务器的登录文件、邮件、Web 服务器的数据文件都会放在这个分区中，如图 1-7 所示。

图 1-7　Linux 服务器常见分区方案

至于分区操作，由于 Windows 并不支持 Linux 下的 ext2、ext3、ext4 和 swap 分区，所以只有借助于 Linux 的安装程序进行分区了。当然，绝大多数第三方分区软件也支持 Linux 的分区，也可以用它们来完成这项工作。

下面，我们就通过 CentOS 7 ISO 镜像来启动计算机，并逐步安装程序。

1.3　项目实施

在安装操作系统前，我们先介绍下如何安装 VM 虚拟机。

任务 1-1　安装配置 VM 虚拟机

（1）成功安装 VMware Workstation 后的界面如图 1-8 所示。

图 1-8　虚拟机软件的管理界面

（2）在图 1-8 中，单击"创建新的虚拟机"选项，并在弹出的"新建虚拟机向导"界面中选择"典型"单选按钮，然后单击"下一步"按钮，如图 1-9 所示。

（3）选择"稍后安装操作系统"单选按钮，然后单击"下一步"按钮，如图 1-10 所示。

　　　　请一定选择"稍后安装操作系统"单选按钮，如果选择"安装程序光盘镜像文件"单选按钮，并把下载好的 CentOS 7 系统的镜像选中，虚拟机会通过默认的安装策略为您部署最精简的 Linux 系统，而不会再向您询问安装设置的选项。

图 1-9　新建虚拟机向导　　　　　　　　　　图 1-10　选择虚拟机的安装来源

（4）后面的步骤直接按向导操作就可以了。当看到如图 1-11 所示的界面时，就说明虚拟机已经被配置成功了。

图 1-11　虚拟机配置成功的界面

任务 1-2　安装配置 CentOS 7 操作系统

安装 CentOS 7 系统时，计算机的 CPU 需要支持虚拟化技术（Virtualization Technology，VT）。VT，指的是让单台计算机能够分割出多个独立资源区，并让每个资源区按照需要模拟出系统的一项技术，其本质就是通过中间层实现计算机资源的管理和再分配，让系统资源的利用率最大化。其实只要计算机不是五六年前买的，价格不低于 3000 元，它的 CPU 就肯定会支持 VT 的。如果开启虚拟机后依然提示"CPU 不支持 VT 技术"等报错信息，请重启计算机并进入到 BIOS 中把 VT 虚拟化功能开启即可。

（1）在虚拟机管理界面中单击"开启此虚拟机"按钮后数秒就看到 CentOS 7 系统安装界面，如图 1-12 所示。在界面中，Test this media & install CentOS 7 和 Troubleshooting 的作用分别是校验光盘完整性后再安装以及启动救援模式。此时通过键盘的方向键选择 Install CentOS 7 选项来直接安装 Linux 系统。

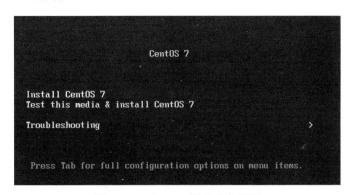

图 1-12 CentOS 7 系统安装界面

（2）按回车键后开始加载安装镜像，所需时间大约在 30～60 秒，请耐心等待，选择系统的安装语言[简体中文中国]后单击"继续"按钮，如图 1-13 所示。

图 1-13 选择系统的安装语言

（3）在安装界面中单击"软件选择"选项，如图 1-14 所示。

（4）CentOS 7 系统的软件定制界面可以根据用户的需求来调整系统的基本环境，例如把 Linux 系统用作基础服务器、文件服务器、Web 服务器或工作站等。此时您只需在界面中选择"带 GUI 的服务器"单选按钮（注意：如果不选此项，则无法进入图形界面），然后单击左上角的"完成"按钮即可，如图 1-15 所示。

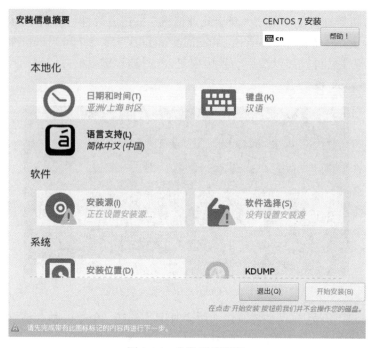

图 1-14　安装系统界面

图 1-15　选择系统软件类型

（5）返回到 CentOS 7 系统安装主界面，单击"网络和主机名"选项后，将"主机名"字段设置为 server1，然后单击左上角的"完成"按钮，如图 1-16 所示。

图 1-16　配置网络和主机名

（6）返回到 CentOS 7 系统安装主界面，单击"安装目标位置"选项后，选择"我要配置分区"单选按钮，然后单击左上角的"完成"按钮，如图 1-17 所示。

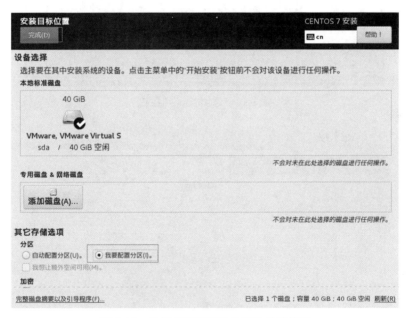

图 1-17　选择"我要配置分区"单选按钮

（7）开始配置分区。磁盘分区允许用户将一个磁盘划分成几个单独的部分，每一部分有自己的盘符。在分区之前，首先规划分区，以 20GB 硬盘为例，做如下规划：

- /boot 分区大小为 300MB；
- swap 分区大小为 4GB；
- /分区大小为 10GB；
- /usr 分区大小为 8GB；

- /home 分区大小为 8GB；
- /var 分区大小为 8GB；
- /tmp 分区大小为 1GB。

下面进行具体分区操作。

STEP 1 创建 boot 分区（启动分区）。在"新挂载点将使用以下分区方案"选中"标准分区"。单击"+"按钮，如图 1-18 所示。选择挂载点为"/boot"（也可以直接输入挂载点），容量大小设置为 300MB，然后单击"添加挂载点"按钮。在图 1-19 所示的界面中设置文件"系统类型"为"ext4"，默认文件系统 xfs 也可以。

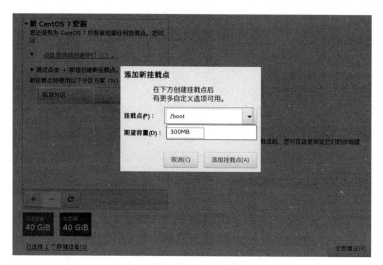

图 1-18　添加/boot 挂载点

图 1-19　设置/boot 挂载点的文件类型

> **注意**　　一定选中"标准分区"。保证/home 为单独分区，为后面做配额实训做必要准备！

STEP 2 创建交换分区。单击"+"按钮，创建交换分区。"文件系统"类型中选择"swap"，大小一般设置为物理内存的两倍即可。比如，计算机物理内存大小为 2GB，设置的 swap 分区大小就是 4GB（4096MB）。

> **说明** 什么是 swap 分区？简单地说，swap 就是虚拟内存分区，它类似于 Windows 的 PageFile.sys 页面交换文件。就是当计算机的物理内存不够时，作为后备军利用硬盘上的指定空间来动态扩充内存的大小。

STEP 3 用同样方法：创建"/"分区大小为 10GB，"/usr"分区大小为 8GB，"/home"分区大小为 8GB，"/var"分区大小为 8GB，"/tmp"分区大小为 1GB，"文件系统"类型全部设置为"ext4"，设置完成如图 1-20 所示。

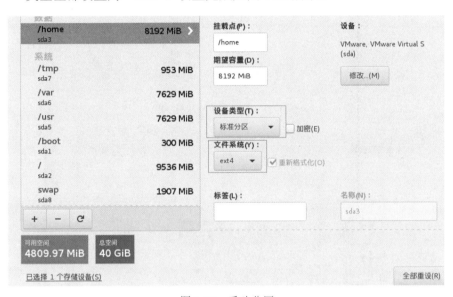

图 1-20 手动分区

> **注意**
> （1）不可与 root 分区分开的目录是：/dev、/etc、/sbin、/bin 和/lib。系统启动时，核心只载入一个分区，那就是"/"，核心启动要加载/dev、/etc、/sbin、/bin 和/lib 五个目录的程序，所以以上几个目录必须和"/"根目录在一起。
> （2）最好单独分区的目录是/home、/usr、/var 和/tmp，出于安全和管理的目的，以上四个目录最好要独立出来，比如在 samba 服务中，/home 目录可以配置磁盘配额 quota，在 sendmail 服务中，/var 目录可以配置磁盘配额 quota。

STEP 4 单击左上角的"完成"按钮，继续单击"接受更改"按钮完成分区，如图 1-21 所示。

（8）返回到安装主界面，如图 1-22 所示，单击"开始安装"按钮后即可看到安装进度，在此处选择"ROOT 密码"，如图 1-23 所示。

图 1-21　完成分区后的结果

图 1-22　CentOS 7 安装主界面

（9）设置 root 管理员的密码。若坚持用弱口令的密码则需要单击两次左上角的"完成"按钮才可以确认，如图 1-24 所示。这里需要多说一句，当您在虚拟机中做实验的时候，密码无所谓强弱，但在生产环境中一定要让 root 管理员的密码足够复杂，否则系统将面临严重的安全问题。

图 1-23　CentOS 7 系统的安装界面

图 1-24　设置 root 管理员的密码

（10）Linux 系统安装过程一般在 30～60 分钟，在安装期间耐心等待即可。安装完成后单击"重启"按钮。

（11）重启系统后将看到系统的初始化界面，单击"LICENSE INFORMATION"选项，如图 1-25 所示。

图 1-25　系统初始化界面

（12）勾选"我同意许可协议"复选框，然后单击左上角的"完成"按钮。

（13）返回到初始化界面后单击"完成配置"选项。

（14）虚拟机软件中的 CentOS 7 系统经过又一次的重启后，终于可以看到系统的欢迎界面，如图 1-26 所示。在界面中选择默认的语言汉语（中国），然后单击"前进"按钮。

（15）将系统的键盘布局或者其他输入方式选择为 English （Australian），然后单击"前进"按钮，如图 1-27 所示。

图 1-26　系统的语言设置

图 1-27　设置系统的输入来源类型

（16）设置系统的时区（上海，中国），然后单击"前进"按钮。

（17）为 CentOS 7 系统创建一个本地的普通用户，该账户的"用户名"为 yangyun，密码为 centos，然后单击"前进"按钮，如图 1-28 所示。

图 1-28　设置本地普通用户

（18）在图 1-29 所示的界面中单击"开始使用 CentOS Linux(S)"按钮，出现如图 1-30 所示的界面。至此，CentOS 7 系统完成了全部的安装和部署工作，我们终于可以感受到 Linux 的风采了。

图 1-29 系统初始化结束界面

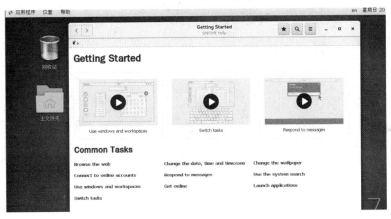

图 1-30 系统的欢迎界面

任务 1-3 重置 root 管理员密码

平时让运维人员头疼的事情已经很多了，因此偶尔把 Linux 系统的密码忘记了并不用慌，只需简单几步就可以完成密码的重置工作。如果您刚刚接手了一个 Linux 系统，要先确定是否为 CentOS 7 系统。如果是，然后再进行下面的操作。

（1）如图 1-31 所示，先在空白处右击，选择"打开终端"菜单选项，然后在打开的终端中输入如下命令。

```
[yangyun@server1 ~]$ cat /etc/centos-release
CentOS Linux release 7.5.1804 (Core)
```

（2）在终端中输入"reboot"，或者单击右上角的关机按钮 ⏻ ，选择"重启"按钮，重启 Linux 系统主机并出现引导界面时，按下键盘上的 e 键进入内核编辑界面，如图 1-32 所示。

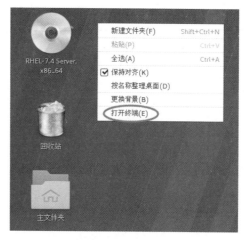

图 1-31　打开终端

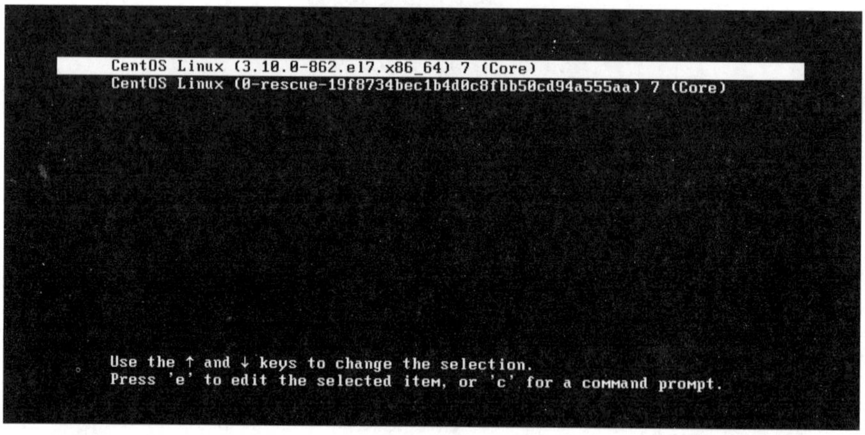

图 1-32　Linux 系统的引导界面

（3）在 linux16 参数这行的最后面加一空格，然后追加 "rd.break" 参数，然后按下 Ctrl + X 组合键来运行修改过的内核程序，如图 1-33 所示。

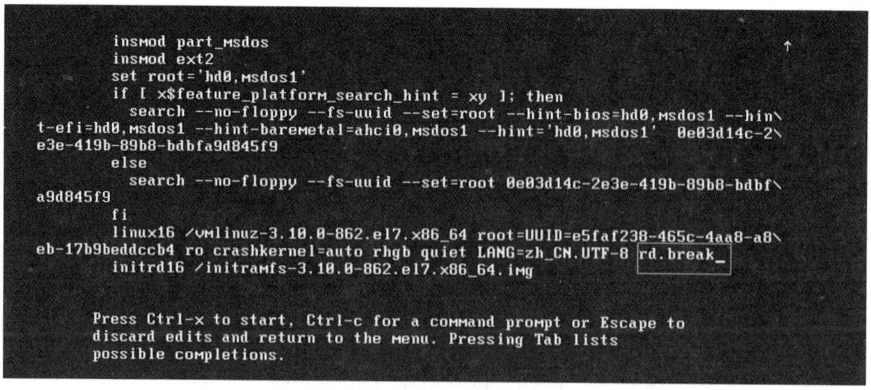

图 1-33　内核信息的编辑界面

（4）大约 30 秒过后，进入到系统的紧急求援模式，依次输入以下命令。

```
mount -o remount,rw /sysroot
chroot /sysroot
passwd
touch /.autorelabel
exit
reboot
```

（5）命令行执行效果如图 1-34 所示。

 输入 passwd 后，输入密码和确认密码是不显示的。

图 1-34　重置 Linux 系统的 root 管理员密码

（6）操作完毕，系统重启，出现如图 1-35 所示的界面，单击"未列出"按钮，然后输入用户名"root"和密码"newcentos"，就可以登录 Linux 系统了。

yangyun

未列出？

图 1-35　选择用户登录 Linux 系统

 为了后面实验的正常进行，一般建议使用 root 管理员用户登录 Linux 系统。

任务 1-4　使用 RPM（软件包管理器）

在 RPM（软件包管理器）公布之前，要想在 Linux 系统中安装软件只能采取源码包的方式安装。早期在 Linux 系统中安装程序是一件非常困难、耗费耐心的事情，而且大多数的服务程序仅仅提供源代码，需要运维人员自行编译代码并解决许多的软件依赖关系，因此要安装好一个服务程序，运维人员需要具备丰富的知识、高超的技能，甚至良好的耐心。而且在安装、升级、卸载服务程序时还要考虑到其他程序、库的依赖关系，所以在进行校验、安装、卸载、查询、升级等管理软件操作时难度都非常大。

RPM 机制则是为解决这些问题而设计的。RPM 有点像 Windows 系统中的控制面板，会建立统一的数据库文件，详细记录软件信息并能够自动分析依赖关系。目前 RPM 的优势已经被公众所认可，使用范围也已不局限在红帽系统中了。表 1-2 是一些常用的 RPM 软件包命令。

表 1-2　常用的 RPM 软件包命令

功能	命令格式
安装软件	rpm -ivh filename.rpm
升级软件	rpm -Uvh filename.rpm
卸载软件	rpm -e filename.rpm
查询软件描述信息	rpm -qpi filename.rpm
列出软件文件信息	rpm -qpl filename.rpm
查询文件属于哪个 RPM	rpm -qf filename

任务 1-5　使用 yum 软件仓库

尽管 RPM 能够帮助用户查询软件相关的依赖关系，但问题还是要运维人员自己来解决，而有些大型软件可能与数十个程序都有依赖关系，在这种情况下安装软件会是非常痛苦的。yum 软件仓库便是为了进一步降低软件安装难度和复杂度而设计的技术。

CentOS 先将发布的软件存放到 yum 服务器内，然后分析这些软件的依赖属性问题，将软件内的记录信息写下来（header）。然后再将这些信息分析后记录成软件相关性的清单列表。这些列表数据与软件所在的位置可以叫容器（repository）。当用户端有软件安装的需求时，用户端主机会主动从网络上面的 yum 服务器的容器网址下载清单列表，然后通过清单列表的数据与本机 RPM 数据库已存在的软件数据相比较，就能够马上安装所有需要的具有依赖属性的软件了，整个流程如图 1-36 所示。

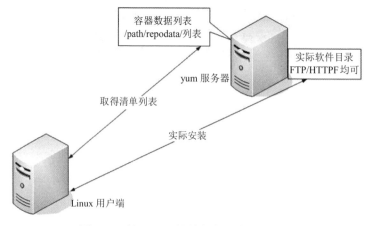

图 1-36　使用 yum 软件仓库的流程示意图

当用户端有升级、安装的需求时，yum 会向容器要求清单的更新，使清单更新到本机的 /var/cache/yum 里面。当用户端实施更新、安装时，就会用本机清单与本机的 RPM 数据库进行比较，这样就知道该下载什么软件了。接下来 yum 会到容器服务器 (yum server) 下载所需要的软件，然后再通过 RPM 的机制开始安装软件，这就是整个流程，但仍然离不开 RPM。常见的 yum 命令见表 1-3。

表 1-3 常见的 yum 命令

命令	作用
yum repolist all	列出所有仓库
yum list all	列出仓库中所有软件包
yum info 软件包名称	查看软件包信息
yum install 软件包名称	安装软件包
yum reinstall 软件包名称	重新安装软件包
yum update 软件包名称	升级软件包
yum remove 软件包名称	移除软件包
yum clean all	清除所有仓库缓存
yum check-update	检查可更新的软件包
yum grouplist	查看系统中已经安装的软件包组
yum groupinstall 软件包组	安装指定的软件包组
yum groupremove 软件包组	移除指定的软件包组
yum groupinfo 软件包组	查询指定的软件包组信息

任务 1-6 systemd 初始化进程

Linux 操作系统的开机过程是这样的，即从 BIOS 开始，然后进入 Boot Loader，再加载系统内核，然后内核进行初始化，最后启动初始化进程。初始化进程作为 Linux 系统的第一个进程，它需要完成 Linux 系统中相关的初始化工作，为用户提供合适的工作环境。红帽 CentOS 7 系统已经替换了熟悉的初始化进程服务 System V init，正式采用全新的 systemd 初始化进程服务。如果您之前学习的是 CentOS 5 或 CentOS 6 系统，可能会不习惯。systemd 初始化进程服务采用了并发启动机制，开机速度得到了不小的提升。

CentOS 7 系统选择 systemd 初始化进程服务已经是一个既定事实，因此也没有了"运行级别"这个概念，Linux 系统在启动时要进行大量的初始化工作，比如挂载文件系统和交换分区、启动各类进程服务等，这些都可以看作是一个一个的单元（Unit），systemd 用目标（target）代替了 System V init 中运行级别的概念，这两者的区别见表 1-4。

表 1-4 systemd 与 System V init 的区别以及作用

System V init 运行级别	systemd 目标名称	作用
0	runlevel0.target, poweroff.target	关机
1	runlevel1.target, rescue.target	单用户模式

续表

System V init 运行级别	systemd 目标名称	作用
2	runlevel2.target, multi-user.target	等同于级别 3
3	runlevel3.target, multi-user.target	多用户的文本界面
4	runlevel4.target, multi-user.target	等同于级别 3
5	runlevel5.target, graphical.target	多用户的图形界面
6	runlevel6.target, reboot.target	重启
emergency	emergency.target	紧急 Shell

如果想要将系统默认的运行目标修改为"多用户，无图形"模式，可直接用 ln 命令把多用户模式目标文件连接到/etc/systemd/system/目录：

[root@server1 ~]# **ln -sf /lib/systemd/system/multi-user.target /etc/systemd/**

在 CentOS 6 系统中使用 service、chkconfig 等命令来管理系统服务，而在 CentOS 7 系统中使用 systemctl 命令来管理服务。表 1-5 和表 1-6 是 CentOS 6 系统中 System V init 命令与 CentOS 7 系统中 systemctl 命令的对比，后续章节中会经常用到它们。

表 1-5　systemctl 管理服务的启动、重启、停止、重载、查看状态等常用命令

System V init 命令 （CentOS 6 系统）	systemctl 命令 （CentOS 7 系统）	作用
service foo start	systemctl start foo.service	启动服务
service foo restart	systemctl restart foo.service	重启服务
service foo stop	systemctl stop foo.service	停止服务
service foo reload	systemctl reload foo.service	重新加载配置文件（不终止服务）
service foo status	systemctl status foo.service	查看服务状态

表 1-6　systemctl 设置服务开机启动、不启动、查看各级别下服务启动状态等常用命令

System V init 命令 （CentOS 6 系统）	systemctl 命令 （CentOS 7 系统）	作用
chkconfig foo on	systemctl enable foo.service	开机自动启动
chkconfig foo off	systemctl disable foo.service	开机不自动启动
chkconfig foo	systemctl is-enabled foo.service	查看特定服务是否为开机自动启动
chkconfig --list	systemctl list-unit-files --type=service	查看各个级别下服务的启动与禁用情况

任务 1-7　启动 Shell

操作系统的核心功能就是管理和控制计算机硬件、软件资源，以尽量合理、有效的方法组织多个用户共享多种资源，而 Shell 则是介于使用者和操作系统核心程序（Kernel）间的一个接口。在各种 Linux 发行套件中，目前虽然已经提供了丰富的图形化接口，但是 Shell 仍旧是一种非常方便、灵活的途径。

　　Linux 中的 Shell 又被称为命令行，在这个命令行窗口中，用户输入指令，操作系统执行并将结果回显在屏幕上。

　　1. 使用 Linux 系统的终端窗口

　　现在的 CentOS 7 操作系统默认采用的都是图形界面的 GNOME 或者 KDE 操作方式，要想使用 Shell 功能，就必须像在 Windows 中那样打开一个命令行窗口。一般用户，可以执行"应用程序"→"系统工具"→"终端"命令来打开终端窗口[或者直接右击桌面，选择"在终端中打开（Open Terminal）"命令]，如图 1-37 所示。如果是英文系统，对应的是："Applications"→"System Tools"→"Terminal"。由于中英文系统使用的都是比较常用的单词，在本书的后面不再单独说明。

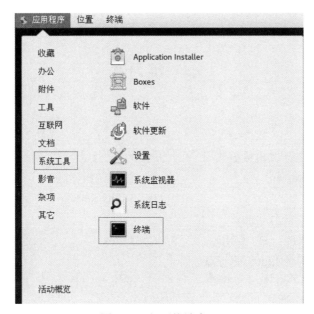

图 1-37　打开终端窗口

　　执行以上命令后，就打开了一个白底黑字的命令行窗口，在这里我们可以使用 CentOS 7 支持的所有命令行指令。

　　2. 使用 Shell 提示符

　　登录之后，普通用户的命令行提示符以"$"号结尾，超级用户的命令行提示符以"#"号结尾。

[yangyun@server1 ~]$	;一般用户以"$"号结尾
[yangyun@server1 ~]$ **su　　root**	;切换到 root 账号
Password：	
[root@server1~]#	;命令行提示符变成以"#"号结尾了

　　3. 退出系统

　　在终端中输入"shutdown -P now"，或者单击右上角的关机按钮 ⏻ ，再单击"关机"按钮，可以退出系统。

　　4. 再次登录

　　如果再次登录，为了后面的实训顺利进行，请选择 root 用户。在图 1-38 中，单击"Not listed？

（未列出）"按钮，再输入 root 用户及密码，以 root 身份登录计算机。

图 1-38　选择用户登录

5. 制作系统快照

安装成功后，请一定使用 VM 的快照功能进行快照备份，一旦有需要可立即恢复到系统的初始状态。提醒读者，对于重要实训节点，也可以进行快照备份，以便后续可以恢复到适当断点。

1.4　练习题

一、选择题

1. Linux 最早是由计算机爱好者（　　）开发的。
　A. Richard Petersen　　　　　　　　B. Linus Torvalds
　C. Rob Pick　　　　　　　　　　　　D. Linux Sarwar
2. 下列（　　）是自由软件。
　A. Windows XP　　B. UNIX　　　　C. Linux　　　　　D. Windows 2000
3. 下列（　　）不是 Linux 的特点。
　A. 多任务　　　　B. 单用户　　　　C. 设备独立性　　D. 开放性
4. Linux 的内核版本 2.3.20 是（　　）的版本。
　A. 不稳定　　　　B. 稳定的　　　　C. 第三次修订　　D. 第二次修订
5. Linux 安装过程中的硬盘分区工具是（　　）。
　A. PQmagic　　　B. FDISK　　　　C. FIPS　　　　　D. Disk Druid
6. Linux 的根分区系统类型是（　　）。
　A. FATl6　　　　　B. FAT32　　　　C. ext3　　　　　D. NTFS

二、填空题

1. GNU 含义是_____。
2. Linux 一般有 3 个主要部分：_____、_____、_____。
3. 安装 Linux 最少需要两个分区，分别是_____、_____。
4. Linux 默认的系统管理员账号是_____。

三、简答题

1. 简述 Linux 的体系结构。
2. 使用虚拟机安装 Linux 系统时，为什么要先选择"稍后安装操作系统"，而不是去选择

"安装程序光盘镜像文件"?

 3. 简述 RPM 与 yum 软件仓库的作用。

 4. 安装 Linux 系统的基本磁盘分区有哪些?

 5. Linux 系统支持的文件类型有哪些?

 6. 丢失 root 口令如何解决?

 7. CentOS 7 系统采用了 systemd 作为初始化进程,那么如何查看某个服务的运行状态?

1.5　项目拓展: Linux 系统安装与基本配置

一、项目目的

- 掌握如何利用 VM 安装虚拟机。
- 掌握如何搭建 CentOS 7 服务器。
- 掌握使用 RPM。
- 掌握使用 yum。
- 掌握 systemd 初始化进程。

二、项目环境

 某计算机已经安装了 Windows 7/8 操作系统,该计算机的磁盘分区情况如图 1-39 所示,要求增加安装 CentOS 7,并保证原来的 Windows 7/8 仍可使用。

三、项目要求

 要求增加安装 CentOS 7,并保证原来的 Windows 7/8 仍可使用。从图 1-39 所示可知,此硬盘约有 300GB,分为 C、D、E 三个分区。对于此类硬盘比较简便的操作方法是将 E 盘上的数据转移到 C 盘或者 D 盘,而利用 E 盘的硬盘空间来安装 Linux。

 对于要安装的 Linux 操作系统,需要进行磁盘分区规划,分区规划如图 1-40 所示。

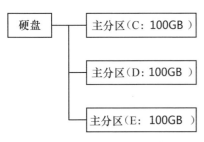

图 1-39　Linux 硬盘分区情况

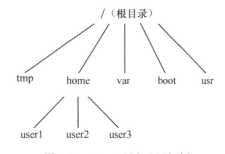

图 1-40　Linux 硬盘分区规划

硬盘大小为 100GB,分区规划如下:

- /boot 分区大小为 600MB;
- swap 分区大小为 4GB;
- /分区大小为 10GB;

- /usr 分区大小为 8GB；
- /home 分区大小为 8GB；
- /var 分区大小为 8GB；
- /tmp 分区大小为 6GB；
- 预留 55GB 不进行分区。

四、深度思考

在观看（本项目的项目实训视频）时思考以下几个问题。

（1）如何进行双启动安装？

（2）分区规划为什么必须要慎之又慎？

（3）安装系统前，对 E 盘是如何处理的？

（4）第一个系统的虚拟内存设置至少多大？为什么？

五、做一做

检查学习效果。

项目 2　配置 Linux 基础网络

项目描述

Linux 主机要与网络中其他主机进行通信，首先要进行正确的网络配置。网络配置通常包括主机名、IP 地址、子网掩码、默认网关、DNS 服务器等。

项目目标

● 掌握使用系统菜单配置网络。
● 掌握通过网卡配置文件配置网络。
● 掌握使用图形界面配置网络。
● 掌握使用 nmcli 命令配置网络。

2.1　相关知识

Linux 主机要与网络中其他主机进行通信，首先要进行正确的网络配置。网络配置通常包括主机名、IP 地址、子网掩码、默认网关、DNS 服务器等。

2.1.1　检查并设置有线处于连接状态

单击桌面右上角的启动按钮 ⏻，单击"连接"按钮，设置有线处于连接状态，如图 2-1 所示。

图 2-1　设置有线处于连接状态

设置完成后，右上角将出现有线连接的小图标，如图 2-2 所示。

en　Fri 19:19　🖧 🔊 ⏻

图 2-2　有线处于连接状态

提示　必须首先使有线处于连接状态，这是一切配置的基础，切记。

2.1.2　设置主机名

在 CentOS 7 中，有三种定义的主机名：

- 静态的（static）："静态"主机名也称为内核主机名，是系统在启动时从/etc/hostname 自动初始化的主机名。
- 瞬态的（transient）："瞬态"主机名是在系统运行时临时分配的主机名，由内核管理。例如，通过 DHCP 或 DNS 服务器分配的，如 localhost。
- 灵活的（pretty）："灵活"主机名是 UTF8 格式的自由主机名，以展示给终端用户。

与之前版本不同，CentOS 7 中主机名配置文件为/etc/hostname，可以在配置文件中直接更改主机名。

1. 使用 nmtui 修改主机名

[root@server1 ~]# **nmtui**

在图 2-3、图 2-4 中进行配置。

图 2-3　配置 hostname

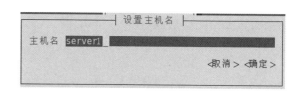

图 2-4　修改主机名为 server1

使用 NetworkManager 的 nmtui 接口修改了静态主机名后（/etc/hostname 文件），不会通知 hostnamectl。要想强制让 hostnamectl 知道静态主机名已经被修改，需要重启 hostnamed 服务。

[root@server1 ~]# systemctl restart systemd-hostnamed

2. 使用 hostnamectl 修改主机名

（1）查看主机名。

[root@server1 ~]# **hostnamectl status**
　　Static hostname: server1
　　　　　Icon name: computer-vm
　　　　　......

（2）设置新的主机名。

```
[root@server1 ~]# hostnamectl set-hostname my.smile.com
```

（3）查看主机名。

```
[root@server1 ~]# hostnamectl status
    Static hostname: my.smile.com
    ......
```

3. 使用 NetworkManager 的命令行接口 nmcli 修改主机名

nmcli 可以修改/etc/hostname 中的静态主机名。

```
//查看主机名
[root@server1 ~]# nmcli general hostname
my.smile.com
//设置新主机名
[root@server1 ~]# nmcli general hostname server1
[root@server1 ~]# nmcli general hostname
Server1
//重启 hostnamed 服务让 hostnamectl 知道静态主机名已经被修改
[root@server1 ~]# systemctl restart systemd-hostnamed
```

2.2　项目设计与准备

当服务器安装完成后，需要对服务器的网络进行适当配置。

在进行本单元的教学与实验前，需要做好如下准备：

（1）已经安装好的 CentOS 7（可使用 VM 安装虚拟机），计算机名为 server1。

（2）CentOS 7 安装光盘或 ISO 镜像文件。

（3）VMware 10 以上虚拟机软件。

2.3　项目实施

任务 2-1　使用系统菜单配置网络

我们接下来将学习如何在 Linux 系统上配置服务。但是在此之前，必须先保证主机之间能够顺畅地通信。如果网络不通，即便服务部署得再正确，用户也无法顺利访问，所以，配置网络并确保网络的连通性是学习部署 Linux 服务之前的最后一个重要知识点。

（1）可以单击桌面右上角的网络连接图标🖧，打开网络配置界面，一步步完成网络信息查询和网络配置。具体过程如图 2-5 到图 2-8 所示。

（2）设置完成后，单击"应用（Apply）"按钮应用配置回到图 2-9 所示的界面。注意网络连接应该设置在"打开"状态，如果在"关闭"状态，请进行修改。

图 2-5　有线设置（Wired Settings）

注意　　　有时需要在"关闭"和"打开"之间切换一次，刚刚设置的网络配置才会生效。

图 2-6　单击齿轮按钮进行配置

图 2-7　IPv4 的当前网络配置信息

图 2-8　手动配置 IPv4 等信息

图 2-9　网络配置界面

　　　首选使用系统菜单配置网络。因为从 CentOS7 开始，图形界面已经非常完善。在 Linux 系统桌面，依次单击"应用（Applications）"→"系统工具（System Tools）"→"设置（Settings）"→"网络（Network）"同样可以打开网络配置界面，后面不再赘述。

任务 2-2　通过网卡配置文件配置网络

网卡 IP 地址配置的是否正确是两台服务器是否可以相互通信的前提。在 Linux 系统中，一切都是文件，因此配置网络服务的工作其实就是在编辑网卡配置文件。

在 CentOS 5、CentOS 6 中，网卡配置文件的前缀为 eth，第 1 块网卡为 eth0，第 2 块网卡为 eth1；依此类推。而在 CentOS 7 中，网卡配置文件的前缀则以 ifcfg 开始，加上网卡名称共同组成了网卡配置文件的名字，例如 ifcfg-ens33；好在除了文件名变化外也没有其他大的区别。

现在有一个名称为 ifcfg-ens33 的网卡设备，我们将其配置为开机自启动，并且 IP 地址、子网、网关等信息由人工指定，其步骤如下所示。

STEP 1 首先切换到/etc/sysconfig/network-scripts 目录中（存放着网卡的配置文件）。

STEP 2 使用 vim 编辑器修改网卡文件 ifcfg-ens33，逐项写入下面的配置参数并保存退出。由于每台设备的硬件及架构是不一样的，因此请读者使用 ifconfig 命令自行确认各自网卡的默认名称。

- 设备类型：TYPE=Ethernet
- 地址分配模式：BOOTPROTO=static
- 网卡名称：NAME=ens33
- 是否启动：ONBOOT=yes
- IP 地址：IPADDR=192.168.10.1
- 子网掩码：NETMASK=255.255.255.0
- 网关地址：GATEWAY=192.168.10.1
- DNS 地址：DNS1=192.168.10.1

STEP 3 重启网络服务并测试网络是否联通。

进入到网卡配置文件所在的目录，然后编辑网卡配置文件，在其中填入下面的信息：

```
[root@server1 ~]# cd /etc/sysconfig/network-scripts/
[root@server1 network-scripts]# ifconfig
[root@server1 network-scripts]# vim ifcfg-ens33
OXY_METHOD=none
BROWSER_ONLY=no
BOOTPROTO=none
DEFROUTE=yes
IPV4_FAILURE_FATAL=no
IPV6INIT=yes
IPV6_AUTOCONF=yes
IPV6_DEFROUTE=yes
IPV6_FAILURE_FATAL=no
IPV6_ADDR_GEN_MODE=stable-privacy
NAME=ens33
UUID=63c61dfb-ac21-4e5c-a00d-61dcf065b50a
DEVICE=ens33
ONBOOT=no
IPADDR=192.168.10.1
PREFIX=24
GATEWAY=192.168.10.254
DNS1=192.168.10.1
```

STEP 4 执行重启网卡设备的命令（在正常情况下不会有提示信息），然后通过 ping 命令测试网络能否联通。由于在 Linux 系统中 ping 命令不会自动终止，因此需要手动按下 Ctrl+C 键来强行结束进程。

```
[root@server1 network-scripts]# systemctl restart network
[root@server1 network-scripts]# ping 192.168.10.1
PING 192.168.10.1 (192.168.10.1) 56(84) bytes of data.
64 bytes from 192.168.10.1: icmp_seq=1 ttl=64 time=0.095 ms
64 bytes from 192.168.10.1: icmp_seq=2 ttl=64 time=0.048 ms
..................
```

注意 使用配置文件进行网络配置，需要启动 network 服务，而从 CentOS7 以后，network 服务已被 NetworkManager 服务替代，所以不建议使用配置文件配置网络参数。

任务 2-3   使用图形界面配置网络

使用图形界面配置网络是比较方便、简单的一种网络配置方式。

（1）上节是使用网络配置文件配置网络服务，这一节我们使用 nmtui 命令来配置网络。

```
[root@server1 network-scripts]# cd
[root@server1 ~]# nmtui
```

（2）显示如图 2-10 所示的图形配置界面。选择"编辑连接"并按下回车键或者单击"确定"按钮。

（3）如图 2-11 所示，选择要编辑的网卡名称，使用 Tab 键切换到"编辑"按钮按回车按钮。

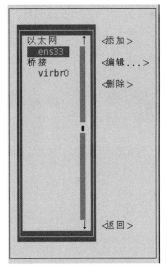

图 2-10   选择"编辑连接"并按下回车键   图 2-11   选择要编辑的网卡名称

（4）如图 2-12 所示，把网络 IPv4 的配置方式改成手动（Manual）。

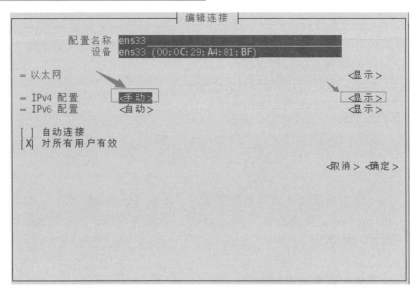

图 2-12　把网络 IPv4 的配置方式改成手动（Manual）

> **注意**　本书中所有的服务器主机 IP 地址均为 192.168.10.1，而客户端主机一般设为 192.168.10.20 及 192.168.10.30。之所以这样做，就是为了后面服务器配置的方便。

（5）现在，按下 Show（显示）按钮，显示信息配置框，如图 2-13 所示。在服务器主机的网络配置信息中填写 IP 地址 192.168.10.1/24 等信息。单击"确定"按钮，如图 2-14 所示。

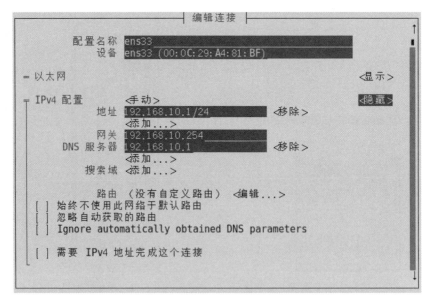

图 2-13　编辑连接

（6）按"返回"按钮回到 nmtui 图形界面初始状态，选择"启用连接"选项，启用刚才的连接"ens33"。前面有"*"号表示启用，如图 2-15、图 2-16 所示。

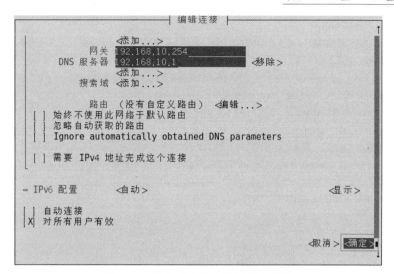

图 2-14　单击"确定"按钮保存配置

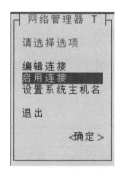

图 2-15　选择"启用连接"选项

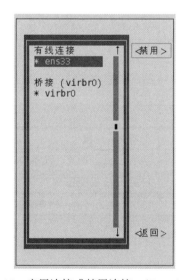

图 2-16　启用连接或禁用连接 （Deactivate）

（7）至此，在 Linux 系统中配置网络的步骤就结束了。

```
[root@server1 ~]# ifconfig
ens33: flags=4163<UP,BROADCAST,RUNNING,MULTICAST>   mtu 1500
        inet 192.168.10.1   netmask 255.255.255.0   broadcast 192.168.10.255
        inet6 fe80::159c:4b20:d9c3:949d   prefixlen 64   scopeid 0x20<link>
        ether 00:0c:29:a4:81:bf   txqueuelen 1000   (Ethernet)
        RX packets 324   bytes 33482 (32.6 KiB)
        RX errors 0   dropped 0   overruns 0   frame 0
        TX packets 382   bytes 44619 (43.5 KiB)
        TX errors 0   dropped 0 overruns 0   carrier 0   collisions 0

lo: flags=73<UP,LOOPBACK,RUNNING>   mtu 65536
        inet 127.0.0.1   netmask 255.0.0.0
…………

virbr0: flags=4099<UP,BROADCAST,MULTICAST>   mtu 1500
        inet 192.168.122.1   netmask 255.255.255.0   broadcast 192.168.122.255
…………
```

任务 2-4   使用 nmcli 命令配置网络

NetworkManager 是管理和监控网络配置的守护进程，设备即网络接口，连接是对网络接口的配置。一个网络接口可以有多个连接配置，但同时只有一个连接配置生效。

1. 常用命令

表 2-1 是 nmcli 命令的常用形式及功能。

表 2-1   nmcli 命令的常用形式及功能

常用形式	功能
nmcli connection show	显示所有连接
nmcli connection show --active	显示所有活动的连接状态
nmcli connection show "ens33"	显示网络连接配置
nmcli device status	显示设备状态
nmcli device show ens33	显示网络接口属性
nmcli connection add help	查看帮助
nmcli connection reload	重新加载配置
nmcli connection down test2	禁用 test2 的配置，注意一个网卡可以有多个配置
nmcli connection up test2	启用 test2 的配置
nmcli device disconnect ens33	禁用 ens33 网卡，物理网卡
nmcli device connect ens33	启用 ens33 网卡

2. 新连接配置

（1）创建新连接配置 default，IP 通过 DHCP 自动获取。

```
[root@server1 ~]# nmcli connection show
ens33     63c61dfb-ac21-4e5c-a00d-61dcf065b50a   ethernet   ens33
```

virbr0　3b57fbd1-46b2-455f-8d88-cbf9a50c16fd　bridge　　virbr0

[root@server1 ~]# **nmcli connection add con-name default type Ethernet ifname ens33**

连接"default"(78eaf8e3-cab8-4aa8-b125-d89878417660) 已成功添加

（2）删除连接。

[root@server1 ~]# **nmcli connection delete default**

成功删除连接 'default'（78eaf8e3-cab8-4aa8-b125-d89878417660）

（3）创建新的连接配置 test2，指定静态 IP，不自动连接。

[root@server1 ~]# **nmcli connection add con-name test2 ipv4.method manual ifname ens33 autoconnect no type Ethernet ipv4.addresses 192.168.10.100/24 gw4 192.168.10.1**

连接"test2"(b0458803-999f-418d-b6ef-6e066ddab378) 已成功添加

（4）参数说明：

- con-name：指定连接名字，没有特殊要求。
- ipv4.methmod：指定获取 IP 地址的方式。
- ifname：指定网卡设备名，就是次配置所生效的网卡。
- autoconnect：指定是否自动启动。
- ipv4.addresses：指定 IPv4 地址。
- gw4：指定网关。

3．查看/etc/sysconfig/network-scripts/目录

[root@server1 ~]# **ls /etc/sysconfig/network-scripts/ifcfg-***

/etc/sysconfig/network-scripts/ifcfg-ens33　**/etc/sysconfig/network-scripts/ifcfg-test2**

/etc/sysconfig/network-scripts/ifcfg-lo

多出一个文件/etc/sysconfig/network-scripts/ifcfg-test2，说明添加生效了。

4．启用 test2 连接配置

[root@server1 ~]# **nmcli connection up test2**

连接已成功激活（D-Bus 活动路径：

/org/freedesktop/NetworkManager/ActiveConnection/9）

[root@server1 ~]# **nmcli　connection show**

NAME	UUID		TYPE	DEVICE
test2	b0458803-999f-418d-b6ef-6e066ddab378		ethernet	ens33
virbr0	3b57fbd1-46b2-455f-8d88-cbf9a50c16fd		bridge	virbr0
ens33	63c61dfb-ac21-4e5c-a00d-61dcf065b50a		ethernet	--

5．查看是否生效

[root@server1 ~]# **nmcli device show ens33**

GENERAL.DEVICE:	ens33
GENERAL.TYPE:	ethernet
GENERAL.HWADDR:	00:0C:29:66:42:8D
GENERAL.MTU:	1500
GENERAL.STATE:	100 (connected)
GENERAL.CONNECTION:	test2
GENERAL.CON-PATH:	/org/freedesktop/NetworkManager/ActiveConnection/6
WIRED-PROPERTIES.CARRIER:	on
IP4.ADDRESS[1]:	192.168.10.100/24
IP4.GATEWAY:	192.168.10.1
IP6.ADDRESS[1]:	fe80::ebcc:9b43:6996:c47e/64

IP6.GATEWAY: --

基本的 IP 地址配置成功，按 q 键退出显示。

6. 修改连接设置

（1）修改 test2 为自动启动。

[root@server1 ~]# **nmcli connection modify test2 connection.autoconnect yes**

（2）修改 DNS 为 192.168.10.1。

[root@server1 ~]# **nmcli connection modify test2 ipv4.dns 192.168.10.1**

（3）添加 DNS 114.114.114.114。

[root@server1 ~]# **nmcli connection modify test2 +ipv4.dns 114.114.114.114**

（4）查看是否成功。

[root@server1 ~]# **cat /etc/sysconfig/network-scripts/ifcfg-test2**

TYPE=Ethernet

PROXY_METHOD=none

BROWSER_ONLY=no

BOOTPROTO=none

IPADDR=192.168.10.100

PREFIX=24

GATEWAY=192.168.10.1

DEFROUTE=yes

IPV4_FAILURE_FATAL=no

IPV6INIT=yes

IPV6_AUTOCONF=yes

IPV6_DEFROUTE=yes

IPV6_FAILURE_FATAL=no

IPV6_ADDR_GEN_MODE=stable-privacy

NAME=test2

UUID=7b0ae802-1bb7-41a3-92ad-5a1587eb367f

DEVICE=ens33

ONBOOT=yes

DNS1=192.168.10.1

DNS2=114.114.114.114

可以看到均已生效。

（5）删除 DNS。

[root@server1 ~]# **nmcli connection modify test2 -ipv4.dns 114.114.114.114**

（6）修改 IP 地址和默认网关。

[root@server1 ~]# **nmcli connection modify test2 ipv4.addresses 192.168.10.200/24 gw4 192.168.10.254**

（7）还可以添加多个 IP。

[root@server1 ~]# **nmcli connection modify test2 +ipv4.addresses 192.168.10.250/24**

[root@server1 ~]# **nmcli   connection   show   "test2"**

7. nmcli 命令和/etc/sysconfig/network-scripts/ifcfg-*文件的对应关系

nmcli 命令和/etc/sysconfig/network-scripts/ifcfg-*文件的对应关系见表 2-2。

表 2-2 nmcli 命令和/etc/sysconfig/network-scripts/ifcfg-*文件的对应关系

nmcli 命令	/etc/sysconfig/network-scripts/ifcfg-*文件
ipv4.method manual	BOOTPROTO=none
ipv4.method auto	BOOTPROTO=dhcp
ipv4.addresses 192.0.2.1/24	IPADDR=192.0.2.1 PREFIX=24
ipv4.gateway 192.0.2.254	GATEWAY=192.0.2.254
ipv4.dns 8.8.8.8	DNS0=8.8.8.8
ipv4.dns-search example.com	DOMAIN=example.com
ipv4.ignore-auto-dns true	PEERDNS=no
connection.autoconnect yes	ONBOOT=yes
connection.id eth0	NAME=eth0
connection.interface-name eth0	DEVICE=eth0
802-3-ethernet.mac-address . . .	HWADDR= . . .

2.4 练习题

一、填空题

1. _____文件主要用于设置基本的网络配置，包括主机名称、网关等。
2. 一块网卡对应一个配置文件，配置文件位于目录_____中，文件名以_____开始。
3. _____文件是 DNS 客户端用于指定系统所用的 DNS 服务器的 IP 地址。
4. POSIX 是_____的缩写，重点在规范核心与应用程序之间的接口，这是由美国电气与电子工程师学会（IEEE）所发布的一项标准。
5. 当前的 Linux 常见的应用可分为_____与_____两个方面。

二、选择题

1. 以下（   ）命令能用来显示 server 当前正在监听的端口。
    A．ifconfig   B．netlst   C．iptables   D．netstat
2. 以下（   ）文件存放机器名到 IP 地址的映射。
    A．/etc/hosts   B．/etc/host   C．/etc/host.equiv   D．/etc/hdinit
3. Linux 系统提供了一些网络测试命令，当与某远程网络连接不上时，就需要跟踪路由查看，以便了解在网络的什么位置出现了问题，下面的命令中满足该目的的命令是（   ）。
    A．ping   B．ifconfig   C．traceroute   D．netstat

三、补充表格

请将 nmcli 命令的含义列表补充完整。

表 2-3　nmcli 命令的常用形式及功能（不完整）

常用形式	功能
	显示所有连接
	显示所有活动的连接状态
nmcli connection show "ens33"	
nmcli device status	
nmcli device show ens33	
	查看帮助
	重新加载配置
nmcli connection down test2	
nmcli connection up test2	
	禁用 ens33 网卡，物理网卡
nmcli device connect ens33	

2.5　项目拓展：配置 Linux 下的 TCP/IP

一、项目目的

- 掌握 Linux 下 TCP/IP 网络的配置方法。
- 学会使用命令检测网络配置。
- 学会启用和禁用系统服务。

二、项目环境

某企业新增了 Linux 服务器，但还没有配置 TCP/IP 网络参数，请使用不同的方法设置好各项 TCP/IP 参数，并连通网络。

三、项目要求

在 Linux 系统下练习 TCP/IP 网络配置、网络检测方法。

四、做一做

根据项目拓展视频（本项目的项目实训视频）进行项目的实训，检查学习效果。

第二篇　系统管理

欲穷千里目，更上一层楼。

——[唐] 王之涣《登鹳雀楼》

项目 3　管理用户和组

某公司组建的基于 Linux 网络操作系统的办公网络，需要进行用户和组群的管理。

- 了解用户和组群配置文件。
- 熟练掌握 Linux 下用户的创建与维护管理。
- 熟练掌握 Linux 下组群的创建与维护管理。
- 熟悉用户账户管理器的使用方法。

3.1　相关知识

3.1.1　理解用户账户和组群

Linux 操作系统是多用户、多任务的操作系统，它允许多个用户同时登录到系统，使用系统资源。用户账户是用户的身份标识，用户通过用户账户可以登录到系统，并且访问已经被授权的资源。系统依据账户来区分属于每个用户的文件、进程、任务，并给每个用户提供特定的工作环境（例如用户的工作目录、Shell 版本以及图形化的环境配置等），使每个用户都能各自独立不受干扰地工作。

Linux 系统下的用户账户分为两种：普通用户账户和超级用户账户（root）。普通用户在系统中只能进行普通工作，只能访问他们拥有的或者有权限执行的文件。超级用户账户也叫管理员账户，它的任务是对普通用户和整个系统进行管理。超级用户账户对系统具有绝对的控制权，能够对系统进行一切操作，如操作不当很容易对系统造成破坏。

因此即使系统只有一个用户使用，也应该在超级用户账户之外再建立一个普通用户账户，在用户进行普通工作时以普通用户账户登录系统。

在 Linux 系统中为了方便管理员的管理和用户工作的方便，产生了组群的概念。组群是具有相同特性的用户的逻辑集合，使用组群有利于系统管理员按照用户的特性组织和管理用户，提高工作效率。有了组群，在做资源授权时可以把权限赋予某个组群，组群中的成员即可自动获得这种权限。一个用户账户可以同时是多个组群的成员，其中某个组群是该用户的主组群（私有组群），其他组群为该用户的附属组群（标准组群）。表 3-1 列出了与用户和组群相关的一些基本概念。

表 3-1 用户和组群的基本概念

概念	描述
用户名	用来标识用户的名称，可以是字母、数字组成的字符串，区分大小写
密码	用于验证用户身份的特殊验证码
用户标识（UID）	用来表示用户的数字标识符
用户主目录	用户的私人目录，也是用户登录系统后默认所在的目录
登录 Shell	用户登录后默认使用的 Shell 程序，默认为/bin/bash
组群	具有相同属性的用户属于同一个组群
组群标识（GID）	用来表示组群的数字标识符

root 用户的 UID 为；系统用户的 UID 从 1 到 999；普通用户的 UID 可以在创建时由管理员指定，如果不指定，用户的 UID 默认从 1000 开始顺序编号。在 Linux 系统中，创建用户账户的同时也会创建一个与用户同名的组群，该组群是用户的主组群。普通组群的 GID 默认也是从 1000 开始顺序编号的。

3.1.2 理解用户账户文件

用户账户信息和组群信息分别存储在用户账户文件和组群文件中。

1. /etc/passwd 文件

准备工作：新建用户 bobby、user1、user2，将 user1 和 user2 加入到 bobby 群组（后面章节有详解）。

```
[root@server1 ~]# useradd bobby
[root@server1 ~]# useradd user1
[root@server1 ~]# useradd user2
[root@server1 ~]# usermod -G bobby user1
[root@server1 ~]# usermod -G bobby user2
```

在 Linux 系统中，所创建的用户账户及其相关信息（密码除外）均放在/etc/passwd 配置文件中。用 vim 编辑器（或者使用 cat/etc/passwd）打开 passwd 文件，内容格式如下：

```
root:x:0:0:root:/root:/bin/bash
bin:x:1:1:bin:/bin:/sbin/nologin
daemon:x:2:2:daemon:/sbin:/sbin/nologin
user1:x:1002:1002::/home/user1:/bin/bash
```

文件中的每一行代表一个用户账户的资料，可以看到第一个用户是 root，然后是一些标准账户，此类账户的 Shell 为/sbin/nologin，代表无本地登录权限。最后一行是由系统管理员创建的普通账户：user1。

passwd 文件的每一行用 "：" 分隔为 7 个域，每一行各域的内容如下：

用户名:加密口令:UID:GID:用户的描述信息:主目录:命令解释器（登录 Shell）

passwd 文件中各字段的含义见表 3-2，其中少数字段的内容是可以为空的，但仍需使用"："进行占位来表示该字段。

表 3-2　passwd 文件字段说明

字段	说明
用户名	用户账号名称，用户登录时所使用的用户名
加密口令	用户口令，出于安全性考虑，现在已经不使用该字段保存口令，而用字母"x"来填充该字段，真正的密码保存在 shadow 文件中
UID	用户号，唯一表示某用户的数字标识
GID	用户所属的私有组号，该数字对应 group 文件中的 GID
用户描述信息	可选的关于用户全名、用户电话等描述性信息
主目录	用户的宿主目录，用户成功登录后的默认目录
命令解释器	用户所使用的 Shell，默认为"/bin/bash"

2. /etc/shadow 文件

由于所有用户对/etc/passwd 文件均有读取权限，为了增强系统的安全性，用户经过加密之后的口令都存放在/etc/shadow 文件中。/etc/shadow 文件只对 root 用户可读，因而大大提高了系统的安全性，使用"cat/etc/shadow"命令查看 shadow 文件的内容：

```
root:$6$PQxz7W3s$Ra7Akw53/n7rntDgjPNWdCG66/5RZgjhoe1zT2F00ouf2iDM.AVvRIYoez10hGG7kBH
Eaah.oH5U1t6OQj2Rf.:17654:0:99999:7:::
bin:*:16925:0:99999:7:::
daemon:*:16925:0:99999:7:::
bobby:!!:17656:0:99999:7:::
user1:!!:17656:0:99999:7:::
```

shadow 文件保存投影加密之后的口令以及与口令相关的一系列信息，每个用户的信息在 shadow 文件中占用一行，并且用":"分隔为 9 个域，各域的含义见表 3-3。

表 3-3　文件字段 shadow 各域说明

域	说明
1	用户登录名
2	加密后的用户口令，*表示非登录用户，!! 表示没设置密码
3	从 1970 年 1 月 1 日起，到用户最近一次口令被修改的天数
4	从 1970 年 1 月 1 日起，到用户可以更改密码的天数，即最短口令存活期
5	从 1970 年 1 月 1 日起，到用户必须更改密码的天数，即最长口令存活期
6	口令过期前几天提醒用户更改口令
7	口令过期后几天账户被禁用
8	口令被禁用的具体日期（相对日期，从 1970 年 1 月 1 日至禁用时的天数）
9	保留域，用于功能扩展

3. /etc/login.defs 文件

建立用户账户时会根据/etc/login.defs 文件的配置设置用户账户的某些选项。使用命令"cat/etc/login.defs"可查看该配置文件的有效设置内容及中文注释，如下所示。

```
MAIL_DIR        /var/spool/mail        //用户邮箱目录
```

```
MAIL_FILE        .mail
PASS_MAX_DAYS    99999                //账户密码最长有效天数
PASS_MIN_DAYS    0                    //账户密码最短有效天数
PASS_MIN_LEN     5                    //账户密码的最小长度
PASS_WARN_AGE    7                    //账户密码过期前提前警告的天数
UID_MIN               1000           //用 useradd 命令创建账户时自动产生的最小 UID 值
UID_MAX               60000          //用 useradd 命令创建账户时自动产生的最大 UID 值
GID_MIN               1000           //用 groupadd 命令创建组群时自动产生的最小 GID 值
GID_MAX               60000          //用 groupadd 命令创建组群时自动产生的最大 GID 值
USERDEL_CMD      /usr/sbin/userdel_local //如果定义的话，将在删除用户时执行，以删除相应用户的
                                     计划作业和打印作业等
CREATE_HOME      yes                 //创建用户账户时是否为用户创建主目录
```

3.1.3 理解组群文件

组群账户的信息存放在/etc/group 文件中，而关于组群管理的信息（组群口令、组群管理员等）则存放在/etc/gshadow 文件中。

1. /etc/group 文件

group 文件位于 "/etc" 目录中，用于存放用户的组账户信息，对于该文件的内容任何用户都可以读取。每个组群账户在 group 文件中占用一行，并且用 ":" 分隔为 4 个域。每一行各域的内容如下（使用 cat/etc/group）：

组群名称:组群口令（一般为空，用 x 占位）:GID:组群成员列表

group 文件的内容形式如下：

```
root:x:0:
bin:x:1:
daemon:x:2:
bobby:x:1001:user1,user2
user1:x:1002:
```

可以看出，root 的 GID 为 0，没有其他组成员。group 文件的组群成员列表中如果有多个用户账户属于同一个组群，则各成员之间以 ","分隔。在/etc/group 文件中，用户的主组群并不把该用户作为成员列出，只有用户的附属组群才会把该用户作为成员列出。例如用户 bobby 的主组群是 bobby，但/etc/group 文件中组群 bobby 的成员列表中并没有用户 bobby，只有用户 user1 和 user2。

2. /etc/gshadow 文件

/etc/gshadow 文件用于存放组群的加密口令、组管理员等信息，该文件只有 root 用户可以读取。每个组群账户在 gshadow 文件中占用一行，并以 ":" 分隔为 4 个域。每一行中各域的内容如下：

组群名称:加密后的组群口令（没有就!）:组群的管理员:组群成员列表

gshadow 文件的内容形式如下（使用 cat/etc/gshadow）：

```
root:::
bin:::
daemon:::
```

```
bobby:!::user1,user2
user1:!::
```

3.2 项目设计与准备

当完成服务器安装后，需要对用户账户和组群进行管理。

在进行本单元的教学与实验前，需要做好如下准备：

（1）已经安装好的 CentOS 7（可使用 VM 安装虚拟机），计算机名为 server1。

（2）CentOS 7 安装光盘或 ISO 镜像文件。

（3）VMware 10 以上虚拟机软件。

（4）设计教学或实验用的用户及权限列表。

3.3 项目实施

用户账户管理包括新建用户、设置用户账户口令和用户账户维护等内容。

任务 3-1 新建用户

在系统新建用户可以使用 useradd 或者 adduser 命令。useradd 命令的格式是：

```
useradd  [选项]  <username>
```

useradd 命令有很多选项，见表 3-4。

表 3-4   useradd 命令选项

选项	说明
-c comment	用户的注释性信息
-d home_dir	指定用户的主目录
-e expire_date	禁用账号的日期，格式为 YYYY-MM-DD
-f inactive_days	设置账户过期多少天后用户账户被禁用。如果为 0，账户过期后将立即被禁用；如果为-1，账户过期后，将不被禁用
-g initial_group	用户所属主组群的组群名称或者 GID
-G group-list	用户所属的附属组群列表，多个组群之间用逗号分隔
-m	若用户主目录不存在则创建它
-M	不要创建用户主目录
-n	不要为用户创建用户私人组群
-p passwd	加密的口令
-r	创建 UID 小于 500 的不带主目录的系统账号
-s shell	指定用户的登录 Shell，默认为/bin/bash
-u UID	指定用户的 UID，它必须是唯一的，且大于 499

【例 3-1】新建用户 user3，UID 为 1010，指定其所属的私有组为 group1（group1 组的标

识符为 1010），用户的主目录为/home/user3，用户的 Shell 为/bin/bash，用户的密码为 123456，账户永不过期。

```
[root@server1 ~]# groupadd -g 1010   group1
[root@server1 ~]# useradd -u 1010 -g 1000   -d /home/user3 -s /bin/bash -p 123456 -f -1 user3
[root@server1 ~]# tail -1 /etc/passwd
user3:x:1010:1000::/home/user3:/bin/bash
```

如果新建用户已经存在，那么在执行 useradd 命令时，系统会提示该用户已经存在：

```
[root@server1 ~]# useradd user3
useradd: user user1 exists
```

任务 3-2　设置用户账户口令

1. passwd 命令

指定和修改用户账户口令的命令是 passwd。超级用户可以为自己和其他用户设置口令，而普通用户只能为自己设置口令。passwd 命令的格式：

```
passwd   [选项]   [username]
```

passwd 命令的常用选项见表 3-5。

表 3-5　passwd 命令选项

选项	说明
-l	锁定（停用）用户账户
-u	口令解锁
-d	将用户口令设置为空，这与未设置口令的账户不同。未设置口令的账户无法登录系统，而口令为空的账户可以
-f	强迫用户下次登录时必须修改口令
-n	指定口令的最短存活期
-x	指定口令的最长存活期
-w	口令要到期前提前警告的天数
-i	口令过期后多少天停用账户
-S	显示账户口令的简短状态信息

【例 3-2】假设当前用户为 root，则下面的两个命令分别为 root 用户修改自己的口令和 root 用户修改 user1 用户的口令。

```
//root 用户修改自己的口令，直接用 passwd 命令回车即可
[root@server1 ~]# passwd

//root 用户修改 user1 用户的口令
[root@server1 ~]# passwd user1
```

需要注意的是，普通用户修改口令时，passwd 命令会首先询问原来的口令，只有验证通过才可以修改。而 root 用户为用户指定口令时，不需要知道原来的口令。为了系统安全，用户应选择包含字母、数字和特殊符号组合的复杂口令，且口令长度应至少为 8 个字符。

如果密码复杂度不够，系统会提示"无效的密码：密码未通过字典检查 - 它基于字典单

词"。这时有两种处理方法，一是再次输入刚才输入的简单密码，系统也会接受；另一种方法是更改为符合要求的密码。比如 P@ssw02d，包含大小写字母、数字、特殊符号等 8 位或以上的字符组合。

2. chage 命令

要修改用户账户口令，也可以用 chage 命令实现。chage 命令的常用选项见表 3-6。

表 3-6　chage 命令常用选项

选项	说明
-l	列出账户口令属性的各个数值
-m	指定口令最短存活期
-M	指定口令最长存活期
-W	口令要到期前提前警告的天数
-I	口令过期后多少天停用账户
-E	用户账户到期作废的日期
-d	设置口令上一次修改的日期

【例 3-3】设置 user1 用户的最短口令存活期为 6 天，最长口令存活期为 60 天，口令到期前 5 天提醒用户修改口令，设置完成后查看各属性值。

```
[root@server1 ~]# chage -m 6 -M 60 -W 5 user1
[root@server1 ~]# chage -l user1
最近一次密码修改时间            : 5 月  04, 2018
密码过期时间                  : 7 月  03, 2018
密码失效时间                  : 从不
账户过期时间                  : 从不
两次改变密码之间相距的最小天数  : 6
两次改变密码之间相距的最大天数  : 60
在密码过期之前警告的天数        : 5
```

任务 3-3　维护用户账户

1. 修改用户账户

usermod 命令用于修改用户的属性，格式为"usermod [选项] 用户名"。

前文曾反复强调，Linux 系统中的一切都是文件，因此在系统中创建用户也就是修改配置文件的过程。用户的信息保存在/etc/passwd 文件中，可以直接用文本编辑器来修改其中的用户参数项目，也可以用 usermod 命令修改已经创建的用户信息，诸如用户的 UID、基本/扩展用户组、默认终端等。usermod 命令中的参数以及作用见表 3-7。

（1）大家不要被这么多参数吓坏了。我们先来看一下账户用户 user1 的默认信息：

```
[root@server1 ~]# id user1
uid=1002(user1) gid=1002(user1) 组=1002(user1),1001(bobby)
```

表 3-7　usermod 命令中的参数及作用

参数	作用
-c	填写用户账户的备注信息
-d -m	参数-m 与参数-d 连用，可重新指定用户的家目录并自动把旧的数据转移过去
-e	账户的到期时间，格式为 YYYY-MM-DD
-g	变更所属用户组
-G	变更扩展用户组
-L	锁定用户禁止其登录系统
-U	解锁用户，允许其登录系统
-s	变更默认终端
-u	修改用户的 UID

（2）将用户 user1 加入到 root 用户组中，这样扩展组列表中会出现 root 用户组的字样，而基本组不会受到影响。

```
[root@server1 ~]# usermod -G root user1
[root@server1 ~]# id user1
uid=1002(user1) gid=1002(user1) 组=1002(user1),0(root)
```

（3）来试试用-u 参数修改 user1 用户的 UID 号码值。除此之外，我们还可以用-g 参数修改用户的基本组 ID，用-G 参数修改用户扩展组 ID。

```
[root@server1 ~]# usermod -u 8888 user1
[root@server1 ~]# id user1
uid=8888(user1) gid=1002(user1) 组=1002(user1),0(root)
```

（4）修改用户 user1 的主目录为/var/user1，把启动 Shell 修改为/bin/tcsh，完成后恢复到初始状态。可以用如下操作：

```
[root@server1 ~]# usermod -d /var/user1 -s /bin/tcsh user1
[root@server1 ~]# tail -3 /etc/passwd
user1:x:8888:1002::/var/user1:/bin/tcsh
user2:x:1003:1003::/home/user2:/bin/bash
user3:x:1010:1000::/home/user3:/bin/bash
[root@server1 ~]# usermod -d /home/user1 -s /bin/bash user1
```

2．禁用和恢复用户账户

有时需要临时禁用一个账户而不删除它。禁用用户账户可以用 passwd 或 usermod 命令实现，也可以直接修改/etc/passwd 或/etc/shadow 文件实现。

例如，暂时禁用和恢复 user3 账户，可以使用以下三种方法实现。

（1）使用 passwd 命令。

```
//使用 passwd 命令禁用 user3 账户，利用 tail 命令查看可以看到被锁定的账户密码栏前面会加上！
[root@server1 ~]# passwd -l user3
锁定用户 user3 的密码
passwd: 操作成功
[root@server1 ~]# tail -1 /etc/shadow
user3:123456:17656:0:99999:7:::
```

//利用 passwd 命令的-u 选项解除账户锁定，重新启用 user3 账户

[root@server1 ~]# **passwd -u user3**

（2）使用 usermod 命令。

//禁用 user1 账户

[root@server1 ~]# **usermod -L user1**

//解除 user1 账户的锁定

[root@server1 ~]# **usermod -U user1**

（3）直接修改用户账户配置文件。可将/etc/passwd 文件或/etc/shadow 文件中关于 user1 账户的 passwd 域的第一个字符前面加上一个"*"，达到禁用账户的目的，在需要恢复的时候只要删除字符"*"即可。

如果只是禁止用户账户登录系统，可以将其启动 Shell 设置为/bin/false 或者/dev/null。

3．删除用户账户

要删除一个账户，可以直接编辑删除/etc/passwd 和/etc/shadow 文件中要删除的用户所对应的行，或者用 userdel 命令删除。userdel 命令的格式为：

userdel [-r] 用户名

如果不加-r 选项，userdel 命令会在系统中所有与账户有关的文件中（例如/etc/passwd，/etc/shadow，/etc/group）将用户的信息全部删除。

如果加-r 选项，则在删除用户账户的同时，还将用户主目录以及其下的所有文件和目录全部删除掉。另外，如果用户使用 e-mail 的话，同时也将/var/spool/mail 目录下的用户文件删掉。

任务 3-4 管理组群

组群管理包括新建组群、维护组群账户和为组群添加用户等内容。

1．维护组群账户

创建组群和删除组群的命令与创建、维护账户的命令相似，创建组群可以使用命令 groupadd 或者 addgroup。

例如，创建一个新的组群，组群的名称为 testgroup，可用如下命令：

[root@server1 ~]# **groupadd testgroup**

要删除一个组可以用 groupdel 命令，例如删除刚创建的 testgroup 组，可用如下命令：

[root@server1 ~]# **groupdel testgroup**

需要注意的是，如果要删除的组群是某个用户的主组群，则该组群不能被删除。

修改组群的命令是 groupmod，其命令格式为：

groupmod [选项] 组名

常见的命令选项见表 3-8。

表 3-8 groupmod 命令选项

选项	说明
-g gid	把组群的 GID 改成 gid
-n group-name	把组群的名称改为 group-name
-o	强制接受更改的组的 GID 为重复的号码

2. 为组群添加用户

在 Red Hat Linux 中使用不带任何参数的 useradd 命令创建用户时，会同时创建一个和用户账户同名的组群，称为主组群。当一个组群中必须包含多个用户时则需要使用附属组群。在附属组群中增加、删除用户都用 gpasswd 命令。gpasswd 命令的格式为：

gpasswd [选项] [用户] [组]

只有 root 用户和组管理员才能够使用这个命令，命令选项见表 3-9。

表 3-9   gpasswd 命令选项

选项	说明
-a	把用户加入组
-d	把用户从组中删除
-r	取消组的密码
-A	给组指派管理员

例如，要把 user1 用户加入 testgroup 组，并指派 user1 为管理员，可以执行下列命令：

```
[root@server1 ~]# groupadd    testgroup
[root@server1 ~]# gpasswd -a user1 testgroup
[root@server1 ~]# gpasswd -A user1 testgroup
```

任务 3-5   使用 su 命令

各位读者在实验环境中很少遇到安全问题，并且为了避免因权限因素导致配置服务失败，从而建议以 root 管理员的身份进行本书中的所有操作，但是在生产环境中还是要对安全多一份敬畏之心，不要用 root 管理员去做所有事情。因为一旦执行了错误的命令，可能会直接导致系统崩溃。尽管 Linux 系统为了安全考虑，使得许多系统命令和服务只能被 root 管理员使用，但是这也让普通用户受到了更多的权限束缚，从而导致无法顺利完成特定的工作任务。su 命令可以解决切换用户身份的需求，使得当前用户在不退出登录的情况下，顺畅地切换到其他用户，比如从 root 管理员切换至普通用户：

```
[root@server1 ~]# id
uid=0(root) gid=0(root) 组=0(root) 环境=unconfined_u:unconfined_r:unconfined_t:s0-s0:c0.c1023
[root@server1 ~]# useradd -G testgroup    test
[root@server1 ~]# su – test
[test@server1 ~]$ id
uid=8889(test) gid=8889(test) 组=8889(test),1011(testgroup) 环境=unconfined_u:unconfined_r:
unconfined_t:s0-s0:c0.c1023
```

细心的读者一定会发现，上面的 su 命令与用户名之间有一个 "-"，这意味着完全切换到新的用户，即把环境变量信息也变更为新用户的相应信息，而不是保留原始的信息。强烈建议在切换用户身份时添加这个 "–"。

另外，当从 root 管理员切换到普通用户时是不需要密码验证的，而从普通用户切换成 root 管理员就需要进行密码验证了。这也是一个必要的安全检查：

```
[test@server1 ~]$ su root
Password:
```

```
[root@server1 test]# su – test
上一次登录：日 5 月   6 05:22:57 CST 2018pts/0  上
[test@server1 ~]$ exit
logout
[root@server1 test]#
```

任务 3-6　使用用户管理器管理用户和组群

默认图形界面的用户管理器是没有安装的，需要安装 system-config-users 工具。

1．安装 system-config-users 工具

（1）检查是否安装 system-config-users 工具。

```
[root@server1 ~]# rpm   -qa|grep   system-config-users
```

表示没有安装 system-config-users 工具。

（2）如果没有安装，则按下列步骤操作。

 说明　如果能够连接互联网，并且有较高网速，则可以直接使用系统自带的 yum 源文件，不需要单独编辑 yum 源文件。这时请直接跳到"（3）使用 yum 命令查看……"，忽略前两步。后面在使用 yum 安装软件时也依据此原则，不再赘述。

提示　如果制作并使用本地 yum 安装源文件，比如 dvd.repo，请将该文件所在目录的其他 repo 文件改名或备份后删除，以免 yum 源文件互相影响。

1）挂载 ISO 安装镜像。

```
//挂载光盘到 /iso 下
[root@server1 ~]# mkdir   /iso
[root@server1 ~]# mount   /dev/cdrom   /iso
mount: /dev/sr0 写保护，将以只读方式挂载
```

2）制作用于安装的 yum 源文件。

```
[root@server1 ~]# vim   /etc/yum.repos.d/dvd.repo
```

dvd.repo 文件的内容如下（后面不再赘述）：

```
# /etc/yum.repos.d/dvd.repo
# or for ONLY the media repo, do this:
# yum --disablerepo=\* --enablerepo=c6-media [command]
[dvd]
name=dvd
#特别注意本地源文件的表示，3 个 "/"。
baseurl=file:///iso
gpgcheck=0
enabled=1
```

3）使用 yum 命令查看 system-config-users 软件包的信息，如图 3-1 所示。

```
[root@server1 ~]# yum   info system-config-users
```

4）使用 yum 命令安装 system-config-users。

```
[root@server1 ~]# yum clean all                //安装前先清除缓存
[root@server1 ~]# yum   install   system-config-users   -y
```

正常安装完成后，最后的提示信息是：

················

已安装:

  system-config-users.noarch 0:1.3.5-2.el7

作为依赖被安装:

  system-config-users-docs.noarch 0:1.0.9-6.el7

完毕!

```
[root@rhel7-1 ~]# yum  info system-config-users
已加载插件 : langpacks, product-id, search-disabled-repos, subscription-manager
This system is not registered with an entitlement server. You can use subscripti
on-manager to register.
可安装的软件包
名称         : system-config-users
架构         : noarch
版本         : 1.3.5
发布         : 2.el7
大小         : 339 k
源           : dvd
简介         : A graphical interface for administering users and groups
网址         : http://fedorahosted.org/system-config-users
协议         : GPLv2+
描述         : system-config-users is a graphical utility for administrating
             : users and groups.  It depends on the libuser library.
```

图 3-1　使用 yum 命令查看 system-config-users 软件包的信息

所有软件包安装完毕之后,可以使用 rpm 命令再一次进行查询:rpm -qa | grep system-config-users。

```
[root@server1 etc]# rpm -qa | grep system-config-users
system-config-users-1.3.5-2.el7.noarch
system-config-users-docs-1.0.9-6.el7.noarch
```

2. 使用用户管理器

```
[root@server1 etc]# rpm -qa | grep system-config-users
```

使用命令 system-config-users 会打开如图 3-2 所示的"用户管理器"。

图 3-2　用户管理器

使用"用户管理器"可以方便地进行添加用户或组群、编辑用户或组群的属性、删除用户或组群、加入或退出组群等操作。图形界面比较简单,在此不再赘述。不过提醒读者,system-config-users 有许多其他应用,大家可以试着安装并应用。

任务 3-7　使用常用的账户管理命令

账户管理命令可以在非图形化操作中对账户进行有效管理。

1. vipw

vipw 命令用于直接对用户账户文件/etc/passwd 进行编辑，使用的默认编辑器是 vi。在对 /etc/passwd 文件进行编辑时将自动锁定该文件，编辑结束后对该文件进行解锁，保证了文件的一致性。vipw 命令在功能上等同于"vi /etc/passwd"命令，但是比直接使用 vi 命令更安全。命令格式如下：

```
[root@server1 ~]# vipw
```

2. vigr

vigr 命令用于直接对组群文件/etc/group 进行编辑。在用 vigr 命令对/etc/group 文件进行编辑时将自动锁定该文件，编辑结束后对该文件进行解锁，保证了文件的一致性。vigr 命令在功能上等同于"vi /etc/group"命令，但是比直接使用 vi 命令更安全。命令格式如下：

```
[root@server1 ~]# vigr
```

3. pwck

pwck 命令用于验证用户账户文件认证信息的完整性。该命令检测/etc/passwd 文件和 /etc/shadow 文件每行中字段的格式和值是否正确。命令格式如下：

```
[root@server1 ~]#pwck
```

4. grpck

grpck 命令用于验证组群文件认证信息的完整性。该命令用来检测/etc/group 文件和 /etc/gshadow 文件每行中字段的格式和值是否正确。命令格式如下：

```
[root@server1 ~]#grpck
```

5. id

id 命令用于显示一个用户的 UID 和 GID 以及用户所属的组列表。在命令行输入 id 直接回车将显示当前用户的 ID 信息。id 命令格式如下：

```
id  [选项] 用户名
```

例如，显示 user1 用户的 UID、GID 信息的实例如下所示：

```
[root@server1 ~]# id   user1
uid=8888(user1) gid=1002(user1) 组=1002(user1),0(root),1011(testgroup)
```

6. finger、chfn、chsh

使用 finger 命令可以查看用户的相关信息，包括用户的主目录、启动 Shell、用户名、地址、电话等存放在/etc/passwd 文件中的记录信息。管理员和其他用户都可以用 finger 命令来了解用户。直接使用 finger 命令可以查看当前用户信息。finger 命令格式及实例如下（需要安装软件包）：

```
finger   [选项] 用户名
[root@server1 ~]# yum install finger   -y
[root@server1 ~]# finger
Login        Name          Tty          Idle  Login Time      Office        Office Phone
root         root          tty1         4     Sep   1 14:22
root         root          pts/0              Sep   1 14:39   （192.168.1.101）
```

finger 命令常用的一些选项见表 3-10。

表 3-10   finger 命令选项

选项	说明
-l	以长格式显示用户信息，是默认选项
-m	关闭以用户姓名查询账户的功能，如不加此选项，用户可以用一个用户的姓名来查询该用户的信息
-s	以短格式查看用户的信息
-p	不显示 plan（plan 信息是用户主目录下的.plan 等文件）

用户可以使用 chfn 和 chsh 命令来修改 finger 命令显示的内容。chfn 命令可以修改用户的办公地址、办公电话和住宅电话等。chsh 命令用来修改用户的启动 Shell。用户在用 chfn 和 chsh 修改个人账户信息时会被提示要输入密码。例如：

```
[root@server1 ~]# su - user1
[user1@Server1 ~]# chfn
Changing finger information for user1.
Password:
Name [oneuser]:oneuser
Office []: network
Office Phone []: 66773007
Home Phone []: 66778888
Finger information changed.
```

用户可以直接输入 chsh 命令或使用-s 选项来指定要更改的启动 Shell。例如用户 user1 想把自己的启动 Shell 从 bash 改为 tcsh。可以使用以下两种方法：

```
[user1@Server ~]$ chsh
Changing shell for user1.
Password:
New shell [/bin/bash]: /bin/tcsh
Shell changed.
```

或：

```
[user1@Server ~]$ chsh -s /bin/tcsh
Changing shell for user1.
```

7. whoami

whoami 命令用于显示当前用户的名称。whoami 与命令"id -un"作用相同。

```
[user1@Server ~]$ whoami
User1
[user1@server1 ~]$ exit
logout
```

8. newgrp

newgrp 命令用于转换用户的当前组到指定的主组群，对于没有设置组群口令的组群账户，只有组群的成员才可以使用 newgrp 命令改变主组群身份到该组群。如果组群设置了口令，其他组群的用户只要拥有组群口令也可以将主组群身份改变到该组群。应用实例如下：

```
[root@server1 ~]# id                    //显示当前用户的 gid
uid=0(root) gid=0（root）  groups=0(root),1(bin),2(daemon),3(sys),4(adm), 6(disk),10(wheel)
[root@server1 ~]# newgrp group1         //改变用户的主组群
```

```
[root@server1 ~]# id
uid=0(root) gid=500(group1) groups=0(root),1(bin),2(daemon),3(sys),4(adm), 6(disk),10(wheel)
[root@server1 ~]# newgrp              //newgrp 命令不指定组群时转换为用户的私有组
[root@server1 ~]# id
uid=0(root) gid=0(root) groups=0(root),1(bin),2(daemon),3(sys),4(adm),6(disk), 10(wheel)
```

使用 groups 命令可以列出指定用户的组群。例如：

```
[root@server1 ~]# whoami
root
[root@server1 ~]# groups
root group1
```

3.4 企业实战与应用——账号管理实例

1. 情境：假设需要的账号数据如下，应该如何操作？

账号名称	账号全名	支持次要群组	是否可登录主机	口令
myuser1	1st user	mygroup1	可以	Password
myuser2	2nd user	mygroup1	可以	Password
myuser3	3rd user	无额外支持	不可以	password

2. 解决方案

```
# 先处理账号相关属性的数据：
[root@server1 ~]# groupadd mygroup1
[root@server1 ~]# useradd -G mygroup1 -c "1st user" myuser1
[root@server1 ~]# useradd -G mygroup1 -c "2nd user" myuser2
[root@server1 ~]# useradd -c "3rd user" -s /sbin/nologin myuser3

# 再处理账号的口令相关属性的数据：
[root@server1 ~]# echo "password" | passwd --stdin myuser1
[root@server1 ~]# echo "password" | passwd --stdin myuser2
[root@server1 ~]# echo "password" | passwd --stdin myuser3
```

注意　　　myuser1 与 myuser2 都支持次要群组，但该群组不见得存在，因此需要先手动创建。再者，myuser3 是 "不可登录系统" 的账号，因此需要使用 /sbin/nologin 来设置，这样该账号就成为非登录账户了。

3.5 练习题

一、填空题

1. Linux 操作系统是_____的操作系统，它允许多个用户同时登录到系统，使用系统资源。

2．Linux 系统下的用户账户分为两种：_____ 和_____。

3．root 用户的 UID 为_____，普通用户的 UID 可以在创建时由管理员指定，如果不指定，用户的 UID 默认从_____开始顺序编号。

4．在 Linux 系统中，创建用户账户的同时也会创建一个与用户同名的组群，该组群是用户的_____。普通组群的 GID 默认也从_____开始顺序编号。

5．一个用户账户可以同时是多个组群的成员，其中某个组群是该用户的_____（私有组群），其他组群为该用户的_____（标准组群）。

6．在 Linux 系统中，所创建的用户账户及其相关信息（密码除外）均放在_____配置文件中。

7．由于所有用户对/etc/passwd 文件均有_____权限，为了增强系统的安全性，用户经过加密之后的口令都存放在_____文件中。

8．组群账户的信息存放在_____文件中，而关于组群管理的信息（组群口令、组群管理员等）则存放在_____文件中。

二、选择题

1．（　　）目录用于存放用户密码信息？

　　A．/etc　　　　　　B．/var　　　　　　C．/dev　　　　　　D．/boot

2．请选出创建用户 ID 是 200、组 ID 是 1000、用户主目录为/home/user01 的正确命令。（　　）

　　A．useradd -u:200 -g:1000 -h:/home/user01 user01

　　B．useradd -u=200 -g=1000 -d=/home/user01 user01

　　C．useradd -u 200 -g 1000 -d /home/user01 user01

　　D．useradd -u 200 -g 1000 -h /home/user01 user01

3．用户登录系统后首先进入下列（　　）。

　　A．/home 目录　　　　　　　　B．/root 的主目录

　　C．/usr 目录　　　　　　　　　D．用户自己的家目录

4．在使用了 shadow 口令的系统中，/etc/passwd 和/etc/shadow 两个文件的权限正确的是（　　）。

　　A．-rw-r----- , -r--------　　　　　　B．-rw-r--r-- , -r--r--r—

　　C．-rw-r--r-- , -r--------　　　　　　D．-rw-r--rw- , -r-----r—

5．下面（　　）参数可以删除一个用户并同时删除用户的主目录？

　　A．rmuser -r　　　　B．deluser -r　　　　C．userdel -r　　　　D．usermgr -r

6．系统管理员应该采用的安全措施（　　）。

　　A．把 root 密码告诉每一位用户

　　B．设置 telnet 服务来提供远程系统维护

　　C．经常检测账户数量、内存信息和磁盘信息

　　D．当员工辞职后，立即删除该用户账户

7．在/etc/group 中有一行 students::600:z3,14,w5，表示有（　　）个用户在 student 组里。

　　A．3　　　　　　　　B．4　　　　　　　　C．5　　　　　　　　D．不知道

8. （   ）命令可以用来检测用户 lisa 的信息。

    A．finger lisa   B．grep lisa /etc/passwd

    C．find lisa /etc/passwd   D．who lisa

3.6　项目拓展：管理用户和组

一、项目目的

- 熟悉 Linux 用户的访问权限。
- 掌握在 Linux 系统中增加、修改、删除用户或用户组的方法。
- 掌握用户账户管理及安全管理。

二、项目环境

某公司有 60 个员工，分别在 5 个部门工作，每个人工作内容不同。需要在服务器上为每个人创建不同的账号，把相同部门的用户放在一个组中，每个用户都有自己的工作目录。并且需要根据工作性质对每个部门和每个用户在服务器上的可用空间进行限制。

三、项目要求

练习设置用户的访问权限，练习账号的创建、修改、删除。

四、做一做

检查学习效果。

项目4　管理文件系统与磁盘

文件权限管理和磁盘管理是网络运维的常规管理工作。作为 Linux 系统的网络管理员，学习 Linux 文件系统和磁盘管理是至关重要的。

- 掌握 Linux 文件系统结构和文件权限管理。
- 掌握 Linux 下的磁盘和文件系统管理工具。
- 掌握 Linux 下的软 RAID 设置。
- 掌握 LVM 逻辑卷管理器。
- 掌握磁盘限额管理。

4.1　相关知识

文件系统（File System）是磁盘上有特定格式的一片区域，操作系统利用文件系统保存和管理文件。

4.1.1　认识文件系统

用户在硬件存储设备中执行的文件建立、写入、读取、修改、转存与控制等操作都是依靠文件系统来完成的。文件系统的作用是合理规划硬盘，以保证用户正常的使用需求。Linux系统支持数十种的文件系统，而最常见的文件系统如下所示。

- Ext3：是一款日志文件系统，能够在系统异常宕机时避免文件系统资料丢失，并能自动修复数据的不一致与错误。然而，当硬盘容量较大时，所需的修复时间也会很长，而且也不能百分之百地保证资料不会丢失。它会把整个磁盘的每个写入动作的细节都预先记录下来，以便在发生异常宕机后能回溯追踪到被中断的部分，然后尝试进行修复。
- Ext4：Ext3 的改进版本，作为 RHEL 6 系统中的默认文件管理系统，它支持的存储容量高达 1EB（1EB=1,073,741,824GB），且能够有无限多的子目录。另外，Ext4 文件系统能够批量分配 block 块，从而极大地提高了读写效率。
- XFS：是一种高性能的日志文件系统，而且是 CentOS 7 中默认的文件管理系统，它的优势在发生意外宕机后尤其明显，即可以快速地恢复可能被破坏的文件，而且强大的日志功能只用花费极低的计算和存储性能。并且它最大可支持的存储容量为18EB，这几乎满足了所有需求。

CentOS 7 系统中一个比较大的变化就是使用了 XFS 作为文件系统，XFS 文件系统可支持高达 18EB 的存储容量。

日常在硬盘需要保存的数据实在太多了，因此 Linux 系统中有一个名为 super block 的"硬盘地图"。Linux 并不是把文件内容直接写入到这个"硬盘地图"里面，而是在里面记录着整个文件系统的信息。因为如果把所有的文件内容都写入到这里面，它的体积将变得非常大，而且文件内容的查询与写入速度也会变得很慢。Linux 只是把每个文件的权限与属性记录在 inode 中，而且每个文件占用一个独立的 inode 表格，该表格的大小默认为 128 字节，里面记录着如下信息：

- 该文件的访问权限（read、write、execute）。
- 该文件的所有者与所属组（owner、group）。
- 该文件的大小（size）。
- 该文件的创建或内容修改时间（ctime）。
- 该文件的最后一次访问时间（atime）。
- 该文件的修改时间（mtime）。
- 文件的特殊权限（SUID、SGID、SBIT）。
- 该文件的真实数据地址（point）。

而文件的实际内容则保存在 block 块中（大小可以是 1KB、2KB 或 4KB），一个 inode 的默认大小仅为 128B（Ext3），记录一个 block 则消耗 4B。当文件的 inode 被写满后，Linux 系统会自动分配出一个 block 块，专门用于像 inode 那样记录其他 block 块的信息，这样把各个 block 块的内容串到一起，就能够让用户读到完整的文件内容了。对于存储文件内容的 block 块，有下面两种常见情况（以 4KB 的 block 大小为例进行说明）。

- 情况 1：文件很小（1KB），但依然会占用一个 block，因此会潜在地浪费 3KB。
- 情况 2：文件很大（5KB），那么会占用两个 block（5KB-4KB 后剩下的 1KB 也要占用一个 block）。

计算机系统在发展过程中产生了众多的文件系统，为了使用户在读取或写入文件时不用关心底层的硬盘结构，Linux 内核中的软件层为用户程序提供了一个虚拟文件系统（Virtual File System，VFS）接口，这样用户实际上在操作文件时就是统一对这个虚拟文件系统进行操作了。图 4-1 所示为 VFS 的架构示意图。从图 4-1 中可见，实际文件系统在 VFS 下隐藏了自己的特性和细节，这样用户在日常使用时会觉得"文件系统都是一样的"，也就可以随意使用各种命令在任何文件系统中进行各种操作了（比如使用 cp 命令来复制文件）。

4.1.2 理解 Linux 文件系统目录结构

在 Linux 文件系统中，目录、字符设备、块设备、套接字、打印机等都被抽象成了文件；Linux 系统中一切都是文件。既然平时我们打交道的都是文件，那么又应该如何找到它们呢？在 Windows 操作系统中，想要找到一个文件，我们要依次进入该文件所在的磁盘分区（假设这里是 D 盘），然后再进入该分区下的具体目录，最终找到这个文件。但是在 Linux 系统中并不存在 C/D/E/F 等盘符，Linux 系统中的一切文件都是从"根（/）"目录开始的，并按照文件系统层次化标准（FHS）采用树形结构来存放文件，以及定义了常见目录的用途。另外，Linux 系统中的文件和目录名称是严格区分大小写的。例如，root、rOOt、Root、rooT 均代表不同的目录，并且文件名称中不得包含斜杠（/）。Linux 系统中的文件存储结构如图 4-2 所示。

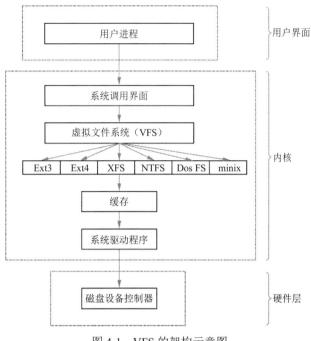

图 4-1　VFS 的架构示意图

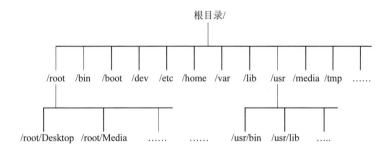

图 4-2　Linux 系统中的文件存储结构

在 Linux 系统中，最常见的目录以及所对应的存放内容见表 4-1。

表 4-1　Linux 系统中最常见的目录名称以及相应内容

目录名称	应放置文件的内容
/	Linux 文件的最上层根目录
/boot	开机所需文件——内核、开机菜单以及所需配置文件等
/dev	以文件形式存放任何设备与接口
/etc	配置文件
/home	用户家目录
/bin	Binary 的缩写，存放用户的可运行程序，如 ls、cp 等，也包含其他 Shell，如 bash 和 cs 等

续表

目录名称	应放置文件的内容
/lib	开机时用到的函数库，以及/bin 与/sbin 下面的命令要调用的函数
/sbin	开机过程中需要的命令
/media	用于挂载设备文件的目录
/opt	放置第三方的软件
/root	系统管理员的家目录
/srv	一些网络服务的数据文件目录
/tmp	任何人均可使用的"共享"临时目录
/proc	虚拟文件系统，例如系统内核、进程、外部设备及网络状态等
/usr/local	用户自行安装的软件
/usr/sbin	Linux 系统开机时不会使用到的软件/命令/脚本
/usr/share	帮助与说明文件，也可放置共享文件
/var	主要存放经常变化的文件，如日志
/lost+found	当文件系统发生错误时，将一些丢失的文件片段存放在这里

4.1.3 理解绝对路径与相对路径

了解绝对路径与相对路径的概念。

- 绝对路径：由根目录（/）开始写起的文件名或目录名称，例如/home/dmtsai/basher。
- 相对路径：相对于目前路径的文件名写法。例如./home/dmtsai 或../../home/dmtsai/等。

 开头不是"/"的就属于相对路径的写法。

相对路径是以当前所在路径的相对位置来表示的。举例来说，目前在/home 这个目录下，如果想要进入/var/log 这个目录，可以怎么写呢？有两种方法。

- cd   /var/log（绝对路径）
- cd   ../var/log（相对路径）

因为目前在/home 下，所以要回到上一层（../）之后，才能进入/var/log 目录。特别注意两个特殊的目录。

- .：代表当前的目录，也可以使用./来表示。
- ..：代表上一层目录，也可以用../来代表。

这个.和..目录的概念是很重要的，你常常看到的 cd ..或./command 之类的指令表达方式，就是代表上一层与目前所在目录的工作状态。

4.2 项目设计与准备

当服务器安装完成后，需要对文件权限、RAID、LVM 逻辑卷、磁盘配额等内容进行管理。

在进行本单元的教学与实验前，需要做好如下准备：

（1）已经安装好的 CentOS 7（可使用 VM 安装虚拟机），计算机名为 server1。

（2）CentOS 7 安装光盘或 ISO 镜像文件。

（3）VMware 10 以上虚拟机软件。

（4）设计教学或实验用的用户及权限列表。

4.3　项目实施

任务 4-1　Linux 文件权限管理

1．文件和文件权限概述

文件是操作系统用来存储信息的基本结构，是一组信息的集合。文件通过文件名来唯一标识。Linux 中的文件名称最长允许 255 个字符，这些字符可用 A～Z、0～9、.、_、-等符号表示。与其他操作系统相比，Linux 最大的不同点是没有"扩展名"的概念，也就是说文件的名称和该文件的种类并没有直接的关联，例如 sample.txt 可能是一个运行文件，而 sample.exe 也有可能是文本文件，甚至可以不使用扩展名。另一个特性是 Linux 文件名区分大小写。例如，sample.txt、Sample.txt、SAMPLE.txt、samplE.txt 在 Linux 系统中代表不同的文件，但在 DOS 和 Windows 平台却是指同一个文件。在 Linux 系统中，如果文件名以"."开始，表示该文件为隐藏文件，需要使用 ls -a 命令才能显示。

在 Linux 中的每一个文件或目录都包含有访问权限，这些访问权限决定了谁能访问和如何访问这些文件和目录。

通过设定权限可以用以下 3 种访问方式限制访问权限：只允许用户自己访问；允许一个预先指定的用户组中的用户访问；允许系统中的任何用户访问。同时，用户能够控制一个给定的文件或目录的访问程度。一个文件或目录可能有读、写及执行权限。当创建一个文件时，系统会自动赋予文件所有者读和写的权限，这样可以允许文件所有者查看文件内容和修改文件。文件所有者可以将这些权限改变为任何他想指定的权限。一个文件也许只有读权限，禁止任何修改。文件也可能只有执行权限，允许它像一个程序一样执行。

3 种不同的用户（所有者、用户组或其他用户）能够访问一个目录或者文件。所有者是创建文件的用户，文件的所有者能够授予所在用户组的其他成员及系统中除所属组之外的其他用户的文件访问权限。

每一个用户针对系统中的所有文件都有它自身的读、写和执行权限。第一套权限控制访问自己的文件权限，即所有者权限。第二套权限控制用户组访问其中一个用户的文件的权限。第三套权限控制其他所有用户访问一个用户的文件的权限。这 3 套权限赋予用户不同用户（即所有者、用户组和其他用户）的读、写及执行权限，就构成了一个有 9 种类型的权限组。

可以用 ls -l 或者 ll 命令显示文件的详细信息，其中包括权限。如下所示：

```
[root@server1 ~]# ll
total 84
drwxr-xr-x  2 root root  4096    Aug        9    15:03  Desktop
-rw-r--r--  1 root root  1421    Aug        9    14:15  anaconda-ks.cfg
```

-rw-r--r--	1 root root	830	Aug	9	14:09 firstboot.1186639760.25
-rw-r--r--	1 root root	45592	Aug	9	14:15 install.log
-rw-r--r--	1 root root	6107	Aug	9	14:15 install.log.syslog
drwxr-xr-x	2 root root	4096	Sep	1	13:54 webmin

在上面的显示结果中从第二行开始，每一行的第一个字符一般用来区分文件的类型，一般取值为 d、-、l、b、c、s、p。具体含义为：

- d：表示是一个目录，在 ext 文件系统中目录也是一种特殊的文件。
- -：表示该文件是一个普通的文件。
- l：表示该文件是一个符号链接文件，实际上它指向另一个文件。
- b、c：分别表示该文件为区块设备或其他的外围设备，是特殊类型的文件。
- s、p：分别表示这些文件关系到系统的数据结构和管道，通常很少见到。

下面详细介绍权限的种类和设置权限的方法。

2．一般权限

在上面的显示结果中，每一行的第 2～10 个字符表示文件的访问权限。这 9 个字符每 3 个为一组，左边 3 个字符表示所有者权限，中间 3 个字符表示与所有者同一组的用户的权限，右边 3 个字符是其他用户的权限。代表的意义如下：

（1）字符 2、3、4 表示该文件所有者的权限，有时也简称为 u（user）的权限。

（2）字符 5、6、7 表示该文件所有者所属组的组成员的权限。例如，此文件拥有者属于 user 组群，该组群中有 6 个成员，表示这 6 个成员都有此处指定的权限，简称为 g（group）的权限。

（3）字符 8、9、10 表示该文件所有者所属组群以外的权限，简称为 o（other）的权限。

这 9 个字符根据权限种类的不同，也分为 3 种类型：

（1）r（read，读取）：对文件而言，具有读取文件内容的权限；对目录来说，具有浏览目录的权限。

（2）w（write，写入）：对文件而言，具有新增、修改文件内容的权限；对目录来说，具有删除、移动目录内文件的权限。

（3）x（execute，执行）：对文件而言，具有执行文件的权限；对目录来说，具有进入目录的权限。

-表示不具有该项权限。

下面举例说明：

- brwxr-r--：该文件是块设备文件，文件所有者具有读、写与执行的权限，其他用户则具有读取的权限。
- -rw-rw-r-x：该文件是普通文件，文件所有者与同组用户对文件具有读写的权限，而其他用户仅具有读取和执行的权限。
- drwx--x-x：该文件是目录文件，目录所有者具有读写与进入目录的权限，其他用户能进入该目录，却无法读取任何数据。
- lrwxrwxrwx：该文件是符号链接文件，文件所有者、同组用户和其他用户对该文件都具有读、写和执行权限。

每个用户都拥有自己的主目录，通常在/home 目录下，这些主目录的默认权限为 rwx------：

执行 mkdir 命令所创建的目录，其默认权限为 rwxr-xr-x，用户可以根据需要修改目录的权限。

此外，默认的权限可用 umask 命令修改，用法非常简单，只须执行 umask 777 命令，便代表屏蔽所有的权限，因而之后建立的文件或目录，其权限都变成 000，以此类推。通常 root 账号搭配 umask 命令的数值为 022、027 和 077，普通用户则是采用 002，这样所产生的默认权限依次为 755、750、700、775。有关权限的数字表示法，后面将会详细说明。

用户登录系统时，用户环境就会自动执行 rmask 命令来决定文件、目录的默认权限。

3．特殊权限

文件与目录设置还有特殊权限。由于特殊权限会拥有一些"特权"，因而用户若无特殊需求，不应该启用这些权限，避免安全方面出现严重漏洞，造成黑客入侵，甚至摧毁系统。

（1）s 或 S（SUID，Set UID）。可执行的文件搭配这个权限，便能得到特权，任意存取该文件的所有者能使用的全部系统资源。请注意具备 SUID 权限的文件，黑客经常利用这种权限，以 SUID 配上 root 账号拥有者，无声无息地在系统中开扇后门，供日后进出使用。

（2）s 或 S（SGID，Set GID）。设置在文件上面，其效果与 SUID 相同，只不过将文件所有者换成用户组，该文件就可以任意存取整个用户组所能使用的系统资源。

（3）T 或 T（Sticky）。/tmp 和 /var/tmp 目录供所有用户暂时存取文件，亦即每位用户皆拥有完整的权限进入该目录，去浏览、删除和移动文件。

因为 SUID、SGID、Sticky 占用 x 的位置来表示，所以在表示上会有大小写之分。假如同时开启执行权限和 SUID、SGID、Sticky，则权限表示字符是小写的：

```
-rwsr-sr-t 1 root root 4096 6 月　23 08：17 conf
```

如果关闭执行权限，则权限表示字符是大写的：

```
-rwSr-Sr-T 1 root root 4096 6 月　23 08：17 conf
```

4．文件权限修改

在文件建立时系统会自动设置权限，如果这些默认权限无法满足需要，可以使用 chmod 命令来修改权限。通常在修改权限时可以用两种方式来表示权限类型：数字表示法和文字表示法。

chmod 命令的格式是：

```
chmod　[选项]　文件
```

（1）以数字表示法修改权限。数字表示法是指将读取（r）、写入（w）和执行（x）分别以数字 4、2、1 来表示，没有授予的部分就表示为 0，然后再把所授予的权限相加而成。表 4-2 是几个示范的例子。

表 4-2　以数字表示法修改权限的例子

原始权限	转换为数字			数字表示法
rwxrwxr-x	（421）	（421）	（401）	775
rwxr-xr-x	（421）	（401）	（401）	755
rw-rw-r--	（420）	（420）	（400）	664
rw-r--r--	（420）	（400）	（400）	644

例如，为文件/yy/file 设置权限：赋予拥有者和组群成员读取和写入的权限，而其他人只有读取权限。则应该将权限设为 rw-rw-r--，而该权限的数字表示法为 664，因此可以输入下面

的命令来设置权限：

```
[root@server1 ~]# mkdir /yy
[root@server1 ~]# cd /yy
[root@server1 yy]# touch file
[root@server1 yy]# chmod 664 file
[root@server1 yy]# ll
总用量 0
-rw-r--r--. 1 root root 0 10 月    3 21:43 file
```

（2）以文字表示法修改访问权限。使用权限的文字表示法时，系统用 4 种字母来表示不同的用户：

- u：user，表示所有者。
- g：group，表示属组。
- o：others，表示其他用户。
- a：all，表示以上 3 种用户。

操作权限使用下面 3 种字符的组合表示法：

- r：read，读取。
- w：write，写入。
- x：execute，执行。

操作符号包括：

- ＋：添加某种权限。
- -：减去某种权限。
- ＝：赋予给定权限并取消原来的权限。

以文字表示法修改文件权限时，上例中的权限设置命令应该为：

```
[root@server1 yy]# chmod u=rw,g=rw,o=r /yy/file
```

修改目录权限和修改文件权限相同，都是使用 chmod 命令，但不同的是，要使用通配符"*"来表示目录中的所有文件。

例如，要同时将/yy 目录中的所有文件权限设置为所有人都可读取及写入，应该使用下面的命令：

```
[root@server1 yy]# chmod a=rw /yy/*
```

或者

```
[root@server1 yy]# chmod 666 /yy/*
```

如果目录中包含其他子目录，则必须使用-R（Recursive）参数来同时设置所有文件及子目录的权限。

利用 chmod 命令也可以修改文件的特殊权限。

例如，要设置文件/yy/file 的 SUID 权限的方法为：

```
[root@server1 yy]# chmod u+s /yy/file
[root@server1 yy]# ll
总用量 0
-rwSrw-rw-. 1 root root 0 10 月    3 21:43 file
```

特殊权限也可以采用数字表示法。SUID、SGID 和 sticky 权限分别为 4、2 和 1。使用 chmod 命令设置文件权限时，可以在普通权限的数字前面加上一位数字来表示特殊权限。例如：

[root@server1 yy]# **chmod 6664 /yy/file**
[root@server1 yy]# **ll /yy**
总用量 0
-rwSrwSr--. 1 root root 0 10 月　3 21:43 file

5. 文件所有者与属组修改

要修改文件的所有者可以使用 chown 命令。chown 命令格式如下所示：

　chown　[选项]　用户和属组　文件列表

用户和属组可以是名称也可以是 UID 或 GID，多个文件之间用空格分隔。

例如，要把/yy/file 文件的所有者修改为 test 用户，命令如下：

[root@server1 yy]# **chown test /yy/file**
[root@server1 yy]# **ll**
总计 22
-rw-rwSr-- 1 test root 22 11-27 11:42 file

chown 命令可以同时修改文件的所有者和属组，用 "：" 分隔。

例如，将/yy/file 文件的所有者和属组都改为 test 的命令，如下所示：

[root@server1 yy]# **chown test:test /yy/file**

如果只修改文件的属组可以使用下列命令：

[root@server1 yy]# **chown :test /yy/file**

修改文件的属组也可以使用 chgrp 命令。命令范例如下所示：

[root@server1 yy]# **chgrp test /yy/file**

任务 4-2　常用磁盘管理工具 fdisk

在安装 Linux 系统时，其中有一个步骤是进行磁盘分区。可以采用 Disk Druid、RAID 和 LVM 等方式进行分区。除此之外，在 Linux 系统中还有 fdisk、cfdisk、parted 等分区工具。本节将介绍几种常见的磁盘管理相关内容。

在项目 1 中，我们对硬盘分区时，预留了部分未分区空间，下面将会用到。

 　　　　由于读者的计算机的分区状况各不相同，显示的信息也不尽相同，后面的图形显示只作参考，读者应根据自己计算机的磁盘情况进行练习。

fdisk 磁盘分区工具在 DOS、Windows 和 Linux 中都有相应的应用程序。在 Linux 系统中，fdisk 是基于菜单的命令。用 fdisk 对硬盘进行分区，可以在 fdisk 命令后面直接加上要分区的硬盘作为参数。例如，对第二块 SCSI 硬盘进行分区的操作如下所示：

[root@server1 ~]# **fdisk /dev/sdb**
Command （m for help）：

在 Command 提示后面输入相应的命令来选择需要的操作，输入 m 命令是列出所有可用命令，表 4-3 所列是 fdisk 命令选项。

表 4-3　fdisk 命令选项

命令选项	功能	命令选项	功能
a	调整硬盘启动分区	q	不保存更改，退出 fdisk 命令
d	删除硬盘分区	t	更改分区类型

命令选项	功能	命令选项	功能
l	列出所有支持的分区类型	u	切换所显示的分区大小的单位
m	列出所有命令	w	把修改写入硬盘分区表，然后退出
n	创建新分区	x	列出高级选项
p	列出硬盘分区表		

1. 查阅磁盘分区

[root@server1 ~]# fdisk -l

2. 删除磁盘分区

特别说明：在/dev/sda 上进行分区。

练习一：先运行 fdisk。

[root@server1 ~]# **fdisk   /dev/sda**

练习二：先查看整个分区表的情况。

Command (m for help): **p**

Disk /dev/sda: 41.1 GB, 41174138880 bytes
255 heads, 63 sectors/track, 5005 cylinders
Units = cylinders of 16065 * 512 = 8225280 bytes

Device Boot		Start	End	Blocks	Id	System
/dev/sda1	*	1	13	104391	83	Linux
/dev/sda2		14	1288	10241437+	83	Linux
/dev/sda3		1289	1925	5116702+	83	Linux
/dev/sda4		1926	5005	24740100	5	Extended
/dev/sda5		1926	2052	1020096	82	Linux swap/Solaris

练习三：使用 d 删除分区。

Command (m for help): **d**
Partition number (1-5): 4

Command (m for help): d
Partition number (1-4): **3**

Command (m for help): **p**

Disk /dev/sda: 41.1 GB, 41174138880 bytes
255 heads, 63 sectors/track, 5005 cylinders
Units = cylinders of 16065 * 512 = 8225280 bytes

Device Boot		Start	End	Blocks	Id	System
/dev/sda1	*	1	13	104391	83	Linux
/dev/sda2		14	1288	10241437+	83	Linux

因为 /dev/sda5 是由 /dev/sda4 所衍生出来的逻辑分区，因此 /dev/sda4 被删除
/dev/sda5 就自动不见了，最终就会剩下两个分区。

Command (m for help): **q**

#这里仅是做一个练习，所以，按下 q 离开。

3.　练习新增磁盘分区

新增磁盘分区有多种情况，因为新增 Primary / Extended / Logical 的显示结果都不大相同。下面先将/dev/sda 全部删除成为干净未分区的磁盘，然后依次新增。

练习一：运行 fdisk 删除所有分区：

[root@server1 ~]# **fdisk /dev/sda**

Command (m for help): **d**

Partition number (1-5): **4**

Command (m for help): **d**

Partition number (1-4): **3**

Command (m for help): **d**

Partition number (1-4): **2**

Command (m for help): **d**

Selected partition **1**

由于最后仅剩下一个 partition ，因此系统主动选取这个 partition 进行删除！

练习二：开始新增，先新增一个 Primary 的分区，且指定为 4 号分区。

Command (m for help): **n**

Command action　　　　　　<==因为是全新磁盘，因此只会显示 extended/primary

　　e　　extended

　　p　　primary partition (1-4)

p　　　　　　　　　　　　<==选择 Primary 分区

Partition number (1-4): **4** <==配置为 4 号。

First cylinder (1-5005, default 1): <==直接按下 Enter 键！

Using default value 1　　　　　　<==起始磁柱选用默认值！

Last cylinder or +size or +sizeM or +sizeK (1-5005, default 5005): **+512M**

这里需要注意。Partition 包含了由 n1 到 n2 的磁柱号码（cylinder）

但不同磁盘的磁柱的大小各不相同，可以填入 +512MB 让系统自动计算找出

"最接近 512MB 的那个 cylinder 号"！因为不可能正好等于 512MB。

如上所示：这个地方输入的方式有两种：

#1）直接输入磁柱号，需要读者自己计算磁柱/分区的大小；

#2）用 +XXM 来输入分区的大小，让系统自己寻找磁柱号。

#　　+与 M 是必须要有的，XX 为数字

Command (m for help): **p**

Disk /dev/sda: 41.1 GB, 41174138880 bytes

255 heads, 63 sectors/track, 5005 cylinders

Units = cylinders of 16065 * 512 = 8225280 bytes

　　Device Boot　　　　Start　　　　　End　　　　Blocks　　Id　System

/dev/sda4	1	63	506016	83	Linux

注意！只有 4 号！1~3 保留未用。

练习三：继续新增一个分区，这次新增 Extended 的分区。

```
Command (m for help): n
Command action
    e   extended
    p   primary partition (1-4)
e    <==选择的是 Extended 。
Partition number (1-4): 1
First cylinder (64-5005, default 64): <==直接按下 Enter 键！
Using default value 64
Last cylinder or +size or +sizeM or +sizeK (64-5005, default 5005): <==直接按下 Enter 键！
Using default value 5005
```
扩展分区最好能够包含所有未分区空间，所以将所有未分配的磁柱都分配给这个分区。
在开始/结束磁柱的位置上，按下两个 Enter 键，使用默认值！

```
Command (m for help): p

Disk /dev/sda: 41.1 GB, 41174138880 bytes
255 heads, 63 sectors/track, 5005 cylinders
Units = cylinders of 16065 * 512 = 8225280 bytes
```

Device Boot	Start	End	Blocks	Id	System
/dev/sda1	64	5005	39696615	5	Extended
/dev/sda4	1	63	506016	83	Linux

如上所示，所有的磁柱都在/dev/sda1 里面了！

练习四：随便新增一个 2GB 的分区。

```
Command (m for help): n
Command action
    l   logical (5 or over)      <==因为已有 extended ，所以出现 logical 分区
    p   primary partition (1-4)
p    <==能否新增主要分区？试一试
Partition number (1-4): 2
No free sectors available    <==肯定不行！因为没有多余的磁柱可供分配

Command (m for help): n
Command action
    l   logical (5 or over)
    p   primary partition (1-4)
l    <==必须使用逻辑分区。
First cylinder (64-5005, default 64): <==直接按下 Enter 键！
Using default value 64
Last cylinder or +size or +sizeM or +sizeK (64-5005, default 5005): +2048M

Command (m for help): p
```

Disk /dev/sda: 41.1 GB, 41174138880 bytes

255 heads, 63 sectors/track, 5005 cylinders

Units = cylinders of 16065 * 512 = 8225280 bytes

Device Boot	Start	End	Blocks	Id	System
/dev/sda1	64	5005	39696615	5	Extended
/dev/sda4	1	63	506016	83	Linux
/dev/sda5	64	313	2008093+	83	Linux

这样就新增了 2GB 的分区，且由于是 logical，所以分区号从 5 号开始！

Command (m for help): **q**

#这里仅做一个练习，所以，按下 q 离开。

4. 分区实做训练

请依照用户的系统情况，创建一个大约 1GB 左右的分区，并显示该分区的相关信息。前面讲过/dev/sda 尚有剩余磁柱号码，因此可以这样操作：

[root@server1 ~]# **fdisk /dev/sda**

Command (m for help): **n**

First cylinder (2495-2610, default 2495): <==直接按下 Enter 键！

Using default value 2495

Last cylinder or +size or +sizeM or +sizeK (2495-2610, default 2610): <==直接按下 Enter 键！

Using default value 2610

Command (m for help): **p**

Disk /dev/sda: 21.4 GB, 21474836480 bytes

255 heads, 63 sectors/track, 2610 cylinders

Units = cylinders of 16065 * 512 = 8225280 bytes

Device Boot	Start	End	Blocks	Id	System
/dev/sda1 *	1	13	104391	83	Linux
/dev/sda2	14	274	2096482+	83	Linux
/dev/sda3	275	535	2096482+	82	Linux swap / Solaris
/dev/sda4	536	2610	16667437+	5	Extended
/dev/sda5	536	1579	8385898+	83	Linux
/dev/sda6	1580	2232	5245191	83	Linux
/dev/sda7	2233	2363	1052226	83	Linux
/dev/sda8	2364	2494	1052226	83	Linux
/dev/sda9	2495	2610	931738+	83	Linux

Command (m for help): **w**

[root@server1 ~]# **partprobe**   <==强制重写 partition table

以上的练习中，重启系统后生效。如果不想重启就生效，只需要执行 partprobe 命令。

任务 4-3 其他磁盘管理工具

1. mkfs

硬盘分区后，下一步的工作就是建立文件系统。类似于 Windows 下的格式化硬盘，在硬盘分区上建立文件系统会覆盖掉分区上的数据，而且不可恢复，因此在建立文件系统之前要确认分区上的数据不再使用。建立文件系统的命令是 mkfs，格式如下：

mkfs [参数] 文件系统

mkfs 命令常用的参数选项：

- -t ：指定要创建的文件系统类型。
- -c：建立文件系统前首先检查坏块。
- -l file：从文件 file 中读磁盘坏块列表，file 文件一般是由磁盘坏块检查程序产生的。
- -V：输出建立文件系统详细信息。

例如，在/dev/sdb1 上建立 ext3 类型的文件系统，建立时检查磁盘坏块并显示详细信息。如下所示：

[root@server1 ~]# **mkfs -t ext3 -V -c /dev/sdb1**

2．fsck

fsck 命令主要用于检查文件系统的正确性，并对 Linux 磁盘进行修复。fsck 命令的格式如下：

fsck [参数选项] 文件系统

fsck 命令常用的参数选项：

- -t：给定文件系统类型，若在/etc/fstab 中已有定义或 Kernel 本身已支持，则不需添加此项。
- -s：一个一个地执行 fsck 命令进行检查。
- -A：对/etc/fstab 中所有列出来的分区进行检查。
- -C：显示完整的检查进度。
- -d：列出 fsck 的 debug 结果。
- -P：在同时有-A 选项时，多个 fsck 的检查一起执行。
- -a：如果检查中发现错误，则自动修复。
- -r：如果检查有错误，询问是否修复。

例如，检查分区/dev/sdb1 上是否有错误，如果有错误自动修复。如下所示：

[root@server1 ~]# **fsck -a /dev/sdb1**
fsck 1.35 （28-Feb-2004）
/dev/sdb1: clean, 11/26104 files, 8966/104388 blocks

3．df

df 命令用来查看文件系统的磁盘空间占用情况。可以利用该命令来获取硬盘被占用了多少空间，目前还有多少空间等信息，还可以利用该命令获得文件系统的挂载位置。

df 命令格式如下：

df [参数选项]

df 命令的常见参数选项有：

- -a：显示所有文件系统磁盘使用情况，包括 0 块的文件系统，如/proc 文件系统。
- -k：以 k 字节为单位显示。
- -i：显示 i 结点信息。
- -t：显示各指定类型的文件系统的磁盘空间使用情况。
- -x：列出不是某一指定类型文件系统的磁盘空间使用情况（与 t 选项相反）。
- -T：显示文件系统类型。

例如，列出各文件系统的占用情况：

```
[root@server1 ~]# df
```

Filesystem	1K-blocks	Used	Available	Use%	Mounted on
/dev/sda3	5842664	2550216	2995648	46%	/
/dev/sda1	93307	8564	79926	10%	/boot
none	63104	0	63104	0%	/dev/shm

列出各文件系统的 i 结点使用情况：

```
[root@server1 ~]# df -ia
```

Filesystem	Inodes	IUsed	IFree	IUse%	Mounted on
/dev/sda3	743360	130021	613339	18%	/
none	0	0	0	-	/proc
usbfs	0	0	0	-	/proc/bus/usb
/dev/sda1	24096	34	24062	1%	/boot
none	15776	1	15775	1%	/dev/shm
nfsd	0	0	0	-	/proc/fs/nfsd

列出文件系统类型：

```
[root@server1 ~]# df -T
```

Filesystem	Type	1K-blocks	Used	Available	Use%	Mounted on
/dev/sda3	ext3	5842664	2550216	2995648	46%	/
/dev/sda1	ext3	93307	8564	79926	10%	/boot
none	tmpfs	63104	0	63104	0%	/dev/shm

4. du

du 命令用于显示磁盘空间的使用情况。该命令逐级显示指定目录的每一级子目录占用文件系统数据块的情况。du 命令语法如下：

```
du  [参数选项]  [name---]
```

du 命令的参数选项：

- -s：对每个 name 参数只给出占用的数据块总数。
- -a：递归显示指定目录中各文件及子目录中各文件占用的数据块数。
- -b：以字节为单位列出磁盘空间使用情况（AS 4.0 中默认以 KB 为单位）。
- -k：以 1024 B 为单位列出磁盘空间使用情况。
- -c：在统计后加上一个总计（系统默认设置）。
- -l：计算所有文件大小，对硬链接文件重复计算。
- -x：跳过在不同文件系统上的目录，不予统计。

例如，以字节为单位列出所有文件和目录的磁盘空间占用情况。命令如下：

```
[root@server1 ~]# du -ab
```

5. mount 与 umount

（1）mount。在磁盘上建立好文件系统之后，还需要把新建立的文件系统挂载到系统上才能使用。文件系统所挂载到的目录称为挂载点（mount point）。Linux 系统中提供了/mnt 和/media 两个专门的挂载点。一般而言，挂载点应该是一个空目录，否则目录中原来的文件将被系统隐藏。通常将光盘和软盘挂载到/media/cdrom（或者/mnt/cdrom）和/media/floppy（或者/mnt/floppy）中，其对应的设备文件名分别为/dev/cdrom 和/dev/fd0。

文件系统的挂载可以在系统引导过程中自动挂载，也可以手动挂载。手动挂载文件系统的挂载命令是 mount。该命令的语法格式如下：

```
mount  [选项]   设备   挂载点
```

mount 命令的主要选项有：

- -t：指定要挂载的文件系统的类型。
- -r：如果不想修改要挂载的文件系统，可以使用该选项以读取方式挂载。
- -w：以可写的方式挂载文件系统。
- -a：挂载/etc/fstab 文件中记录的设备。

把文件系统类型为 ext3 的磁盘分区/dev/sda2 挂载到/media/sda2 目录下，可以使用命令：

```
[root@server1 ~]# mount -t ext3 /dev/sda2 /media/sda2
```

挂载光盘到/media/cdrom 目录（该目录已提前建立好）可以使用下列命令：

```
//挂载光盘
[root@server1 ~]# mount -t iso9660 /dev/cdrom   /media/cdrom
```

使用下面的命令也可以完成光盘的挂载：

```
[root@server1 ~]# mount  /dev/cdrom   /media/cdrom
```

注意　通常，使用 mount /dev/cdrom 命令挂载光驱后，在/media 目录下会有 cdrom 子目录。但如果使用的光驱是刻录机，此时/media 目录下为 cdrecorder 子目录而不是 cdrom 子目录，说明光驱是挂载到/media/cdrecorder 目录下。

（2）umount。文件系统可以被挂载也可以被卸载，卸载文件系统的命令是 umount。umount 命令的格式为：

```
umount 设备 挂载点
```

例如，卸载光盘和软盘可以使用命令：

```
//卸载光盘
[root@server1 ~]# umount /dev/cdrom /media/cdrom
```

或者

```
[root@server1 ~]# umount /dev/cdrom
```

或者

```
[root@server1 ~]# umount /media/cdrom
```

```
//卸载软盘
[root@server1 ~]# umount   /media/floppy
```

注意　光盘在没有卸载之前，无法从驱动器中弹出。正在使用的文件系统不能卸载。

6. 文件系统的自动挂载

如果要实现每次开机自动挂载文件系统，可以通过编辑/etc/fstab 文件来实现。在/etc/fstab 中列出了引导系统时需要挂载的文件系统，以及文件系统的类型和挂载参数。系统在引导过程中会读取/etc/fstab 文件，并根据该文件的配置参数挂载相应的文件系统。以下是一个 fstab 文件的内容：

```
[root@server1 ~]# cat /etc/fstab
# This file is edited by fstab-sync - see 'man fstab-sync' for details
LABEL=/                /              ext3        defaults           1 1
```

LABEL=/boot	/boot	ext3	defaults	1 2
none	/dev/pts	devpts	gid=5,mode=620	0 0
none	/dev/shm	tmpfs	defaults	0 0
none	/proc	proc	defaults	0 0
none	/sys	sysfs	defaults	0 0
LABEL=SWAP-sda2	swap	swap	defaults	0 0
/dev/sdb2	/media/sdb2	ext3	rw,grpquota,usrquota	0 0
/dev/hdc	/media/cdrom	auto	pamconsole,exec,noauto,managed	0 0
/dev/fd0	/media/floppy	auto	pamconsole,exec,noauto,managed	0 0

/etc/fstab 文件的每一行代表一个文件系统，每一行又包含 6 列，这 6 列的内容如下所示：

| fs_spec | fs_file | fs_vfstype | fs_mntops | fs_freq | fs_passno |

具体含义为：

- fs_spec：将要挂载的设备文件。
- fs_file：文件系统的挂载点。
- fs_vfstype：文件系统类型。
- fs_mntops：挂载选项，传递给 mount 命令时决定如何挂载，各选项之间用逗号隔开。
- fs_freq：由 dump 程序决定文件系统是否需要备份，0 表示不备份，1 表示备份。
- fs_passno：由 fsck 程序决定引导时是否检查磁盘及检查次序，取值可以为 0、1、2。

例如，如果实现每次开机自动将文件系统类型为 vfat 的分区/dev/sdb3 挂载到/media/sdb3 目录下，需要在/etc/fstab 文件中添加下面一行。重新启动计算机后，/dev/sdb3 就能自动挂载了。

| /dev/sdb3 | /media/sdb3 | vfat | defaults | 0 0 |

任务 4-4　设置软 RAID

独立磁盘冗余阵列（Redundant Array of Inexpensive Disks，RAID）用于将多个廉价的小型磁盘驱动器合并成一个磁盘阵列，以提高存储性能和容错功能。RAID 可分为软 RAID 和硬 RAID。软 RAID 是通过软件实现多块硬盘冗余的。而硬 RAID 一般是通过 RAID 卡来实现 RAID 的。前者配置简单，管理也比较灵活，对于中小企业来说不失为一种最佳选择。硬 RAID 在性能方面具有一定优势，但往往花费比较大。

RAID 作为高性能的存储系统，已经得到了越来越广泛的应用。RAID 的级别从 RAID 概念的提出到现在，已经发展了 6 个级别，其级别分别是 0、1、2、3、4、5。其中最常用的是 0、1、3、5 等 4 个级别。

RAID0 将多个磁盘合并成一个大的磁盘，不具有冗余，并行 I/O，速度最快。RAID0 亦称为带区集，它将多个磁盘并列起来，成为一个大硬盘。在存放数据时，其将数据按磁盘的个数来进行分段，然后同时将这些数据写进这些盘中。

在所有的级别中，RAID0 的速度是最快的。但是 RAID0 没有冗余功能，如果一个磁盘（物理）损坏，则所有的数据都无法使用。

RAID1 把磁盘阵列中的硬盘分成相同的两组，互为镜像，当任一磁盘介质出现故障时，可以利用其镜像上的数据恢复，从而提高系统的容错能力。对数据的操作仍采用分块后并行传输方式。所以，RAID1 不仅提高了读写速度，也加强了系统的可靠性，其缺点是硬盘的利用率低，只有 50%。

RAID3 存放数据的原理和 RAID0、RAID1 不同。RAID3 以一个硬盘来存放数据的奇偶校验位，数据则分段存储于其余硬盘中。它像 RAID0 一样以并行的方式来存放数据，但速度没有 RAID0 快。如果数据盘（物理）损坏，只要将坏的硬盘换掉，RAID 控制系统会根据校验盘的数据校验位在新盘中重建坏盘上的数据。不过，如果校验盘（物理）损坏，则全部数据都无法使用。利用单独的校验盘来保护数据虽然没有镜像的安全性高，但是硬盘利用率得到了很大的提高，为 n-1。

RAID5 向阵列中的磁盘写数据，奇偶校验数据存放在阵列中的各个盘上，允许单个磁盘出错。RAID5 也是以数据的校验位来保证数据的安全的，但它不是以单独硬盘来存放数据的校验位，而是将数据段的校验位交互存放于各个硬盘上。这样，任何一个硬盘损坏，都可以根据其他硬盘上的校验位来重建损坏的数据，硬盘的利用率为 n-1。

Red Hat Enterprise Linux 5.0 提供了对软 RAID 技术的支持。在 Linux 系统中，可以使用 mdadm 工具建立和管理 RAID 设备。

1. 实现软 RAID 的设计和准备

通过 VMware 虚拟机的"设置→添加→硬盘→SCSI 硬盘"命令添加一块 SCSI 硬盘。由于作者的计算机已经有了一块硬盘/dev/sda，所以新加的硬盘是/dev/sdb。创建该磁盘的扩展分区，同时将该扩展分区划分成 4 个逻辑分区。具体环境及要求如下。

- 每个逻辑分区大小为 1024MB，分区类型 id 为 fd（Linux raid autodetect）。
- 利用 4 个分区组成 RAID 5。
- 1 个分区设定为 spare disk，这个 spare disk 的大小与其他 RAID 所需分区一样大。
- 将此 RAID 5 装置挂载到/mnt/raid 目录下。

2. 创建四个磁盘分区

使用 fdisk 命令创建 4 个磁盘分区/dev/sdb5、/dev/sdb6、/dev/sdb7、/dev/sdb8，并设置分区类型 id 为 fd（Linux raid autodetect）。分区过程及结果如下所示。

```
[root@localhost ~]# fdisk /dev/sdb
The number of cylinders for this disk is set to 2610.
There is nothing wrong with that, but this is larger than 1024,
and could in certain setups cause problems with:
1) software that runs at boot time (e.g., old versions of LILO)
2) booting and partitioning software from other OSs
    (e.g., DOS FDISK, OS/2 FDISK)


Command (m for help): n    #创建磁盘分区
Command action
   e    extended
   p    primary partition (1-4)
e                                      #创建磁盘分区的类型为 e（extended），即扩展分区
Partition number (1-4): 1              #扩展分区的分区号为 1，即扩展分区为/dev/sdb1
First cylinder (1-2610, default 1):    #起始磁柱为 1，按回车键默认
Using default value 1
Last cylinder or +size or +sizeM or +sizeK (1-2610, default 2610): +10240MB    #容量 10GB


Command (m for help): n    #开始创建 1GB 逻辑磁盘分区，由于是逻辑分区，所以起始号是 5
```

```
Command action
   l    logical (5 or over)
   p    primary partition (1-4)
l                                    #这是字母 "l" 键，表示开始创建扩展分区的逻辑分区
First cylinder (1-1246, default 1):    #起始磁柱为 1，回车取默认值
Using default value 1
Last cylinder or +size or +sizeM or +sizeK (1-1246, default 1246): +1024MB    #第一个
                                     #逻辑分区是/dev/sdb5，容量为 1024MB
Command (m for help): n        #开始创建 1GB 的第二个逻辑磁盘分区，即/dev/sdb6
Command action
   l    logical (5 or over)
   p    primary partition (1-4)
l                                    #这是字母 "l" 键，表示开始创建扩展分区的第二个逻辑分区
First cylinder (126-1246, default 126): #起始磁柱为 126，按回车键取默认值
Using default value 126
Last cylinder or +size or +sizeM or +sizeK (126-1246, default 1246): +1024MB #容量
#后面依次创建第 3、4、5 逻辑磁盘分区/dev/sdb7、/dev/sdb8、/dev/sdb9，不再显示创建过程
```

```
Command (m for help): t        #更改逻辑磁盘分区的分区类型 id
Partition number (1-9): 5      #/更改 dev/sdb5 的分区类型 id
Hex code (type L to list codes): fd    #更改分区类型 id 为 fd（Linux raid autodetect）
Changed system type of partition 5 to fd (Linux raid autodetect)
```

#后面依次更改第 3、4、5 逻辑磁盘分区/dev/sdb6-9 的分区类型 id 为 fd，过程省略

```
Command (m for help): p        #划分成功后的磁盘分区，细心观察

Disk /dev/sdb: 21.4 GB, 21474836480 bytes
255 heads, 63 sectors/track, 2610 cylinders
Units = cylinders of 16065 * 512 = 8225280 bytes
```

Device Boot	Start	End	Blocks	Id	System
/dev/sdb1	1	1246	10008463+	5	Extended
/dev/sdb5	1	125	1003999+	fd	Linux raid autodetect
/dev/sdb6	126	250	1004031	fd	Linux raid autodetect
/dev/sdb7	251	375	1004031	fd	Linux raid autodetect
/dev/sdb8	376	500	1004031	fd	Linux raid autodetect
/dev/sdb9	501	625	1004031	fd	Linux raid autodetect

```
Command (m for help): w        #存盘退出
The partition table has been altered!

Calling ioctl() to re-read partition table.

WARNING: Re-reading the partition table failed with error 16: 设备或资源忙.
The kernel still uses the old table.
```

The new table will be used at the next reboot.

Syncing disks.

[root@localhost ~]# **partprobe**   #不重启系统，强制更新分区划分

3. 使用 mdadm 创建 RAID

[root@server1 ~]# **mdadm --create --auto=yes   /dev/md0 --level=5 --raid-devices=4 --spare-devices=1**
/dev/sdb{5,6,7,8,9}

上述命令中指定 RAID 设备名为/dev/md0，级别为 5，使用 4 个设备建立 RAID，空余一个留作备用。上面的语法中，最后面是装置文件名，这些装置文件名可以是整个磁盘，例如/dev/sdb，也可以是磁盘上的分区，例如/dev/sdbl 之类。不过，这些装置文件名的总数必须要等于--raid-devices 与--spare-devices 的个数总和。此例中，/dev/ sdb{5,6,7,8,9}是一种简写，其中/dev/sdb9 为备用。

4. 查看建立的 RAID5 的具体情况

[root@localhost ~]# **mdadm   --detail   /dev/md0**
/dev/md0:

                Version : 0.90
          Creation Time : Thu Feb 27 22:07:32 2014
             Raid Level : raid5
             Array Size : 3011712 (2.87 GiB 3.08 GB)
          Used Dev Size : 1003904 (980.54 MiB 1028.00 MB)
           Raid Devices : 4
          Total Devices : 5
        Preferred Minor : 0
            Persistence : Superblock is persistent

            Update Time : Thu Feb 27 22:44:57 2014
                  State : clean
         Active Devices : 4
        Working Devices : 5
         Failed Devices : 0
          Spare Devices : 1

                 Layout : left-symmetric
             Chunk Size : 64K

                   UUID : 8ba5b38c:fc703d50:ae82d524:33ea7819
                 Events : 0.2

    Number   Major   Minor   RaidDevice   State
       0   8   21   0   active sync   /dev/sdb5
       1   8   22   1   active sync   /dev/sdb6
       2   8   23   2   active sync   /dev/sdb7
       3   8   24   3   active sync   /dev/sdb8

       4   8   25   -   spare   /dev/sdb9

5.　格式化与挂载使用 RAID

```
[root@localhost ~]# mkfs   -t   ext4       /dev/md0
# /dev/md0 作为装置被格式化
```

```
[root@localhost ~]# mkdir      /mnt/raid
[root@localhost ~]# mount      /dev/md0       /mnt/raid
[root@localhost ~]# df
```

文件系统	1K-块	已用	可用	已用%	挂载点
/dev/sda2	2030768	477232	1448712	25%	/
/dev/sda8	1019208	92772	873828	10%	/var
/dev/sda7	1019208	34724	931876	4%	/tmp
/dev/sda6	5080796	2563724	2254816	54%	/usr
/dev/sda5	8123168	449792	7254084	6%	/home
/dev/sda1	101086	11424	84443	12%	/boot
tmpfs	517572	0	517572	0%	/dev/shm
/dev/scd0	2948686	2948686	0	100%	/media/RHEL_5.4 i386 DVD
/dev/md0	2964376	70024	2743768	3%	/mnt/raid

任务 4-5　使用 LVM 管理逻辑卷

逻辑卷管理器（Logical Volume Manager，LVM）最早应用在 IBM AIX 系统上。它的主要作用是动态分配磁盘分区及调整磁盘分区大小，并且可以让多个分区或者物理硬盘作为一个逻辑卷（相当于一个逻辑硬盘）来使用，这种机制可以让磁盘分区容量划分变得很灵活。

例如，有一个硬盘/dev/hda，划分了 3 个主分区：/dev/hda1、/dev/hda2、/dev/hda3。这 3 个主分区分别对应的挂载点是/boot、/和/home，除此之外还有一部分磁盘空间没有划分。伴随着系统用户的增多，如果/home 分区空间不够了，怎么办？传统的方法是在未划分的空间中分割一个分区，挂载到/home 下，并且把 hda3 的内容复制到这个新分区上。或者把这个新分区挂载到另外的挂载点上，然后在/home 下创建链接，链接到这个新挂载点。这两种方法都不大好，第一种方法浪费了/dev/hda3，并且如果后面的分区容量小于 hda3 怎么办？第二种方法需要每次都额外创建链接，比较麻烦。利用 LVM 可以很好地解决这个问题。LVM 的好处在于，可以动态调整逻辑卷（相当于一个逻辑分区）的容量大小。也就是说/dev/hda3 如果是一个 LVM 逻辑分区，比如/dev/rootvg/lv3，那么 lv3 可以被动态放大。这样就解决了动态容量调整的问题。当然，前提是系统已设定好 LVM 支持，并且需要动态缩放的挂载点对应的设备是逻辑卷。

1.　LVM 的基本概念

（1）物理卷（Physical Volume，PV）。物理卷处于 LVM 的底层，可以是整个物理磁盘，也可以是硬盘中的分区。

（2）卷组（Volume Group，VG）。可以看成单独的逻辑磁盘，建立在 PV 之上，是 PV 的组合。一个卷组中至少要包括一个 PV，在卷组建立之后可以动态地添加 PV 到卷组中。

（3）逻辑卷（Logical Volume，LV）。相当于物理分区的/dev/hdaX。逻辑卷建立在卷组之上，卷组中的未分配空间可以用于建立新的逻辑卷，逻辑卷建立后可以动态地扩展或缩小空间。系统中的多个逻辑卷可以属于同一个卷组，也可以属于不同的多个卷组。

（4）物理区域（Physical Extent，PE）。物理区域是物理卷中可用于分配的最小存储单元，物理区域的大小可根据实际情况在建立物理卷时指定。物理区域大小一旦确定将不能更改，同一卷组中的所有物理卷的物理区域大小需要一致。当多个 PV 组成一个 VG 时，LVM 会在所有 PV 上做类似格式化的动作，将每个 PV 切成一块块的空间，这一块块的空间就称为 PE，通常是 4 MB。

（5）逻辑区域（Logical Extent，LE）。逻辑区域是逻辑卷中可用于分配的最小存储单元，逻辑区域的大小取决于逻辑卷所在卷组中的物理区域大小。LE 的大小为 PE 的倍数（通常为1:1）。

（6）卷组描述区域（Volume Group Descriptor Area，VGDA）。存在于每个物理卷中，用于描述该物理卷本身、物理卷所属卷组、卷组中的逻辑卷及逻辑卷中物理区域的分配等所有的信息，卷组描述区域是在使用 pvcreate 命令建立物理卷时建立的。

LVM 进行逻辑卷的管理时，创建顺序是 PV→VG→LV。也就是说，首先创建一个物理卷（对应一个物理硬盘分区或者一个物理硬盘），然后把这些分区或者硬盘加入到一个卷组中（相当于一个逻辑上的大硬盘），再在这个大硬盘上划分分区 LV（逻辑上的分区，就是逻辑卷），最后，把 LV 逻辑卷格式化以后，就可以像使用一个传统分区那样，把它挂载到一个挂载点上，需要的时候，这个逻辑卷可以被动态缩放。例如，可以用一个长方形的蛋糕来说明这种对应关系。物理硬盘相当于一个长方形蛋糕，把它切割成许多块，每个小块相当于一个 PV，然后把其中的某些 PV 重新放在一起，抹上奶油，那么这些 PV 的组合就是一个新的蛋糕，也就是VG。最后，切割这个新蛋糕 VG，切出来的小蛋糕就叫作 LV。

> 注意　/boot 启动分区不可以是 LVM，因为 GRUB 和 LILO 引导程序并不能识别LVM。

2. 物理卷、卷组和逻辑卷的建立

假设系统中新增加了一块硬盘/dev/sdb。下面以在/dev/sdb 上创建卷为例介绍物理卷、卷组和逻辑卷的建立。（请在虚拟机系统中提前增加一块硬盘/dev/sdb。）

物理卷可以建立在整个物理硬盘上，也可以建立在硬盘分区中。如在整个硬盘上建立物理卷，则不要在该硬盘上建立任何分区；如使用硬盘分区建立物理卷，则需事先对硬盘进行分区并设置该分区为 LVM 类型，其类型 ID 为 0x8e。

（1）建立 LVM 类型的分区。利用 fdisk 命令在/dev/sdb 上建立 LVM 类型的分区，如下所示：

```
[root@server1 ~]# fdisk /dev/sdb
//使用 n 子命令创建分区
Command （m for help）: n
Command action
    e    extended
    p    primary partition （1-4）
p    //创建主分区
Partition number （1-4）: 1
First cylinder （1-130, default 1）:
Using default value 1
Last cylinder or +size or +sizeM or +sizeK （1-30, default 30）: +100M
//查看当前分区设置
Command （m for help）: p
```

```
Disk /dev/sdb: 1073 MB, 1073741824 bytes
255 heads, 63 sectors/track, 130 cylinders
Units = cylinders of 16065 * 512 = 8225280 bytes

Device Boot        Start          End         Blocks    Id   System
/dev/sdb1          1              13          104391    83   Linux
/dev/sdb2          31             60          240975    83   Linux
//使用 t 命令修改分区类型
Command  （m for help）: t
Partition number   （1-4）: 1
Hex code  （type L to list codes）: 8e        //设置分区类型为 LVM 类型
Changed system type of partition 1 to 8e  （Linux LVM）
//使用 w 命令保存对分区的修改，并退出 fdisk 命令
Command  （m for help）: w
```

利用同样的方法创建 LVM 类型的分区/dev/sdb3 和/dev/sdb4。

（2）建立物理卷。利用 pvcreate 命令可以在已经创建好的分区上建立物理卷。物理卷直接建立在物理硬盘或者硬盘分区上，所以物理卷的设备文件使用系统中现有的磁盘分区设备文件的名称。

```
//使用 pvcreate 命令创建物理卷
[root@server1 ~]# pvcreate /dev/sdb1
Physical volume "/dev/sdb1" successfully created
//使用 pvdisplay 命令显示指定物理卷的属性
[root@server1 ~]# pvdisplay /dev/sdb1
```

使用同样的方法建立/dev/sdb3 和/dev/sdb4。

（3）建立卷组。在创建好物理卷后，使用 vgcreate 命令建立卷组。卷组设备文件使用/dev 目录下与卷组同名的目录表示，该卷组中的所有逻辑设备文件都将建立在该目录下，卷组目录是在使用 vgcreate 命令建立卷组时创建的。卷组中可以包含多个物理卷，也可以只有一个物理卷。

```
//使用 vgcreate 命令创建卷组 vg0
[root@server1 ~]# vgcreate vg0 /dev/sdb1
    Volume group "vg0" successfully created
//使用 vgdisplay 命令查看 vg0 信息
[root@server1 ~]# vgdisplay vg0
```

其中，vg0 为要建立的卷组名称。这里的 PE 值使用默认的 4MB，如果需要增大可以使用 -L 选项，但是一旦设定以后不可更改 PE 的值。使用同样的方法创建 vg1 和 vg2。

（4）建立逻辑卷。建立好卷组后，可以使用命令 lvcreate 在已有卷组上建立逻辑卷。逻辑卷设备文件位于其所在的卷组的卷组目录中，该文件是在使用 lvcreate 命令建立逻辑卷时创建的。

```
//使用 lvcreate 命令创建卷组
[root@server1 ~]# lvcreate -L 20M -n lv0 vg0
Logical volume "lv0" created
//使用 lvdisplay 命令显示创建的 lv0 的信息
[root@server1 ~]# lvdisplay /dev/vg0/lv0
```

其中，-L 选项用于设置逻辑卷大小，-n 参数用于指定逻辑卷的名称和卷组的名称。

3. LVM 逻辑卷的管理

（1）增加新的物理卷到卷组。当卷组中没有足够的空间分配给逻辑卷时，可以用给卷组增加物理卷的方法来增加卷组的空间。需要注意的是，下述命令中的/dev/sdb2 必须为 LVM 类型，而且必须为 PV。

```
[root@server1 ~]# vgextend vg0 /dev/sdb2
Volume group "vg0" successfully extended
```

（2）逻辑卷容量的动态调整。当逻辑卷的空间不能满足要求时，可以利用 lvextend 命令把卷组中的空闲空间分配到该逻辑卷以扩展逻辑卷的容量。当逻辑卷的空闲空间太大时，可以使用 lvreduce 命令减少逻辑卷的容量。

```
//使用 lvextend 命令增加逻辑卷容量
[root@server1 ~]# lvextend -L +10M /dev/vg0/lv0
Rounding up size to full physical extent 12.00 MB
Extending logical volume lv0 to 32.00 MB
Logical volume lv0 successfully resized
//使用 lvreduce 命令减少逻辑卷容量
[root@server1 ~]# lvreduce -L -10M /dev/vg0/lv0
  Rounding up size to full physical extent 8.00 MB
  WARNING: Reducing active logical volume to 24.00 MB
  THIS MAY DESTROY YOUR DATA （filesystem etc.）
Do you really want to reduce lv0? [y/n]: y
  Reducing logical volume lv0 to 24.00 MB
  Logical volume lv0 successfully resized
```

（3）删除逻辑卷→卷组→物理卷 （必须按照先后顺序来执行删除）。

```
//使用 lvremove 命令删除逻辑卷
[root@server1 ~]# lvremove /dev/vg0/lv0
Do you really want to remove active logical volume "lv0"? [y/n]: y
  Logical volume "lv0" successfully removed
//使用 vgremove 命令删除卷组
[root@server1 ~]# vgremove vg0
  Volume group "vg0" successfully removed
//使用 pvremove 命令删除物理卷
[root@server1 ~]# pvremove /dev/sdb1
Labels on physical volume "/dev/sdb1" successfully wiped
```

4. 物理卷、卷组和逻辑卷的检查

（1）物理卷的检查。

```
[root@server1 ~]# pvscan
  PV /dev/sdb4    VG vg2    lvm2 [624.00 MB / 624.00 MB free]
  PV /dev/sdb3    VG vg1    lvm2 [100.00 MB / 88.00 MB free]
  PV /dev/sdb1    VG vg0    lvm2 [232.00 MB / 232.00 MB free]
  PV /dev/sdb2    VG vg0    lvm2 [184.00 MB / 184.00 MB free]
  Total: 4 [1.11 GB] / in use: 4 [1.11 GB] / in no VG: 0 [0    ]
```

（2）卷组的检查。

```
[root@server1 ~]# vgscan
  Reading all physical volumes.   This may take a while...
```

```
Found volume group "vg2" using metadata type lvm2
Found volume group "vg1" using metadata type lvm2
Found volume group "vg0" using metadata type lvm2
```

（3）逻辑卷的检查。

```
[root@server1 ~]# lvscan
   ACTIVE                '/dev/vg1/lv3' [12.00 MB] inherit
   ACTIVE                '/dev/vg0/lv0' [24.00 MB] inherit
   （略）
```

任务 4-6　管理磁盘配额

Linux 是一个多用户的操作系统，为了防止某个用户或组群占用过多的磁盘空间，可以通过磁盘配额（Disk Quota）功能限制用户和组群对磁盘空间的使用。在 Linux 系统中可以通过索引结点数和磁盘块区数来限制用户和组群对磁盘空间的使用。

（1）限制用户和组的索引结点数（inode）是指限制用户和组可以创建的文件数量。

（2）限制用户和组的磁盘块区数（block）是指限制用户和组可以使用的磁盘容量。

设置系统的磁盘配额大体可以分为 4 个步骤：

（1）启动系统的磁盘配额（quota）功能。

（2）创建 quota 配额文件。

（3）设置用户和组群的磁盘配额。

（4）启动磁盘限额功能。

1. 磁盘配额的任务设计与准备

（1）本次实训的环境要求。

- 目的账号：5 个员工的账号分别是 myquota1、myquota2、myquota3、myquota4 和 myquota5，5 个用户的密码都是 password，且这 5 个用户所属的初始组群都是 myquotagrp。其他的账号属性则使用默认值。

- 账号的磁盘容量限制值：5 个用户都能够取得 300MB 的磁盘使用量（hard），文件数量则不予限制。此外，只要容量使用超过 250MB，就予以警告（soft）。

- 组群的限额：由于系统里面还有其他用户存在，因此限制 myquotagrp 这个组群最多仅能使用 1GB 的容量。也就是说，如果 myquota1、myquota2 和 myquota3 都用了 280MB 的容量了，那么其他两人最多只能使用（1000MB – 280MB×3=160MB）的磁盘容量。这就是使用者与组群同时设定时会产生的效果。

- 宽限时间的限制：最后，希望每个使用者在超过 soft 限制值之后，都还能够有 14 天的宽限时间。

 注意　　本例中的/home 必须是独立分区，并且文件系统是 ext4。在第一章配置分区时已有详细介绍。

（2）使用 script 建立 quota 实训所需的环境。制作账号环境时，由于有 5 个账号，因此使用 script 创建环境。（请参考项目 3 管理用户和组，也可以手工建立这 5 个账号。）

```
[root@server1 ~]# vim addaccount.sh
#!/bin/bash
```

```
# 使用 script 来建立实验 quota 所需的环境
groupadd myquotagrp
for username in myquota1 myquota2 myquota3 myquota4 myquota5
do
        useradd   -g   myquotagrp $username
        echo   "password"|passwd   --stdin $username
done

[root@server1 ~]# sh addaccount.sh
```

2. 启动系统的磁盘配额

（1）文件系统支持。要使用 Quota 必须要有文件系统的支持。假设你已经使用了预设支持 Quota 的核心，那么接下来就是要启动文件系统的支持。不过，由于 Quota 仅针对整个文件系统来进行规划，所以我们得先检查一下/home 是否是个独立的 filesystem 呢？这需要使用"df"命令。

```
[root@server1 ~]# df    -h   /home
文件系统           容量  已用  可用    已用% 挂载点
/dev/sda3        7.5G   37M  7.5G      1% /home <==主机的/home 确定是独立的
[root@server1 ~]# mount|grep home
/dev/sda3 on /home type ext4 (rw,relatime,seclabel,data=ordered)
```

从上面的数据来看，这部主机的/home 确实是独立的文件系统，因此可以直接限制/dev/hda3。如果你的系统的/home 并非独立的文件系统，那么可能就得针对根目录（/）来规范。不过，不建议在根目录设定 Quota。此外，由于 VFAT 文件系统并不支持 Linux Quota 功能，所以我们要使用 mount 查询一下/home 的文件系统是什么。如果是 ext2/ext3/ext4/xfs，则支持 Quota。

（2）如果只是想要在本次开机中实验 Quota，那么可以使用如下的方式来手动加入 Quota 的支持。

```
[root@server1 ~]# mount    -o   remount,usrquota,grpquota    /home
[root@server1 ~]# mount|grep home
/dev/sda3 on /home type ext4 (rw,relatime,seclabel,quota,usrquota,grpquota,data=ordered)
# 重点就在于 usrquota,grpquota !注意写法!
```

（3）自动挂载。不过由于手动挂载的数据在下次重新挂载时就会消失，因此最好将手动挂载信息写入配置文件/etc/fstab 中。

```
[root@server1 ~]# vim    /etc/fstab
/dev/sda3 /home ext4 defaults,usrquota,grpquota 1 2
# 其他项目并没有列出来！重点在于第四字段！于 default 后面加上两个参数
[root@server1 ~]# umount    /home
[root@server1 ~]# mount|grep home
[root@server1 ~]# mount    -a
[root@server1 ~]# mount|grep home
/dev/sda3 on /home type ext4 (rw,relatime,seclabel,quota,usrquota,grpquota,data=ordered)
```

还是要再次强调，修改完/etc/fstab 后，务必要测试一下。若发生错误务必赶紧处理。因为这个文件如果修改错误，会造成无法完全开机的情况。切记切记！最好使用 vim 命令来修改。因为 vim 会有语法的检验，不会让你写错字。接下来我们建立 Quota 的记录文件。

3. 建立 Quota 记录文件

其实 Quota 是通过分析整个文件系统中，每个使用者（组群）拥有文件总数与总容量，再将这些数据记录在该文件系统的最顶层目录，然后在该记录文件中再使用每个账号（或组群）的限制值去规范磁盘使用量的。所以，创建 Quota 记录文件非常重要。使用 quotacheck 命令扫描文件系统并建立 Quota 的记录文件。

当我们运行 quotacheck 时，系统会担心破坏原有的记录文件，所以会产生一些错误信息警告。如果你确定没有任何人在使用 Quota，可以强制重新进行 quotacheck 的动作（-mf）。强制执行的情况可以使用如下的选项功能：

```
# 如果因为特殊需求需要强制扫描已挂载的文件系统
[root@server1 ~]# quotacheck    -avug    -mf
quotacheck: Scanning /dev/sda5 [/home] quotacheck: Cannot stat old user quota file: 没有那个文件或目录
quotacheck: Cannot stat old group quota file: 没有那个文件或目录
quotacheck: Cannot stat old user quota file: 没有那个文件或目录
quotacheck: Cannot stat old group quota file: 没有那个文件或目录 s
#没有找到文件系统，是因为还没有制作记录文件
[root@server1 ~]# ll -d /home/a*
-rw------- 1 root root 7168 02-25 20:26 /home/aquota.group
-rw------- 1 root root 7168 02-25 20:26 /home/aquota.user    #记录文件已经建立
```

这样记录文件就建立起来了，不要手动去编辑 aquota.group 和/aquota.user 文件。因为 aquota.group 和/aquota.user 文件是 Quota 自己的数据文件，并不是纯文本文件。并且该文件会一直变动，这是因为当对/home 这个文件系统进行操作时，操作的结果会影响磁盘，所以会同步记载到 aquota.group 和/aquota.user 文件中。所以要建立 aquota.user、aquota.group，记得使用 quotacheck 指令，不要手动编辑。

4. Quota 启动、关闭与限制值设定

制作好 Quota 配置文件之后，接下来就要启动 Quota 了。启动的方式很简单，使用 quotaon 命令，至于关闭就用 quotaoff 命令即可。

（1）quotaon：启动 quota 的服务。

```
[root@server1 ~]# quotaon    [-avug]
[root@server1 ~]# quotaon    [-vug]    [/mount_point]
```

选项与参数：

-u：针对使用者启动 quota (aquota.usaer)

-g：针对群组启动 quota (aquota.group)

-v：显示启动过程的相关信息；

-a：根据/etc/mtab 内的 filesystem 设定启动有关的 quota，若不加-a 的话后面就需要加上特定的 filesystem 喔！

```
# 由于我们要启动 user/group 的 Quota，所以使用下面的语法即可：
[root@server1 ~]# quotaon    -auvg
/dev/sda3 [/home]: group quotas turned on
/dev/sda3 [/home]: user quotas turned on
```

quotaon -auvg 指令几乎只在第一次启动 Quota 时才需要。因为下次重新启动系统时，系统的/etc/rc.d/rc.sysinit 这个初始化脚本就会自动下达这个指令。因此你只要在这次实例中进行一次即可，未来都不需要自行启动 Quota。

（2）quotaoff：关闭 Quota 的服务。

在进行完本次实训前不要关闭该服务！

（3）edquota：编辑账号/组群的限值与宽限时间。

1）下面我们来看看当进入 myquotal 的限额设定时会出现什么画面。

```
[root@server1 ~]# edquota    -u    myquota1
Disk quotas for user myquotal (uid 500):
Filesystem      blocks       soft       hard       inodes       soft       hard
/dev/sda5        64           0          0          8            0          0
```

2）当 soft/hard 为 0 时，表示没有限制的意思。依据我们的需求，需要设定的是 blocks 的 soft/hard，至于 inode 则不要去更改。

```
Disk quotas for user myquota1 (uid 1001):
Filesystem      blocks     soft       hard       inodes     soft       hard
/dev/sda3        28        250000     300000      7          0          0
```

💡 提示　　在 edquota 的画面中，每一行只要保持 7 个字段就可以了，并不需要排列整齐。

3）其他 5 个用户的设定可以使用 Quota 复制。

```
#将 myquotal 的限制值复制给其他四个账号
[root@server1 ~]# edquota -p myquota1 -u myquota2
[root@server1 ~]# edquota -p myquota1 -u myquota3
[root@server1 ~]# edquota -p myquota1 -u myquota4
[root@server1 ~]# edquota -p myquota1 -u myquota5
```

4）更改组群的 Quota 限额。

```
[root @server1 ~]# edquota -g myquotagrp
Disk quotas for group myquotagrp (gid 1001):
Filesystem      blocks     soft       hard        inodes     soft       hard
/dev/sda3        140       900000     1000000      35         0          0
```

5）最后，将宽限时间改成 14 天。

```
#宽限时间原来为 7 天，将它改成 14 天吧！
[root@server1 ~]# edquota -t
Grace period before enforcing soft limits for users:
Time units may be: days, hours, minutes, or seconds
Filesystem               Block grace period        Inode grace period
/dev/sda3                14days                    7days
#原来是 7days，我们将它改为 14days！
```

5．repquota：针对文件系统的限额做报表

```
# 查询本案例中所有使用者的 Quota 限制情况
[root@server1 ~]# repquota -auvs
*** Report for user quotas on device /dev/sda3
Block grace time: 14days; Inode grace time: 7days
                        Space limits                    File limits
User          used    soft    hard   grace     used    soft   hard   grace
-----------------------------------------------------------------------
root    --    20K     0K      0K                2       0      0
```

yangyun	--	3788K	0K	0K	147	0	0
myquota1	--	28K	245M	293M	7	0	0
myquota2	--	28K	245M	293M	7	0	0
myquota3	--	28K	245M	293M	7	0	0
myquota4	--	28K	245M	293M	7	0	0
myquota5	--	28K	245M	293M	7	0	0

Statistics:

Total blocks: 7

Data blocks: 1

Entries: 7

Used average: 7.000000

6. 测试与管理

测试一：利用 myquota1 的身份，创建一个 270MB 的大文件，并观察 Quota 结果。

 注意   myquota1 对自己的家目录有写入权限，所以应转到自己家目录，否则写入时会出现权限问题。

```
[root@server1 ~]# su    myquota1
[myquota1@server1 root]$ cd /home/myquota1
[myquota1@server1 ~]$ dd if=/dev/zero of=bigfile bs=1M count=270
sda3: warning, user block quota exceeded.
记录了 270+0 的读入
记录了 270+0 的写出
283115520 字节（283 MB）已复制，0.605311 秒，468 MB/秒
# 注意看，我是使用 myquota1 的帐号去进行 dd 命令的！接下来看看报表
[myquota1@server1 ~]$ su - root
[root@server1 ~]# repquota -auv
*** Report for user quotas on device /dev/sda3
Block grace time: 14days; Inode grace time: 7days
```

| | | Block limits | | | | File limits | | |
User	used	soft	hard	grace	used	soft	hard	grace
root	--	20	0	0	2	0	0	
yangyun	--	3788	0	0	147	0	0	
myquota1	+-	276532	250000	300000 13days	14	0	0	
myquota2	--	28	250000	300000	7	0	0	
myquota3	--	28	250000	300000	7	0	0	
myquota4	--	28	250000	300000	7	0	0	
myquota5	--	28	250000	300000	7	0	0	

Statistics:

Total blocks: 7

Data blocks: 1

Entries: 7

Used average: 7.000000

```
# 这个命令则是利用 root 去查阅的！
# 你可以发现 myquota1 的 grace 出现！并且开始倒数了！
```

测试二：再创建另外一个大文件，让总容量超过 300MB。

```
[root@server1 ~]# su   myquota1
[myquota1@server1 root]$ cd /home/myquota1
[myquota1@server1 ~]$ dd if=/dev/zero of=bigfile2 bs=1M count=300
sda3: write failed, user block limit reached.
dd: 写入"bigfile2" 出错: 超出磁盘限额
记录了 23+0 的读入
记录了 22+0 的写出
24031232 字节（24MB）已复制，0.086637 秒，277 MB/秒

[myquota1@server1 ~]$ du -sk
300000   .  <==达到配额极限了！
```

此时 myquota1 可以开始处理它的文件系统了。如果不处理的话，最后宽限时间会归零，然后出现如下的画面：

```
[myquota1@server1 ~]$ su - root
[root@server1 ~]# repquota –auv
*** Report for user quotas on device /dev/hda3
Block grace time: 00:01; Inode grace time: 7days
                                Block limits                   File limits
User            used    soft    hard  grace      used  soft  hard  grace
--------------------------------------------------------------
myquota1   +-  300000  250000  300000   none       11    0     0
# 倒数整个归零，所以 grace 的部分就会变成 none！不继续倒数
```

4.4 练习题

一、选择题

1. 假定 Kernel 支持 vfat 分区，（   ）操作是将/dev/hda1（一个 Windows 分区）加载到/win 目录。

    A．mount -t windows /win /dev/hda1

    B．mount -fs=msdos /dev/hda1   /win

    C．mount -s   win   /dev/hda1 /win

    D．mount –t vfat /dev/hda1   /win

2. 关于/etc/fstab 的正确描述是（   ）。

    A．启动系统后，由系统自动产生

    B．用于管理文件系统信息

    C．用于设置命名规则，设置是否可以使用 TAB 来命名一个文件

    D．保存硬件信息

3. 存放 Linux 基本命令的目录是（   ）。

    A．/bin   B．/tmp   C．/lib   D．/root

4. 对于普通用户创建的新目录，（   ）是缺省的访问权限。

    A．rwxr-xr-x   B．rw-rwxrw-   C．rwxrw-rw-   D．rwxrwxrw-

5．如果当前目录是/home/sea/china，那么 china 的父目录是（　　）目录。

　　A．/home/sea　　　　B．/home/　　　　C．/　　　　　　D．/sea

6．系统中有用户 user1 和 user2，同属于 users 组。在 user1 用户目录下有一文件 file1，它拥有 644 的权限，如果 user2 想修改 user1 用户目录下的 file1 文件，应拥有（　　）权限。

　　A．744　　　　　　　B．664　　　　　　C．646　　　　　　D．746

7．在一个新分区上建立文件系统应该使用命令（　　）。

　　A．fdisk　　　　　　B．makefs　　　　　C．mkfs　　　　　　D．format

8．用 ls -al 命令列出下面的文件列表，其中（　　）文件是符号链接文件。

　　A．-rw-------　2 hel-s　users　　56　Sep 09 11:05　hello

　　B．-rw-------　2 hel-s　users　　56　Sep 09 11:05　goodbey

　　C．drwx-----　1 hel　　users　1024　Sep 10 08:10　zhang

　　D．lrwx-----　1 hel　　users　2024　Sep 12 08:12　cheng

9．Linux 文件系统的目录结构是一棵倒挂的树，文件都按其作用分门别类地放在相关的目录中。现有一个外围设备文件，应该将其放在（　　）目录中。

　　A．/bin　　　　　　　B．/etc　　　　　　C．/dev　　　　　　D．lib

10．如果将 umask 设置为 022，缺省的创建的文件权限为（　　）。

　　A．----w--w-　　　　B．–rwxr-xr-x　　C．r-xr-x---　　　　D．rw-r--r—

二、填空题

1．文件系统（File System）是磁盘上有特定格式的一片区域，操作系统利用文件系统和_____文件。

2．ext 文件系统在 1992 年 4 月完成，称为_____，是第一个专门针对 Linux 操作系统的文件系统。Linux 系统使用_____文件系统。

3．_____是光盘所使用的标准文件系统。

4．Linux 的文件系统是采用阶层式的_____结构，在该结构中的最上层是_____。

5．默认的权限可用_____命令修改，用法非常简单，只需执行_____命令，便代表屏蔽所有的权限，因而之后建立的文件或目录，其权限都变成_____。

6．在安装 Linux 系统时，可以采用_____、_____和_____等方式进行分区。除此之外，在 Linux 系统中还有_____、_____、_____等分区工具。

7．RAID（Redundant Array of Inexpensive Disks）的中文全称是_____，用于将多个小型磁盘驱动器合并成一个_____，以提高存储性能和_____功能。RAID 可分为_____和_____，软 RAID 通过软件实现多块硬盘_____。

8．LVM（Logical Volume Manager）的中文全称是_____，最早应用在 IBM AIX 系统上。它的主要作用是_____及调整磁盘分区大小，并且可以让多个分区或者物理硬盘作为_____来使用。

9．可以通过_____和_____来限制用户和组群对磁盘空间的使用。

三、简答题

1．RAID 技术主要是为了解决什么问题呢？

2. RAID 0 和 RAID 5 哪个更安全？

3. 位于 LVM 最底层的是物理卷还是卷组？

4. LVM 对逻辑卷的扩容和缩容操作有何异同点呢？

5. LVM 的快照卷能使用几次？

6. LVM 的删除顺序是怎么样的？

4.5　项目拓展

4.5.1　项目拓展一：文件权限管理

一、项目目的

● 掌握利用 chmod 及 chgrp 等命令实现 Linux 文件权限管理。

● 掌握磁盘限额的实现方法。

二、项目环境

某公司有 60 个员工，分别在 5 个部门工作，每个人工作内容不同。需要在服务器上为每个人创建不同的账号，把相同部门的用户放在一个组中，每个用户都有自己的工作目录。并且需要根据工作性质对每个部门和每个用户在服务器上的可用空间进行限制。

假设有用户 user1，请设置 user1 对/dev/sdb1 分区的磁盘限额，将 user1 对 blocks 的 soft 设置为 5000，hard 设置为 10000；inodes 的 soft 设置为 5000，hard 设置为 10000。

三、项目要求

练习 chmod、chgrp 等命令的使用，练习在 Linux 下实现磁盘限额的方法。

四、做一做

检查学习效果。

4.5.2　项目拓展二：文件系统管理

一、项目目的

● 掌握 Linux 下文件系统的创建、挂载与卸载。

● 掌握文件系统的自动挂载。

二、项目环境

某企业的 Linux 服务器中新增了一块硬盘/dev/sdb，请使用 fdisk 命令新建/dev/sdb1 主分区和/dev/sdb2 扩展分区，并在扩展分区中新建逻辑分区/dev/sdb5，并使用 mkfs 命令分别创建 vfat 和 ext3 文件系统。然后用 fsck 命令检查这两个文件系统。最后，把这两个文件系统挂载到系统上。

三、项目要求

练习 Linux 系统下文件系统的创建、挂载与卸载及自动挂载的实现。

四、做一做

检查学习效果。

4.5.3　项目拓展三：LVM 逻辑卷管理器

一、项目目的

● 掌握创建 LVM 分区类型的方法。
● 掌握 LVM 逻辑卷管理的基本方法。

二、项目环境

某企业在 Linux 服务器中新增了一块硬盘/dev/sdb，要求 Linux 系统的分区能自动调整磁盘容量。请使用 fdisk 命令创建/dev/sdb1、/dev/sdb2、/dev/sdb3 和/dev/sdb4 为 LVM 类型，并在这四个分区上创建物理卷、卷组和逻辑卷。最后将逻辑卷挂载。

三、项目要求

物理卷、卷组、逻辑卷的创建；卷组、逻辑卷的管理。

四、做一做

检查学习效果。

4.5.4　项目拓展四：动态磁盘管理

一、项目目的

● 掌握 Linux 系统中利用 RAID 技术实现磁盘阵列的管理方法。

二、项目环境

某企业为了保护重要数据，购买了四块同一厂家的 SCSI 硬盘。要求在这四块硬盘上创建 RAID5 卷，以实现磁盘容错。

三、项目要求

利用 mdadm 命令创建并管理 RAID 卷。

四、做一做

检查学习效果。

第三篇　常用网络服务

工欲善其事，必先利其器。

——孔子《论语·魏灵公》

项目 5　配置与管理 samba 服务器

　　是谁最先搭起 Windows 和 Linux 沟通的桥梁，并且提供不同系统间的共享服务，还能拥有强大的打印服务功能？答案就是 samba。这使得它的应用环境非常广泛。当然 samba 的魅力还远远不止这些。

- 了解 samba 及配置文件。
- 掌握 samba 文件和打印共享的设置。
- 掌握 Linux 和 Windows 资源共享。
- 掌握 samba 组件应用程序。

5.1　相关知识

　　samba 是一套让 Linux 系统能够应用 Microsoft 网络通信协议的软件，它使执行 Linux 系统的计算机能与执行 Windows 系统的计算机进行文件与打印共享。samba 使用一组基于 TCP/IP 的 smb 协议，通过网络共享文件及打印机，这组协议的功能类似于 NFS 和 lpd（Linux 标准打印服务器）。支持此协议的操作系统包括 Windows、Linux 和 OS/2。samba 服务在 Linux 和 Windows 系统共存的网络环境中尤为有用。

　　和 NFS 服务不同的是，NFS 服务只用于 Linux 系统之间的文件共享，而 samba 可以实现 Linux 系统之间及 Linux 和 Windows 系统之间的文件和打印共享。smb 协议使 Linux 系统的计算机在 Windows 上的网上邻居中看起来如同一台 Windows 计算机。

　　1. smb 协议

　　smb（Server Message Block）通信协议可以看作局域网上共享文件和打印机的一种协议。它是微软和英特尔在 1987 年制定的协议，主要是作为 Microsoft 网络的通信协议，而 samba 则是将 smb 协议搬到 UNIX 系统上来使用。通过 NetBIOS over TCP/IP 使用 samba 不但能与局域网络主机共享资源，也能与全世界的计算机共享资源。因为互联网上千千万万的主机所使用的通信协议就是 TCP/IP。smb 是在会话层和表示层及小部分的应用层的协议，smb 使用了 NetBIOS 的应用程序接口 API。另外，它是一个开放性的协议，允许协议扩展，这使得它变得庞大而复杂，大约有 65 个最上层的作业，而每个作业都超过 120 个函数。

　　2. samba 软件

　　samba 是用来实现 smb 协议的一种软件，由澳大利亚的 Andew Tridgell 开发，是一套让

UNIX 系统能够应用 Microsoft 网络通信协议的软件。它使执行 UNIX 系统的机器能与执行 Windows 系统的计算机共享资源。samba 属于 GNU Public License（GPL）的软件，因此可以合法而免费地使用。作为类 UNIX 系统，Linux 系统也可以运行这套软件。

samba 的运行包含两个后台守护进程：nmbd 和 smbd。它们是 samba 的核心。在 samba 服务器启动到停止运行期间持续运行。nmbd 监听 137 和 138 UDP 端口，smbd 监听 139 TCP 端口。nmbd 守护进程使其他计算机可以浏览 Linux 服务器，smbd 守护进程在 smb 服务请求到达时对它们进行处理，并且为被使用或共享的资源进行协调。在请求访问打印机时，smbd 把要打印的信息存储到打印队列中；在请求访问一个文件时，smbd 把数据发送到内核，最后把它存到磁盘上。smbd 和 nmbd 使用的配置信息全部保存在/etc/samba/smb.conf 文件中。

3．samba 的功能

目前，samba 的主要功能如下：

（1）提供 Windows 风格的文件和打印机共享。Windows 9x、Windows 2000/2003、Windows XP、Windows 2003 等操作系统可以利用 samba 共享 Linux 等其他操作系统上的资源，外表看起来和共享 Windows 的资源没有区别。

（2）解析 NetBIOS 名字。在 Windows 网络中为了能够利用网上资源，同时使自己的资源也能被别人所利用，各个主机都定期向网上广播自己的身份信息。而负责收集这些信息并为其他主机提供检索的服务器称为浏览服务器。samba 可以有效地完成这项功能。在跨越网关的时候 samba 还可以作为 WINS 服务器使用。

（3）提供 smb 客户功能。利用 samba 提供的 smbclient 程序可以在 Linux 上像使用 FTP 一样访问 Windows 的资源。

（4）提供一个命令行工具，利用该工具可以有限制地支持 Windows 的某些管理功能。

（5）支持 SWAT（samba Web Administration Tool）和 SSL（Secure Socket Layer）。

5.2　项目设计与准备

对于一个完整的计算机网络，不仅有 Linux 网络服务器，也会有 Windows Server 网络服务器；不仅有 Linux 客户端，也会有 Windows 客户端。利用 samba 服务可以实现 Linux 系统和 Microsoft 公司的 Windows 系统之间的资源共享，以实现文件和打印共享。

下面假设 samba 共享服务部署在 Linux 系统上，并通过 Windows 系统和 Linux 系统来访问 samba 服务。samba 共享服务器和 Windows 客户端、Linux 客户端使用的操作系统以及 IP 地址可以根据表 5-1 来设置。

表 5-1　samba 共享服务器和 Windows 客户端、Linux 客户端使用的操作系统以及 IP 地址

主机名称	操作系统	IP 地址
samba 共享服务器：server1	CentOS 7	192.168.10.1
Windows 客户端：Win7-1	Windows 7	192.168.10.30
Linux 客户端：client1	CentOS 7	192.168.10.20

5.3　项目实施

任务 5-1　安装并启动 samba 服务

（1）建议在安装 samba 服务之前，使用 rpm -qa |grep samba 命令检测系统是否安装了 samba 相关性软件包，然后再根据情况决定是否安装 samba 软件。（yum 安装环境沿用项目 3 任务 3-5 中的内容。）

```
[root@server1 ~]#rpm -qa |grep samba
[root@server1 ~]# yum clean all                    //安装前先清除缓存
[root@server1 ~]# yum   install   samba   -y
```

（2）所有软件包安装完毕之后，可以使用 rpm 命令再一次进行查询：rpm -qa | grep samba。

```
[root@server1 ~]# rpm -qa | grep samba
samba-common-tools-4.7.1-6.el7.x86_64
samba-common-4.7.1-6.el7.noarch
samba-client-libs-4.7.1-6.el7.x86_64
samba-libs-4.7.1-6.el7.x86_64
samba-common-libs-4.7.1-6.el7.x86_64
samba-4.7.1-6.el7.x86_64
```

（3）启动与停止 samba 服务，设置开机启动。

```
[root@server1 ~]# systemctl start smb
[root@server1 ~]# systemctl enable smb
Created symlink from /etc/systemd/system/multi-user.target.wants/smb.service
  to /usr/lib/systemd/system/smb.service.
[root@server1 ~]# systemctl restart smb
[root@server1 ~]# systemctl stop smb
[root@server1 ~]# systemctl start smb
```

 注意　　Linux 服务中，当我们更改配置文件后，一定要记得重启服务，让服务重新加载配置文件，这样新的配置才可以生效（start/restart/reload）。

任务 5-2　了解 samba 服务器配置的工作流程

在 samba 服务安装完毕之后，并不是直接可以使用 Windows 或 Linux 的客户端访问 samba 服务器，我们还必须对服务器进行设置：告诉 samba 服务器将哪些目录共享出来给客户端进行访问，并根据需要设置其他选项，比如添加对共享目录内容的简单描述信息和访问权限等具体设置。

基本的 samba 服务器的搭建流程主要分为 4 个步骤。

（1）编辑主配置文件 smb.conf，指定需要共享的目录，并为共享目录设置共享权限。

（2）在 smb.conf 文件中指定日志文件名称和存放路径。

（3）设置共享目录的本地系统权限。

（4）重新加载配置文件或重新启动 SMB 服务，使配置生效。

（5）关闭防火墙，同时设置 SELinux 为允许。

samba 工作流程如图 5-1 所示。

① 客户端请求访问 samba 服务器上的 Share 共享目录。

② samba 服务器接收到请求后，会查询主配置文件 smb.conf，看是否共享了 Share 目录，如果共享了这个目录则查看客户端是否有权限访问。

③ samba 服务器会将本次访问信息记录在日志文件之中，日志文件的名称和路径都需要我们设置。

④ 如果客户端满足访问权限设置，则允许客户端进行访问。

①
②
③
④
主配置文件
（smb.conf）
日志文件
客户端
samba 服务器

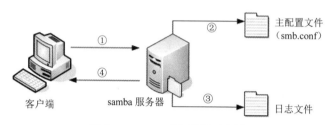

图 5-1　samba 工作流程示意图

任务 5-3　了解主要配置文件 smb.conf

samba 的配置文件一般就放在/etc/samba 目录中，主配置文件名为 smb.conf。

1．samba 服务程序中的参数以及作用

使用 ll 命令查看 smb.conf 文件属性，并使用命令 vim /etc/samba/smb.conf 查看文件的详细内容，如图 5-2 所示。

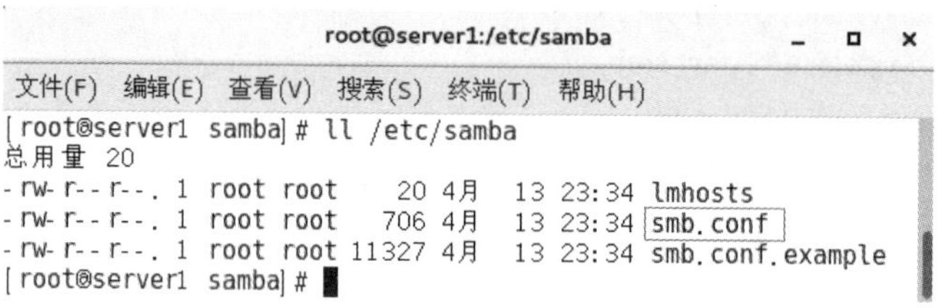

root@server1:/etc/samba
文件(F) 编辑(E) 查看(V) 搜索(S) 终端(T) 帮助(H)
[root@server1 samba]# ll /etc/samba
总用量 20
-rw-r--r--. 1 root root 20 4月 13 23:34 lmhosts
-rw-r--r--. 1 root root 706 4月 13 23:34 smb.conf
-rw-r--r--. 1 root root 11327 4月 13 23:34 smb.conf.example
[root@server1 samba]#

图 5-2　查看 smb.conf 配置文件

CentOS 7 的 smb.conf 配置文件已经很简缩，只有 36 行左右。为了更清楚地了解配置文件建议研读/etc/samba/smb.conf.example，samba 开发组按照不同功能，对 smb.conf 文件进行了分段划分，条理非常清楚。表 5-2 罗列了主配置文件的参数以及相应的注释说明。

表 5-2　samba 服务程序中的参数以及作用

[global]	参数	作用
	workgroup = MYGROUP	工作组名称，比如：workgroup=SmileGroup
	server string = samba Server Version %v	服务器描述，参数%v 为显示 SMB 版本号
	log file = /var/log/samba/log.%m	定义日志文件的存放位置与名称，参数%m 为来访的主机名

续表

[global]	参数	作用
	max log size = 50	定义日志文件的最大容量为 50KB
	security = user	安全验证的方式，总共有 4 种，比如：security=user
	#share：来访主机无需验证口令；比较方便，但安全性很差	
	#user：需验证来访主机提供的口令后才可以访问；提升了安全性，系统默认方式	
	#server：使用独立的远程主机验证来访主机提供的口令（集中管理账户）	
	#domain：使用域控制器进行身份验证	
	passdb backend = tdbsam	定义用户后台的类型，共有 3 种
	#smbpasswd：使用 smbpasswd 命令为系统用户设置 samba 服务程序的密码	
	#tdbsam：创建数据库文件并使用 pdbedit 命令建立 samba 服务程序的用户	
	#ldapsam：基于 LDAP 服务进行账户验证	
	load printers = yes	设置在 samba 服务启动时是否共享打印机设备
	cups options = raw	打印机的选项
[homes]		共享参数
	comment = Home Directories	描述信息
	browseable = no	指定共享信息是否在"网上邻居"中可见
	writable = yes	定义是否可以执行写入操作，与"read only"相反
[printers]		打印机共享参数

为了方便配置，建议先备份 smb.conf，一旦发现错误可以随时从备份文件中恢复主配置文件。操作如下。

[root@server1 ~]# **cd /etc/samba**
[root@server1 samba]# **ls**
[root@server1 samba]# **cp smb.conf   smb.conf.bak**

2. Share Definitions 共享服务的定义

Share Definitions 设置对象为共享目录和打印机，如果我们想发布共享资源，需要对 Share Definitions 部分进行配置。Share Definitions 字段非常丰富，设置灵活。

我们先来看一下几个最常用的字段。

（1）设置共享名。共享资源发布后，必须为每个共享目录或打印机设置不同的共享名，供网络用户访问时使用，并且共享名可以与原目录名不同。

共享名设置非常简单，格式为：

[共享名]

（2）共享资源描述。网络中存在各种共享资源，为了方便用户识别，可以为其添加备注信息，以方便用户查看时知道共享资源的内容是什么。

格式：

comment = 备注信息

（3）共享路径。共享资源的原始完整路径，可以使用 path 字段进行发布，务必正确指定。

格式：

path = 绝对地址路径

（4）设置匿名访问。设置是否允许对共享资源进行匿名访问，可以更改 public 字段。

格式：

public = yes　　　　#允许匿名访问
public = no　　　　 #禁止匿名访问

【例 5-1】samba 服务器中有个目录为/share，需要发布该目录成为共享目录，定义共享名为 public，要求：允许浏览、允许只读、允许匿名访问。设置如下所示。

```
[public]
    comment = public
    path = /share
    browseable = yes
    read only = yes
    public = yes
```

（5）设置访问用户。如果共享资源存在重要数据的话，需要对访问用户进行审核，我们可以使用 valid users 字段进行设置。

格式：

valid users = 用户名
valid users = @组名

【例 5-2】samba 服务器/share/tech 目录存放了公司技术部数据，只允许技术部员工和经理访问，技术部组为 tech，经理账号为 manger。

```
[tech]
        comment=tech
        path=/share/tech
        valid users=@tech,manger
```

（6）设置目录只读。共享目录如果限制用户的读写操作，我们可以通过 read only 实现。

格式：

read only = yes　　　　#只读
read only = no　　　　 #读写

（7）设置过滤主机。注意网络地址的写法。

格式：

hosts allow = 192.168.10.　　server.abc.com

表示允许来自 192.168.10.0 或 server.abc.com 访问 samba 服务器资源。

hosts deny = 192.168.2.

表示不允许来自 192.168.2.0 网络的主机访问当前 samba 服务器资源。

【例 5-3】samba 服务器公共目录/public 存放大量共享数据，为保证目录安全，仅允许192.168.10.0 网络的主机访问，并且只允许读取，禁止写入。

```
[public]
        comment=public
        path=/public
        public=yes
        read only=yes
```

hosts allow = 192.168.10.。

（8）设置目录可写。如果共享目录允许用户写操作，可以使用 writable 或 write list 两个字段进行设置。

writable 格式：

writable = yes #读写
writable = no #只读

write list 格式：

write list = 用户名
write list = @组名

 homes 为特殊共享目录，表示用户主目录。printers 表示共享打印机。

任务 5-4 理解 samba 服务的日志文件和密码文件

1. samba 服务日志文件

日志文件对于 samba 非常重要，它存储着客户端访问 samba 服务器的信息，以及 samba 服务的错误提示信息等，可以通过分析日志，帮助解决客户端访问和服务器维护等问题。

在/etc/samba/smb.conf 文件中，log file 为设置 samba 日志的字段。如下所示：

log file = /var/log/samba/log.%m

samba 服务的日志文件默认存放在/var/log/samba/中，其中 samba 会为每个连接到 samba 服务器的计算机分别建立日志文件。使用 ls -a /var/log/samba 命令查看日志的所有文件。

当客户端通过网络访问 samba 服务器后，会自动添加客户端的相关日志。所以，Linux 管理员可以根据这些文件来查看用户的访问情况和服务器的运行情况。另外当 samba 服务器工作异常时，也可以通过/var/log/samba/下的日志进行分析。

2. samba 服务密码文件

samba 服务器发布共享资源后，客户端访问 samba 服务器，需要提交用户名和密码进行身份验证，验证合格后才可以登录。samba 服务为了实现客户身份验证功能，将用户名和密码信息存放在/etc/samba/smbpasswd 中，在客户端访问时，将用户提交的资料与 smbpasswd 存放的信息进行比对，如果相同并且 samba 服务器其他安全设置允许，客户端与 samba 服务器连接才能建立成功。

那如何建立 samba 账号呢？首先，samba 账号并不能直接建立，需要先建立 Linux 同名的系统账号。例如，如果要建立一个名为 yy 的 samba 账号，那 Linux 系统中必须提前存在一个同名的 yy 系统账号。

在 samba 中添加账号的命令为 smbpasswd，命令格式：

smbpasswd -a 用户名

【例 5-4】在 samba 服务器中添加 samba 账号 reading。

（1）建立 Linux 系统账号 reading。

[root@server1 ~]# **useradd reading**
[root@server1 ~]# **passwd reading**

（2）添加 reading 用户的 samba 账号。

[root@server1 ~]# **smbpasswd -a reading**

samba 账号添加完毕。如果在添加 samba 账号时输入完两次密码后出现错误信息 Failed to modify password entry for user amy，则是因为 Linux 本地用户里没有 reading 这个用户，在 Linux 系统里面添加一下就可以了。

> **提示**　　务必要注意在建立 samba 账号之前，一定要先建立一个与 samba 账号同名的系统账号。

经过上面的设置，再次访问 samba 共享文件时就可以使用 reading 账号访问了。

任务 5-5　user 服务器实例解析

在 CentOS 7 系统中，samba 服务程序默认使用的是用户口令认证模式（user）。这种认证模式可以确保仅让有密码且受信任的用户访问共享资源，而且验证过程也十分简单。

【例 5-5】如果公司有多个部门，因工作需要，就必须分门别类地建立相应部门的目录。要求将销售部的资料存放在 samba 服务器的/companydata/sales/目录下集中管理，以便销售人员浏览，并且该目录只允许销售部员工访问。

需求分析：在/companydata/sales/目录中存放有销售部的重要数据，为了保证其他部门无法查看其内容，我们需要将全局配置中 security 设置为 user 安全级别，这样就启用了 samba 服务器的身份验证机制，然后在共享目录/companydata/sales 下设置 valid users 字段，配置只允许销售部员工能够访问这个共享目录。

STEP 1　建立共享目录，并在其下建立测试文件。

```
[root@server1 ~]# mkdir   /companydata
[root@server1 ~]# mkdir   /companydata/sales
[root@server1 ~]# touch   /companydata/sales/test_share.tar
```

STEP 2　添加销售部用户和组并添加相应 samba 账号。

（1）使用 groupadd 命令添加 sales 组，然后执行 useradd 命令和 passwd 命令添加销售部员工的账号及密码。此处单独增加一个 test_user1 账号，不属于 sales 组，供测试用。

```
[root@server1 ~]# groupadd   sales              #建立销售组 sales
[root@server1 ~]# useradd   -g  sales  sale1     #建立用户 sale1，添加到 sales 组
[root@server1 ~]# useradd   -g  sales  sale2     #建立用户 sale2，添加到 sales 组
[root@server1 ~]# useradd   test_user1           #供测试用
[root@server1 ~]# passwd   sale1                 #设置用户 sale1 密码
[root@server1 ~]# passwd   sale2                 #设置用户 sale2 密码
[root@server1 ~]# passwd   test_user1            #设置用户 test_user1 密码
```

（2）接下来为销售部成员添加相应 samba 账号。

```
[root@server1 ~]# smbpasswd   -a   sale1
[root@server1 ~]# smbpasswd   -a   sale2
```

STEP 3　修改 samba 主配置文件/etc/samba/smb.conf。

```
[global]
        workgroup = Workgroup
        server string = File Server
        security = user                          #设置 user 安全级别模式，默认值
        passdb backend = tdbsam
        printing = cups
```

```
              printcap name = cups
              load printers = yes
              cups options = raw
[sales]                                          #设置共享目录的共享名为 sales
              comment=sales
              path=/companydata/sales            #设置共享目录的绝对路径
              writable = yes
              browseable = yes
              valid users = @sales               #设置可以访问的用户为 sales 组
```

STEP 4   设置共享目录的本地系统权限。

```
[root@server1 ~]# chmod   777   /companydata/sales -R
[root@server1 ~]# chown   sale1:sales   /companydata/sales   -R
[root@server1 ~]# chown   sale2:sales   /companydata/sales   -R
```

-R 参数是递归用的，一定要加上。请读者再次复习前面学习的权限相关内容，特别是 chown、chmod 等命令。

STEP 5   更改共享目录的 context 值，或者禁掉 SELinux。

```
[root@server1 ~]# chcon -t samba_share_t /companydata/sales   -R
```
或者
```
[root@server1 ~]# getenforce
Enforcing
[root@server1 ~]# setenforce Permissive
```

STEP 6   让防火墙放行，这一步很重要。

```
root@server1 ~]# systemctl start firewalld
[root@server1 ~]# firewall-cmd --permanent --add-service=samba
success
[root@server1 ~]# firewall-cmd --reload              //重新加载防火墙
success
[root@server1 ~]# firewall-cmd --list-all
public (active)
    target: default
    icmp-block-inversion: no
    interfaces: ens33
    sources:
    services: ssh dhcpv6-client samba                //已经加入到防火墙的允许服务
    ports:
    protocols:
    masquerade: no
    forward-ports:
    source-ports:
    icmp-blocks:
    rich rules:
```

STEP 7   重新加载 samba 服务。

```
[root@server1 ~]# systemctl restart smb
//或者
[root@server1 ~]# systemctl reload smb
```

STEP 8　测试。一是在 Windows 7 中利用资源管理器进行测试，二是利用 Linux 客户端。

> （1）samba 服务器在将本地文件系统共享给 samba 客户端时，涉及本地文件系统权限和 samba 共享权限。当客户端访问共享资源时，最终的权限取这两种权限中最严格的。
>
> （2）后面的实例中，不再单独设置本地权限。如果对权限不是很熟悉，请参考前面项目 4 的相关内容。

任务 5-6　配置 Windows 客户端访问 samba 共享

无论 samba 共享服务是部署在 Windows 系统上还是部署在 Linux 系统上，通过 Windows 系统进行访问时，其步骤和方法都是一样的。下面假设 samba 共享服务部署在 Linux 系统上，并通过 Windows 系统来访问 samba 服务。samba 共享服务器和 Windows 客户端使用的操作系统以及 IP 地址可以根据表 5-3 来设置。

表 5-3　samba 共享服务器和 Windows 客户端使用的操作系统以及 IP 地址

主机名称	操作系统	IP 地址
samba 共享服务器：server1	CentOS 7	192.168.10.1
Windows 客户端：Win7-1	Windows 7	192.168.10.30

（1）依次选择"开始"→"运行"命令，使用 UNC 路径直接进行访问。例如：\\192.168.10.1。打开"Windows 安全"对话框，如图 5-3 所示。输入 sale1 或 sale2 及其密码，登录后可以正常访问。

图 5-3　"Windows 安全"对话框

试一试：注销 Windows 7 客户端，使用 test_user 用户和密码登录会出现什么情况？

（2）映射网络驱动器访问 samba 服务器共享目录。双击打开"我的电脑"，再依次选择"工具"→"映射网络驱动器"命令，在"映射网络驱动器"对话框中选择 Z 驱动器，并输入 tech 共享目录的地址，如\\192.168.1.30\sales。单击"完成"按钮，在接下来的对话框中输入可以访问 sales 共享目录的 samba 账号和密码。

（3）再次打开"我的电脑"，驱动器 Z 就是共享目录 sales，则可以很方便地访问了。

任务 5-7　配置 Linux 客户端访问 samba 共享

samba 服务程序当然还可以实现 Linux 系统之间的文件共享。请各位读者按照表 5-4 来设置 samba 服务程序所在主机（即 samba 共享服务器）和 Linux 客户端使用的 IP 地址，然后在客户端安装 samba 服务和支持文件共享服务的软件包（cifs-utils）。

表 5-4　samba 共享服务器和 Linux 客户端各自使用的操作系统以及 IP 地址

主机名称	操作系统	IP 地址
samba 共享服务器：server1	CentOS 7	192.168.10.1
Linux 客户端：client1	CentOS 7	192.168.10.20

（1）在 client1 上安装 samba-client 和 cifs-utils。

```
[root@client1 ~]# mkdir /iso
[root@client1 ~]# mount /dev/cdrom /iso
mount: /dev/sr0 is write-protected, mounting read-only
[root@client1 ~]# vim   /etc/yum.repos.d/dvd.repo
[root@client1 ~]# yum install samba-client -y
[root@client1 ~]# yum install cifs-utils -y
```

（2）Linux 客户端使用 smbclient 命令访问服务器。

1）smbclient 可以列出目标主机共享目录列表。smbclient 命令格式：

```
smbclient -L 目标 IP 地址或主机名 -U 登录用户名%密码
```

当查看 CentOS 7-1（192.168.10.1）主机的共享目录列表时，提示输入密码，这时候可以不输入密码，而直接按 Enter 键，这样表示匿名登录，然后就会显示匿名用户可以看到的共享目录列表。

```
[root@client1 ~]# smbclient   -L   192.168.10.1
```

若想使用 samba 账号查看 samba 服务器端共享的目录，可以加上 -U 参数，后面跟上用户名%密码。下面的命令显示只有 sale2 账号（其密码为 12345678）才有权限浏览和访问的 sales 共享目录：

```
[root@client1 ~]# smbclient   -L   192.168.10.1   -U   sale2%12345678
```

　　　不同用户使用 smbclient 浏览的结果可能是不一样的，这要根据服务器设置的访问控制权限而定。

2）还可以使用 smbclient 命令行共享访问模式浏览共享的资料。

smbclient 命令行共享访问模式命令格式：

```
smbclient //目标 IP 地址或主机名/共享目录   -U   用户名%密码
```

下面的命令运行后，将进入交互式界面（键入"？"号可以查看具体命令）。

```
[root@client1 ~]# smbclient   //192.168.10.1/sales   -U   sale2%12345678
Try "help" to get a list of possible commands.
smb: \> ls
  .                                   D        0   Mon Jul 16 21:14:52 2018
  ..                                  D        0   Mon Jul 16 18:38:40 2018
  test_share.tar                      A        0   Mon Jul 16 18:39:03 2018
```

```
                9754624 blocks of size 1024. 9647416 blocks available
smb: \> mkdir testdir                //新建一个目录进行测试
smb: \> ls
  .                              D        0    Mon Jul 16 21:15:13 2018
  ..                             D        0    Mon Jul 16 18:38:40 2018
  test_share.tar                 A        0    Mon Jul 16 18:39:03 2018
  testdir                        D        0    Mon Jul 16 21:15:13 2018

                9754624 blocks of size 1024. 9647416 blocks available
smb: \> exit
[root@client1 ~]#
```

另外，smbclient 登录 samba 服务器后，可以使用 help 查询所支持的命令。

（3）Linux 客户端使用 mount 命令挂载共享目录。mount 命令挂载共享目录格式：

```
mount -t cifs //目标 IP 地址或主机名/共享目录名称  挂载点  -o username=用户名
```

下面的命令结果为挂载 192.168.10.1 主机上的共享目录 sales 到/mnt/sambadata 目录下，cifs 是 samba 所使用的文件系统。

```
[root@client1~]# mkdir -p /mnt/sambadata
[root@client1 ~]# mount -t cifs //192.168.10.1/sales /mnt/sambadata/ -o username=sale1
Password for sale1@//192.168.10.1/sales:  ********
//输入 sale1 的 samba 用户密码，不是系统用户密码
[root@client1 ~]# cd /mnt/sambadata
[root@client1 sambadata]# ls
testdir    test_share.tar
```

5.4　练习题

一、填空题

1. samba 服务功能强大，使用_____协议，英文全称是_____。
2. SMB 经过开发，可以直接运行于 TCP/IP 上，使用 TCP 的_____端口。
3. samba 服务是由两个进程组成的，分别是_____和_____。
4. samba 服务软件包包括_____、_____、_____和_____（不要求版本号）。
5. samba 的配置文件一般就放在_____目录中，主配置文件名为_____。
6. samba 服务器有_____、_____、_____、_____和_____五种安全模式，默认级别是_____。

二、选择题

1. 用 samba 共享了目录，但是在 Windows 网络邻居中却看不到它，应该在/etc/samba/smb.conf 中进行（   ）设置才能正确工作。

    A．AllowWindowsClients=yes   B．Hidden=no

    C．Browseable=yes   D．以上都不是

2. 可用（   ）命令来卸载 samba-3.0.33-3.7.el5.i386.rpm。

    A．rpm -D samba-3.0.33-3.7.el5   B．rpm -i samba-3.0.33-3.7.el5

    C．rpm -e samba-3.0.33-3.7.el5   D．rpm -d samba-3.0.33-3.7.el5

3. （   ）命令可以允许 198.168.0.0/24 访问 samba 服务器。

    A．hosts enable = 198.168.0.   B．hosts allow = 198.168.0.

    C．hosts accept = 198.168.0.   D．hosts accept = 198.168.0.0/24

4. 启动 samba 服务，（   ）是必须运行的端口监控程序。

    A．nmbd   B．lmbd   C．mmbd   D．smbd

5. 下面所列出的服务器类型中（   ）可以使用户在异构网络操作系统之间进行文件系统共享。

    A．FTP   B．samba   C．DHCP   D．squid

6. samba 服务密码文件是（   ）。

    A．smb.conf   B．samba.conf   C．smbpasswd   D．smbclient

7. 利用（   ）命令可以对 samba 的配置文件进行语法测试。

    A．smbclient   B．smbpasswd   C．testparm   D．smbmount

8. 可以通过设置条目（   ）来控制访问 samba 共享服务器的合法主机名。

    A．allow hosts   B．valid hosts   C．allow   D．publicS

9. samba 的主配置文件中不包括（   ）。

    A．global 参数   B．directory shares 部分

    C．printers shares 部分   D．applications shares 部分

三、简答题

1. 简述 samba 服务器的应用环境。

2. 简述 samba 的工作流程。

3. 简述基本的 samba 服务器搭建流程的四个主要步骤。

5.5　项目拓展

一、项目目的

● 掌握 samba 文件和打印共享的设置。

● 掌握 Linux 和 Windows 资源共享的方法。

二、项目环境

某公司有 system、develop、productdesign 和 test 等 4 个小组，个人办公机操作系统为 Windows 7/8，少数开发人员采用 Linux 操作系统，服务器操作系统为 CentOS 7，需要设计一套建立在 CentOS 7 之上的安全文件共享方案。每个用户都有自己的网络磁盘，develop 组到 test 组有共用的网络硬盘，所有用户（包括匿名用户）有一个只读共享资料库；所有用户（包括匿名用户）要有一个存放临时文件的文件夹。网络拓扑图如图 5-4 所示。

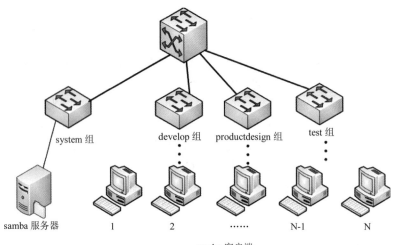

图 5-4　samba 服务器搭建网络拓扑

三、项目要求

（1）System 组具有管理所有 samba 空间的权限。

（2）各部门的私有空间：各小组拥有自己的空间，除了小组成员及 system 组有权限以外，其他用户不可访问（包括列表、读和写）。

（3）资料库：所有用户（包括匿名用户）都具有读权限而不具有写入数据的权限。

（4）develop 组与 test 组的共享空间，develop 组与 test 组之外的用户不能访问。

（5）公共临时空间：让所有用户可以读取、写入、删除。

四、深度思考

在观看（本项目的项目实训视频）时思考以下几个问题。

（1）用 mkdir 命令建立共享目录，可以同时建立多少个目录？

（2）chown、chmod、setfacl 这些命令如何熟练应用？

（3）组账户、用户账户、samba 账户等的建立过程是怎样的？

（4）useradd 的各类选项：-g、-G、-d、-s、-M 的含义分别是什么？

（5）权限 700 和 755 是什么含义？请查找相关权限表示的资料，也可以参见"文件权限管理"（本项目的项目实训视频）。

（6）注意不同用户登录后权限的变化。

五、做一做

检查学习效果。

项目 6   配置与管理 DHCP 服务器

项目描述

某高校已经组建了学校的校园网，然而随着笔记本电脑的普及，教师移动办公以及学生移动学习的现象越来越多，当计算机从一个网络移动到另一个网络时，需要重新获取新网络的IP 地址、网关等信息，并对计算机进行设置。这样，客户端就需要了解整个网络的部署情况，需要了解自己处于哪个网段、哪些 IP 地址是空闲的以及默认网关是多少等信息，不仅用户觉得烦琐，同时也为网络管理员规划网络分配 IP 地址带来了困难。网络中的用户需要无论处于网络中什么位置，都不需要配置 IP 地址、默认网关等信息就能够上网。这就需要在网络中部署 DHCP 服务器。

在完成该项目之前，首先应对整个网络进行规划，确定网段的划分以及每个网段可能的主机数量等信息。

项目目标

- 了解 DHCP 服务器在网络中的作用。
- 了解 DHCP 服务的工作原理。
- 掌握 DHCP 服务器的基本配置。
- 掌握 DHCP 客户端的配置和测试。
- 理解在网络中部署 DHCP 服务器的解决方案。

6.1   相关知识

动态主机配置协议（Dynamic Host Configuration Protocol，DHCP）是一种简化主机 IP 地址分配管理的 TCP/IP 标准协议，是通过服务器集中管理网络上使用的 IP 地址及其他相关配置信息，以降低管理 IP 地址配置的复杂性。

6.1.1   DHCP 服务简介

在使用 TCP/IP 协议的网络上，每一台计算机都拥有唯一的 IP 地址。使用 IP 地址（及其子网掩码）来鉴别它所在的主机和子网。如果采用静态 IP 地址的分配方法，当计算机从一个子网移动到另一个子网的时候，必须改变该计算机的 IP 地址，这将增加网络管理员的负担。而 DHCP 服务可以将 DHCP 服务器中的 IP 地址数据库中的 IP 地址动态地分配给局域网中的客户机，从而减轻了网络管理员的负担。

在使用 DHCP 服务分配 IP 地址时，网络中至少有一台服务器上安装了 DHCP 服务，其他要使用 DHCP 功能的客户机也必须设置成通过 DHCP 获得 IP 地址。客户机在向服务器请求一个 IP 地址时，如果还有 IP 地址没有被使用，则在数据库中登记该 IP 地址已被该客户机使用，然后回应这个 IP 地址，及相关的选项给客户机。图 6-1 是一个支持 DHCP 服务的示意图。

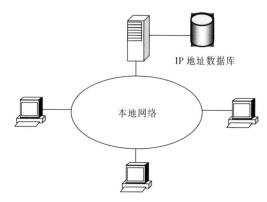

图 6-1 DHCP 服务示意图

6.1.2 DHCP 服务工作原理

1. DHCP 客户机首次获得 IP 地址租约

DHCP 客户机首次获得 IP 地址租约需要经过以下 4 个阶段与 DHCP 服务器建立联系，如图 6-2 所示。

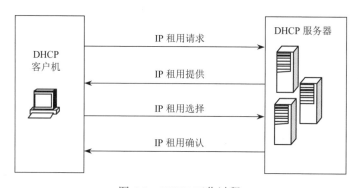

图 6-2 DHCP 工作过程

（1）IP 租用请求。该过程也被称为 IPDISCOVER。当发现以下情况中的任意一种时，即启动 IP 地址租用请求。

- 当客户端第一次以 DHCP 客户端的身份启动，也就是它第一次向 DHCP 服务器请求 TCP/IP 配置时。
- 该 DHCP 客户端所租用的 IP 地址已被 DHCP 服务器收回，并已提供给其他 DHCP 客户端使用，而该 DHCP 客户端重新申请新的 IP 地址租约时。
- DHCP 客户端自己释放掉原先所租用的 IP 地址，并且要求租用一个新的 IP 地址时。
- 客户端从固定 IP 地址方式转向使用 DHCP 方式时。

在 DHCP 发现过程中，DHCP 客户端发出 TCP/IP 配置请求时，DHCP 客户端使用 0.0.0.0 作为自己的 IP 地址，255.255.255.255 作为服务器的 IP 地址，然后以 UDP 的方式在 67 或 68

端口广播出一个 DHCPDISCOVER 信息，该信息含有 DHCP 客户端网卡的 MAC 地址和计算机的 NetBIOS 名称。当第一个 DHCPDISCOVER 信息发送出去后，DHCP 客户端将等待 1s 的时间。如果在此期间没有 DHCP 服务器对此做出响应，DHCP 客户端将分别在第 9 秒、第 13 秒和第 16 秒时重复发送一次 DHCPDISCOVER 信息。如果仍然没有得到 DHCP 服务器的应答，DHCP 客户端就会在以后每隔 5min 广播一次 DHCP 发现信息，直到得到一个应答为止。

（2）IP 租用提供。当网络中的任何一个 DHCP 服务器在收到 DHCP 客户端的 DHCPDISCOVER 信息后，对自身进行检查，如果该 DHCP 服务器能够提供空闲的 IP 地址，就从该 DHCP 服务器的 IP 地址池中随机选取一个没有出租的 IP 地址，然后利用广播的方式提供给 DHCP 客户端。在还没有将该 IP 地址正式租用给 DHCP 客户端之前，这个 IP 地址会暂时被"隔离"起来，以免再分配给其他 DHCP 客户端。提供应答信息是 DHCP 服务器的第一个响应，它包含了 IP 地址、子网掩码、租用期和提供响应的 DHCP 服务器的 IP 地址。

（3）IP 租用选择。当 DHCP 客户端收到第一个由 DHCP 服务器提供的应答信息后，就以广播的方式发送一个 DHCP 请求信息给网络中所有的 DHCP 服务器。在 DHCP 请求信息中包含已选择的 DHCP 服务器返回的 IP 地址。

（4）IP 租用确认。一旦被选择的 DHCP 服务器接收到 DHCP 客户端的 DHCP 请求后，就将已保留的这个 IP 地址标识为已租用，然后也以广播方式发送一个 DHCPACK 信息给 DHCP 客户端。该 DHCP 客户端在接收 DHCP 确认信息后，就完成了获得 IP 地址的整个过程。

2. DHCP 客户更新 IP 地址租约

取得 IP 地址租约后，DHCP 客户机必须定期更新租约，否则当租约到期，就不能再使用此 IP 地址，按照 RFC 默认规定，每当租用时间超过租约的 50% 和 87.5% 时，客户机就必须发出 DHCPREQUEST 信息包，向 DHCP 服务器请求更新租约。在更新租约时，DHCP 客户机是以单点发送方式发送 DHCPREQUEST 信息包的，不再进行广播。

具体过程为：

（1）当 DHCP 客户端的 IP 地址使用时间达到租期的 50% 时，它就会向 DHCP 服务器发送一个新的 DHCPREQUEST，若服务器在接收到该信息后并没有可拒绝该请求的理由时，便会发送一个 DHCPACK 信息。当 DHCP 客户端收到该应答信息后，就重新开始一个租用周期。如果没收到该服务器的回复，客户机继续使用现有的 IP 地址，因为当前租期还有 50%。

（2）如果在租期过去 50% 时未能成功更新，则客户机将在当前租期的 87.5% 时再次向为其提供 IP 地址的 DHCP 服务器联系。如果联系不成功，则重新开始 IP 租用过程。

（3）如果 DHCP 客户机重新启动时，它将尝试更新上次关机时拥有的 IP 租用。如果更新未能成功，客户机将尝试联系现有 IP 租用中列出的默认网关。如果联系成功且租用尚未到期，客户机则认为自己仍然位于与它获得现有 IP 租用时相同的子网上（没有被移走）继续使用现有 IP 地址。如果未能与默认网关联系成功，客户机则认为自己已经被移到不同的子网上，则 DHCP 客户机将失去 TCP/IP 网络功能。此后，DHCP 客户机将每隔 5min 尝试一次重新开始新一轮的 IP 租用过程。

6.2　项目设计及准备

6.2.1　项目设计

部署 DHCP 之前应该先进行规划，明确哪些 IP 地址用于自动分配给客户端（即作用域中应包含的 IP 地址），哪些 IP 地址用于手工指定给特定的服务器。例如，在项目中，IP 地址范围为 192.168.10.31～192.168.10.200，但要去掉 192.168.10.105 和 192.168.10.107，其他分配给客户端使用。

　用于手工配置的 IP 地址，一定要采用已经排除掉的 IP 地址或者地址池之外的 IP 地址，否则会造成 IP 地址冲突。请思考，为什么？

6.2.2　项目需求准备

部署 DHCP 服务应满足下列需求。

（1）安装 Linux 企业服务器版，用作 DHCP 服务器。

（2）DHCP 服务器的 IP 地址、子网掩码、DNS 服务器等 TCP/IP 参数必须手工指定，否则将不能为客户端分配 IP 地址。

（3）DHCP 服务器必须要拥有一组有效的 IP 地址，以便自动分配给客户端。

6.3　项目实施

任务 6-1　安装 DHCP 服务

（1）首先检测下系统是否已经安装了 DHCP 相关软件。

```
[root@server1 ~]# rpm  -qa | grep   dhcp
```

（2）如果系统还没有安装 dhcp 软件包，可以使用 yum 命令安装所需软件包。

　如果能够连接互联网，并且网速较快，则可以直接使用系统自带的 yum 源文件，不需要单独编辑 yum 源文件。如果要使用本地 yum 源，请参考"项目 3 中的任务 3-5"相关内容，此处不再赘述。

```
[root@server1 ~]# yum info dhcp
[root@server1 ~]# yum clean all                //安装前先清除缓存
[root@server1 ~]# yum   install   dhcp   -y
```

软件包安装完毕之后，可以使用 rpm 命令再一次进行查询：rpm -qa | grep dhcp。结果如下：

```
[root@server1 iso]# rpm -qa | grep dhcp
dhcp-libs-4.2.5-68.el7.centos.1.x86_64
dhcp-4.2.5-68.el7.centos.1.x86_64
dhcp-common-4.2.5-68.el7.centos.1.x86_64
```

任务 6-2　配置 DHCP 主配置文件

基本的 DHCP 服务器搭建流程如下所示。

STEP 1　编辑主配置文件/etc/dhcp/dhcpd.conf，指定 IP 作用域（指定一个或多个 IP 地址范围）。

STEP 2　建立租约数据库文件。

STEP 3　重新加载配置文件或重新启动 dhcpd 服务使配置生效。

DHCP 工作流程如图 6-3 所示。

① 客户端发送广播向服务器申请 IP 地址。

② 服务器收到请求后查看主配置文件 dhcpd.conf，先根据客户端的 MAC 地址查看是否为客户端设置了固定 IP 地址。

③ 如果为客户端设置了固定 IP 地址则将该 IP 地址发送给客户端。如果没有设置固定 IP 地址，则将地址池中的 IP 地址发送给客户端。

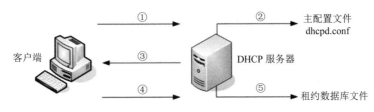

图 6-3　DHCP 工作流程

④ 客户端收到服务器回应后，客户端给予服务器回应，告诉服务器已经使用了分配的 IP 地址。

⑤ 服务器将相关租约信息存入数据库。

1. 主配置文件 dhcpd.conf

（1）复制样例文件到主配置文件。默认主配置文件（/etc/dhcp/dhcpd.conf）没有任何实质内容，打开查阅，发现里面有一句话" see /usr/share/doc/dhcp*/dhcpd.conf.example"。我们以样例文件为例讲解主配置文件。

（2）dhcpd.conf 主配置文件组成部分。

● parameters（参数）

● declarations（声明）

● option（选项）

（3）dhcpd.conf 主配置文件整体框架。dhcpd.conf 包括全局配置和局部配置。全局配置可以包含参数或选项，该部分对整个 DHCP 服务器生效。局部配置通常由声明部分来表示，该部分仅对局部生效，比如只对某个 IP 作用域生效。

dhcpd.conf 文件格式：

```
#全局配置
参数或选项;               #全局生效
#局部配置
声明 {
      参数或选项;          #局部生效
      }
```

dhcp 范本配置文件内容包含了部分参数、声明以及选项的用法，其中注释部分可以放在任何位置，并以"#"号开头，当一行内容结束时，以";"号结束，大括号所在行除外。

可以看出整个配置文件分成全局和局部两个部分。但是并不容易看出哪些属于参数，哪些属于声明和选项。

2. 常用参数介绍

参数主要用于设置服务器和客户端的动作或者是否执行某些任务，比如设置 IP 地址租约时间、是否检查客户端所用的 IP 地址等，见表 6-1。

表 6-1 dhcpd 服务程序配置文件中使用的常见参数以及作用

参数	作用
ddns-update-style [类型]	定义 DNS 服务动态更新的类型，类型包括 none（不支持动态更新）、interim（互动更新模式）与 ad-hoc（特殊更新模式）
[allow | ignore] client-updates	允许/忽略客户端更新 DNS 记录
default-lease-time 600	默认超时时间，单位是秒
max-lease-time 7200	最大超时时间，单位是秒
option domain-name-servers 192.168.10.1	定义 DNS 服务器地址
option domain-name "domain.org"	定义 DNS 域名
range 192.168.10.10 192.168.10.100	定义用于分配的 IP 地址池
option subnet-mask 255.255.255.0	定义客户端的子网掩码
option routers 192.168.10.254	定义客户端的网关地址
broadcase-address 192.168.10.255	定义客户端的广播地址
ntp-server 192.168.10.1	定义客户端的网络时间服务器（NTP）
nis-servers 192.168.10.1	定义客户端的 NIS 域服务器的地址
Hardware 00:0c:29:03:34:02	指定网卡接口的类型与 MAC 地址
server-name mydhcp.smile.com	向 DHCP 客户端通知 DHCP 服务器的主机名
fixed-address 192.168.10.105	将某个固定的 IP 地址分配给指定主机
time-offset [偏移误差]	指定客户端与格林尼治时间的偏移差

3. 常用声明介绍

声明一般用来指定 IP 作用域、定义为客户端分配的 IP 地址池等。

声明格式如下：

```
声明 {
      选项或参数;
            }
```

常见声明的使用如下：

（1）subnet   网络号   netmask   子网掩码   {………}。

作用：定义作用域，指定子网。

```
subnet   192.168.10.0   netmask   255.255.255.0   {
            …………
            }
```

注意　　　网络号必须与 DHCP 服务器的至少一个网络号相同。

（2）range dynamic-bootp　起始 IP 地址　结束 IP 地址。

作用：指定动态 IP 地址范围。

```
range dynamic-bootp    192.168.10.100    192.168.10.200
```

注意　　　可以在 subnet 声明中指定多个 range，但多个 range 所定义的 IP 范围不能重复。

4. 常用选项介绍

选项通常用来配置 DHCP 客户端的可选参数，比如定义客户端的 DNS 地址、默认网关等。选项内容都是以 option 关键字开始的。

常见选项使用如下。

（1）option routers　IP 地址。

作用：为客户端指定默认网关。

```
option routers    192.168.10.254
```

（2）option subnet-mask　子网掩码。

作用：设置客户端的子网掩码。

```
option subnet-mask    255.255.255.0
```

（3）option domain-name-servers　IP 地址。

作用：为客户端指定 DNS 服务器地址。

```
option  domain-name-servers    192.168.10.1
```

注意　　　（1）（2）（3）选项可以用在全局配置中，也可以用在局部配置中。

5. IP 地址绑定

在 DHCP 中的 IP 地址绑定用于给客户端分配固定 IP 地址。比如服务器需要使用固定 IP 地址就可以使用 IP 地址绑定，通过 MAC 地址与 IP 地址的对应关系为指定的物理地址计算机分配固定 IP 地址。

整个配置过程需要用到 host 声明和 hardware、fixed-address 参数。

（1）host　　主机名　{......}。

作用：用于定义保留地址。例如：

```
host    computer1
```

注意　　　该项通常搭配 subnet 声明使用。

（2）hardware　类型　硬件地址。

作用：定义网络接口类型和硬件地址。常用类型为以太网（ethernet），地址为 MAC 地址。例如：

```
hardware    ethernet    3a:b5:cd:32:65:12
```

（3）fixed-address　　IP 地址。

作用：定义 DHCP 客户端指定的 IP 地址。

    fixed-address　　192.168.10.105

注意　　　　　（2）（3）项只能应用于 host 声明中。

6. 租约数据库文件

租约数据库文件用于保存一系列的租约声明，其中包含客户端的主机名、MAC 地址、分配到的 IP 地址，以及 IP 地址的有效期等相关信息。这个数据库文件是可编辑的 ASCII 格式文本文件。每当发生租约变化的时候，都会在文件结尾添加新的租约记录。

DHCP 刚安装好后租约数据库文件 dhcpd.leases 是个空文件。

当 DHCP 服务正常运行后就可以使用 cat 命令查看租约数据库文件内容了。

    cat　　/var/lib/dhcpd/dhcpd.leases

任务 6-3　配置 DHCP 服务器应用案例

现在完成一个简单的应用案例。

1. 案例需求

技术部有 60 台计算机，各计算机的 IP 地址要求如下。

（1）DHCP 服务器和 DNS 服务器的地址都是 192.168.10.1/24，有效 IP 地址段为 192.168.10.1～192.168.10.254，子网掩码是 255.255.255.0，网关为 192.168.10.254。

（2）192.168.10.1～192.168.10.30 网段地址是服务器的固定地址。

（3）客户端可以使用的地址段为 192.168.10.31～192.168.10.200，但 192.168.10.105、192.168.10.107 为保留地址，其中 192.168.10.105 保留给 Client2。

（4）客户端 Client1 模拟所有的其他客户端，采用自动获取方式配置 IP 等地址信息。

2. 网络环境搭建

Linux 服务器和客户端的地址及 MAC 信息见表 6-2（可以使用 VM 的克隆技术快速安装需要的 Linux 客户端）。

表 6-2　Linux 服务器和客户端的地址及 MAC 信息

主机名称	操作系统	IP 地址	MAC 地址
DHCP 服务器：server1	CentOS 7	192.168.10.1	00:0c:29:a4:81:bf
Linux 客户端：Client1	CentOS 7	自动获取	00:0c:29:6b:0c:b4
Linux 客户端：Client2	RHEL 7	保留地址	00:0c:29:89:f3:e5

两台计算机安装 CentOS 7.4，一台安装 RHEL7.4，连网方式都设为 host only（VMnet1），一台作为服务器，两台作为客户端使用，如果三台全安装 CentOS 7 也不会有任何影响。

3. 服务器端配置

STEP 1　定制全局配置和局部配置，局部配置需要把 192.168.10.0/24 网段声明出来，然后在该声明中指定一个 IP 地址池，范围为 192.168.10.31～192.168.10.200，但要除去 192.168.10.105 和 192.168.10.107，其他分配给客户端使用。注意 range 的写法。

STEP 2　要保证使用固定 IP 地址，就要在 subnet 声明中嵌套 host 声明，目的是要单独为
Client2 设置固定 IP 地址，并在 host 声明中加入 IP 地址和 MAC 地址绑定的选项
以申请固定 IP 地址。全部配置文件内容如下：（**vim　/etc/dhcp/dhcpd.conf**）

```
ddns-update-style none;
log-facility local7;
subnet 192.168.10.0 netmask 255.255.255.0 {
    range 192.168.10.31 192.168.10.104;
    range 192.168.10.106 192.168.10.106;
    range 192.168.10.108 192.168.10.200;
    option domain-name-servers 192.168.10.1;
    option domain-name "myDHCP.smile.com";
    option routers 192.168.10.254;
    option broadcast-address 192.168.10.255;
    default-lease-time 600;
    max-lease-time 7200;
}
host      Client2{
          hardware ethernet :0c:29:89:f3:e5;
          fixed-address 192.168.10.105;
}
```

STEP 3　配置完成保存并退出，重启 dhcpd 服务，并设置开机自动启动。

```
[root@server1 ~]# systemctl restart dhcpd
[root@server1 ~]# systemctl enable dhcpd
Created symlink from /etc/systemd/system/multi-user.target.wants/dhcpd.service to /usr/lib/systemd/system/
dhcpd.service.
```

注意

如果启动 DHCP 失败，可以使用"dhcpd"命令进行排错，一般启动失败的原因如下。

（1）配置文件有问题。

● 内容不符合语法结构，例如少个分号。

● 声明的子网和子网掩码不符合。

（2）主机 IP 地址和声明的子网不在同一网段。

（3）主机没有配置 IP 地址。

（4）配置文件路径出问题，比如在 RHEL6 以下的版本中，配置文件保存在了/etc/dhcpd.conf，但是在 rhel6 及以上版本中，却保存在了/etc/dhcp/dhcpd.conf。

4. 在客户端 Client1 上进行测试

如果在真实网络中，应该不会出问题。但如果您用的是 VMWare 12 或其他类似版本，虚拟机中的 Windows 客户端可能会获取到 192.168.79.0 网络中的一个地址，与我们的预期目标相背。这种情况，需要关闭 VMnet8 和 VMnet1 的 DHCP 服务功能。解决方法如下（本项目的服务器和客户机的网络连接都使用 VMnet1）：

在 VMWare 主窗口中，依次选择"编辑"→"虚拟网络编辑器"，打开"虚拟网络编辑器"对话框，选中 VMnet1 或 VMnet8，取消勾选"使用本地 DHCP 服务将 IP 地址分配给虚拟机"

复选框，如图 6-4 所示。

图 6-4　"虚拟网络编辑器"对话框

（1）以 root 用户身份登录名为 Client1 的 Linux 计算机，查看右上角网络连接情况。如果右上角显示图标 ⛓，表示网络正常连接。否则单击右上角的图标 🔊，显示如图 6-5 所示的窗口，单击"有线 已关闭"→"连接"按钮使网络正常连接。

图 6-5　设置有线连接

（2）单击图 6-5 中的"有线设置"；或者依次单击"应用程序"→"系统工具"→"设置"

→ "网络"，打开网络配置窗口，如图 6-6 所示。

图 6-6　网络配置窗口

（3）单击图 6-6 中的"齿轮"图标，在弹出的"有线"对话框架中单击"IPv4"，并将"IPv4 Method"选项配置为"自动(DHCP)"，最后单击"应用"按钮，如图 6-7 所示。

图 6-7　设置"自动(DHCP)"

（4）在图 6-8 中先单击"关闭"按钮关闭"有线连接"，再选择"打开"按钮打开"有线连接"。

（5）单击图 6-8 中的"齿轮"按扭，弹出图 6-9 所示对话框，表明：Client1 成功获取到了 DHCP 服务器地址池的一个地址。

图 6-8　单击"关闭""打开"按钮

图 6-9　DHCP 客户端成功获取 IP 地址等信息

5. 在客户端 Client2 上进行测试

同样以 root 用户身份登录名为 Client2 的 Linux 计算机，按上面"4. 在客户端 Client1 上进行测试"的方法，设置 Client2 自动获取 IP 地址，最后的结果如图 6-10 所示。

6. Windows 客户端配置

（1）Windows 客户端比较简单，在这里不再赘述，在 TCP/IP 协议属性中设置自动获取就可以。

（2）在 Windows 命令提示符下，利用 ipconfig 可以释放 IP 地址后，重新获取 IP 地址。

释放 IP 地址：**ipconfig** **/release**

重新申请 IP 地址：**ipconfig** **/renew**

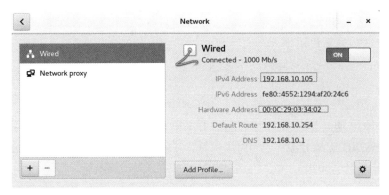

图 6-10　客户端 Client2 成功获取 IP 地址

7. 在服务器 server1 端查看租约数据库文件

[root@server1 ~]# cat　**/var/lib/dhcpd/dhcpd.leases**

　　　限于篇幅，超级作用域和中继代理的相关内容，请扫本"项目拓展"中的二维码观看。

6.4　练习题

一、选择题

1. TCP/IP 中，（　　）协议是用来进行 IP 地址自动分配的。

    A．ARP　　　　　　　B．NFS　　　　　　　C．DHCP　　　　　　　D．DDNS

2. DHCP 租约文件默认保存在（　　）目录中。

    A．/etc/dhcp　　　　　　　　　　　　B．/var/log/dhcpd

    C．/var/log/dhcp　　　　　　　　　　D．/var/lib/dhcp

3. 配置完 DHCP 服务器，运行（　　）命令可以启动 DHCP 服务。

    A．service dhcpd　start　　　　　　B．/etc/rc.d/init.d/dhcpd start

    C．start dhcpd　　　　　　　　　　D．dhcpd on

二、填空题

1. DHCP 工作过程包括＿＿＿＿、＿＿＿＿、＿＿＿＿、＿＿＿＿4 种报文。

2. 如果 DHCP 客户端无法获得 IP 地址，将自动从＿＿＿＿地址段中选择一个作为自己的地址。

3. 在 Windows 环境下，使用＿＿＿＿命令可以查看 IP 地址配置，使用＿＿＿＿命令可以释放 IP 地址，使用＿＿＿＿命令可以续租 IP 地址。

4. DHCP 是一个简化主机 IP 地址分配管理的 TCP/IP 标准协议，英文全称是＿＿＿＿，中文名称为＿＿＿＿。

5. 当客户端注意到它的租用期到了＿＿＿＿以上时，就要更新该租用期。这时它发送一个＿＿＿＿信息包给它所获得原始信息的服务器。

6. 当租用期达到期满时间的近_____时，客户端如果在前一次请求中没能更新租用期的话，它会再次试图更新租用期。

7. 配置 Linux 客户端需要修改网卡配置文件，将 BOOTPROTO 项设置为_____。

三、实践题

架设一台 DHCP 服务器，并按照下面的要求进行配置：

1. 为 192.168.203.0/24 建立一个 IP 作用域，并将 192.168.203.60～192.168.203.200 范围内的 IP 地址动态分配给客户机。

2. 假设子网的 DNS 服务器的 IP 地址为 192.168.0.9，网关为 192.168.203.254，所在的域为 jnrp.edu.cn，将这些参数指定给客户机使用。

6.5 项目拓展

一、项目目的

- 掌握 DHCP 服务器的基本配置。
- 掌握 DHCP 客户端的配置和测试。

二、项目环境

（1）某企业计划构建一台 DHCP 服务器来解决 IP 地址动态分配的问题，要求能够分配 IP 地址以及网关、DNS 等其他网络属性信息。同时要求 DHCP 服务器为 DNS、Web、Samba 服务器分配固定 IP 地址。该公司网络拓扑图如图 6-11 所示。

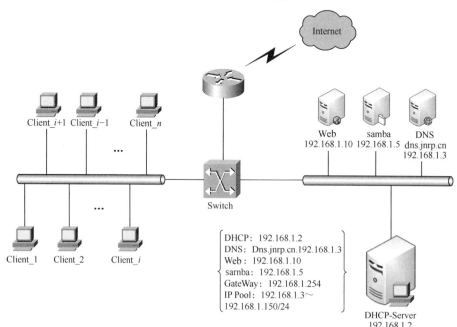

图 6-11 DHCP 服务器搭建网络拓扑图

企业 DHCP 服务器 IP 地址为 192.168.1.2。DNS 服务器的域名为 dns.jnrp.cn，IP 地址为 192.168.1.3；Web 服务器 IP 地址为 192.168.1.10；samba 服务器 IP 地址为 192.168.1.5；网关地址为 192.168.1.254；地址范围为 192.168.1.3～192.168.1.150，子网掩码为 255.255.255.0。

（2）配置 DHCP 超级作用域。企业内部建立 DHCP 服务器，网络规划采用单作用域的结构，使用 192.168.1.0/24 网段的 IP 地址。随着公司规模扩大，设备数量增多，现有的 IP 地址无法满足网络的需求，需要添加可用的 IP 地址。这时我们可以使用超级作用域完成增加 IP 地址的目的，在 DHCP 服务器上添加新的作用域，使用 192.168.8.0/24 网段扩展网络地址的范围。

该公司网络拓扑图如图 6-12 所示（注意各虚拟机网卡的不同网络连接方式）。

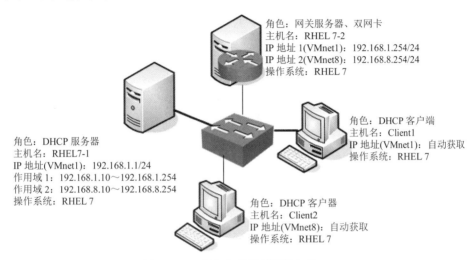

图 6-12 配置超级作用域网络拓扑

（3）配置 DHCP 中继代理。公司内部存在两个子网，分别为 192.168.1.0/24，192.168.3.0/24，现在需要使用一台 DHCP 服务器为这两个子网客户机分配 IP 地址。该公司网络拓扑图如图 6-13 所示。

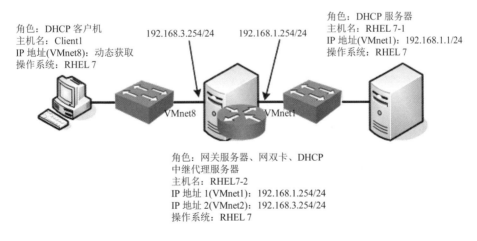

图 6-13 配置中继代理网络拓扑图

三、项目要求

完成 DHCP 服务器的搭建与测试。

四、深度思考

在观看（本项目的项目实训视频）时思考以下几个问题。

（1）DHCP 软件包中哪些是必需的？哪些是可选的？

（2）DHCP 服务器的范本文件如何获得？

（3）如何设置保留地址？进行"host"声明的设置时有何要求？

（4）超级作用域的作用是什么？

（5）配置中继代理要注意哪些问题？

五、做一做

检查学习效果。

项目 7　配置与管理 DNS 服务器

 **项目描述**

　　某高校组建了学校的校园网，为了使校园网中的计算机简单快捷地访问本地网络及 Internet 上资源，需要在校园网中架设 DNS 服务器，用来提供域名转换成 IP 地址的功能。

　　在完成该项目之前，首先应当确定网络中 DNS 服务器的部署环境，明确 DNS 服务器的各种角色及其作用。

 **项目目标**

- 了解 DNS 服务器的作用及其在网络中的重要性。
- 理解 DNS 的域名空间结构及其工作过程。
- 理解并掌握缓存 DNS 服务器的配置。
- 理解并掌握主 DNS 服务器的配置。
- 理解并掌握辅助 DNS 服务器的配置。
- 理解并掌握 DNS 客户机的配置。
- 掌握 DNS 服务的测试。

7.1　相关知识

　　域名服务（Domain Name Service，DNS）是 Internet/Intranet 中最基础也是非常重要的一项服务，它提供了网络访问中域名和 IP 地址的相互转换。

7.1.1　DNS 概述

　　在 TCP/IP 网络中，每台主机必须有一个唯一的 IP 地址，当某台主机要访问另外一台主机上的资源时，必须指定另一台主机的 IP 地址，通过 IP 地址找到这台主机后才能访问它。但是，当网络的规模较大时，使用 IP 地址就不太方便了，所以，便出现了主机名（hostname）与 IP 地址之间的一种对应解决方案，可以通过使用形象易记的主机名而非 IP 地址进行网络的访问，这比单纯使用 IP 地址要方便得多。其实，在这种解决方案中使用了解析的概念和原理，单独通过主机名是无法建立网络连接的，只有通过解析的过程，在主机名和 IP 地址之间建立了映射关系后，才可以通过主机名间接地通过 IP 地址建立网络连接。

　　主机名与 IP 地址之间的映射关系，在小型网络中多使用 Hosts 文件来完成，后来，随着网络规模的增大，为了满足不同组织的要求，以实现一个可伸缩、可自定义的命名方案的需要，InterNIC 制定了一套称为域名系统 DNS 的分层名字解析方案，当 DNS 用户提出 IP 地址查询请求时，可以由 DNS 服务器中的数据库提供所需的数据，完成域名和 IP 地址的相互转换。DNS 技术目前已广泛应用于 Internet 中。

组成 DNS 系统的核心是 DNS 服务器，它是回答域名服务查询的计算机，它为连接 Intranet 和 Internet 的用户提供并管理 DNS 服务，维护 DNS 名字数据并处理 DNS 客户端主机名的查询。DNS 服务器保存了包含主机名和相应 IP 地址的数据库。

DNS 服务器分为 3 类：

（1）主 DNS 服务器（Master 或 Primary）。主 DNS 服务器负责维护所管辖域的域名服务信息。它从域管理员构造的本地磁盘文件中加载域信息，该文件（区文件）包含着该服务器具有管理权的一部分域结构的最精确信息。配置主域服务器需要一整套的配置文件，包括主配置文件（/etc/named.conf）、正向域的区文件、反向域的区文件、高速缓存初始化文件（/var/named/named.ca）和回送文件（/var/named/named.local）。

（2）辅助 DNS 服务器（Slave 或 Secondary）。辅助 DNS 服务器用于分担主 DNS 服务器的查询负载。区文件是从主服务器中转移出来的，并作为本地磁盘文件存储在辅助服务器中。这种转移称为"区文件转移"。在辅助 DNS 服务器中有一个所有域信息的完整复制，可以有权威地回答对该域的查询请求。配置辅助 DNS 服务器不需要生成本地区文件，因为可以从主服务器下载该区文件，因而只需配置主配置文件、高速缓存文件和回送文件就可以了。

（3）唯高速缓存 DNS 服务器（Caching-only DNS server）。供本地网络上的客户机用来进行域名转换。它通过查询其他 DNS 服务器并将获得的信息存放在它的高速缓存中，为客户机查询信息提供服务。唯高速缓存 DNS 服务器不是权威性的服务器，因为它提供的所有信息都是间接信息。

7.1.2　DNS 查询模式

按照 DNS 搜索区域的类型，DNS 的区域分为正向搜索区域和反向搜索区域。正向搜索是 DNS 服务的主要功能，它根据计算机的 DNS 名称（域名），解析出相应的 IP 地址；而反向搜索是根据计算机的 IP 地址解析出它的 DNS 名称（域名）。

（1）正向查询。正向查询就是根据域名，搜索出对应的 IP 地址。其查询方法为：当 DNS 客户机（也可以是 DNS 服务器）向首选 DNS 服务器发出查询请求后，如果首选 DNS 服务器数据库中没有与查询请求所对应的数据，则会将查询请求转发给另一台 DNS 服务器，依此类推，直到找到与查询请求对应的数据为止，如果最后一台 DNS 服务器中也没有所需的数据，则通知 DNS 客户机查询失败。

（2）反向查询。反向查询与正向查询正好相反，它是利用 IP 地址查询出对应的域名。

7.1.3　DNS 域名空间结构

在域名系统中，每台计算机的域名由一系列用点分开的字母数字段组成。例如，某台计算机的 FQDN（Full Qualified Domain Name）为 computer.jnrp.cn，其具有的域名为 jnrp.cn；另一台计算机的 FQDN 为 www.computer.jnrp.cn，其具有的域名为 computer.jnrp.cn。域名是有层次的，域名中最重要的部分位于右边。FQDN 中最左边的部分是单台计算机的主机名或主机别名。

DNS 域名空间结构如图 7-1 所示。

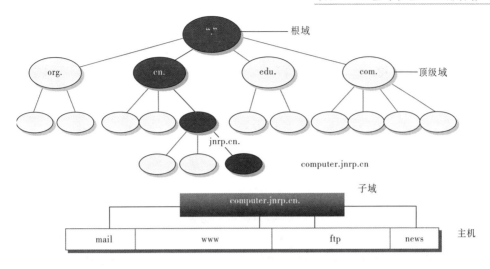

图 7-1　DNS 域名空间结构

整个 DNS 域名空间结构如同一棵倒挂的树，层次结构非常清晰。根域位于顶部，紧接在根域下面的是顶级域，每个顶级域又可以进一步划分为不同的二级域，二级域再划分出子域，子域下面可以是主机也可以再划分子域，直到最后的主机。在 Internet 中的域是由 InterNIC 负责管理的，域名的服务则由 DNS 来实现。

7.2　项目设计及准备

7.2.1　项目设计

为了保证校园网中的计算机能够安全可靠地通过域名访问本地网络以及 Internet 资源，需要在网络中部署主 DNS 服务器、辅助 DNS 服务器、缓存 DNS 服务器。

7.2.2　项目准备

（1）安装 Linux 企业服务器版，用作 DHCP 服务器。
（2）安装有 Windows 7 操作系统的计算机 1 台，用来部署 DNS 客户端。
（3）安装有 Linux 操作系统的计算机 1 台，用来部署 DNS 客户端。
（4）确定每台计算机的角色，并规划每台计算机的 IP 地址及计算机名。
（5）或者用 VMware 虚拟机软件部署实验环境。

 注意　　DNS 服务器的 IP 地址必须是静态的。

7.3　项目实施

任务 7-1　安装 DNS 服务

Linux 下架设 DNS 服务器通常使用 BIND（Berkeley Internet Name Domain）程序来实现，

其守护进程是 named。

1. BIND 软件包简介

BIND 是一款实现 DNS 服务器的开放源码软件。BIND 原本是美国 DARPA 资助研究伯克里大学（Berkeley）开设的一个研究生课题，经过多年的变化发展已经成为世界上使用最为广泛的 DNS 服务器软件，目前 Internet 上绝大多数的 DNS 服务器都是用 BIND 来架设的。

BIND 经历了第 4 版、第 9 版和最新的第 10 版，能够运行在当前大多数的操作系统平台之上。目前，BIND 软件由 Internet 软件联合会（Internet Software Consortium，ISC）这个非营利性机构负责开发和维护。

2. 安装 BIND 软件包

（1）使用 yum 命令安装 BIND 服务（光盘挂载、yum 源的制作请参考前面相关内容。如果是在互联网上可以使用系统自带的 yum 安装源，否则要删除掉系统自带的 yum 源文件，重新制作本地 yum 安装源文件。详见任务 3-5 中内容）

```
[root@server1 ~]# yum clean all                    //安装前先清除缓存
[root@server1 ~]# yum  install  bind  bind-chroot -y
```

（2）安装完后再次查询，发现已安装成功。

```
[root@server1 ~]# rpm -qa|grep bind
bind-chroot-9.9.4-61.el7.x86_64
bind-libs-9.9.4-61.el7.x86_64
keybinder3-0.3.0-1.el7.x86_64
bind-license-9.9.4-61.el7.noarch
rpcbind-0.2.0-44.el7.x86_64
bind-utils-9.9.4-61.el7.x86_64
bind-9.9.4-61.el7.x86_64
bind-libs-lite-9.9.4-61.el7.x86_64
```

3. 启动 DNS 服务，并将 DNS 服务加入开机自启动

```
[root@server1 ~]# systemctl   start  named
[root@server1 ~]# systemctl   enable  named
```

任务 7-2 掌握 BIND 配置文件

一般的 DNS 配置文件分为全局配置文件、主配置文件和正反向解析区域声明文件。下面介绍各配置文件的配置方法。

1. 认识全局配置文件

全局配置文件位于/etc 目录下。

```
[root@server1 ~]# cat /etc/named.conf
·····················略
options {
    listen-on port 53 { 127.0.0.1; };       //指定 BIND 侦听的 DNS 查询请求的本机 IP 地址及端口
    listen-on-v6 port 53 { ::1; };          //限于 IPv6
    directory "/var/named";                 //指定区域配置文件所在的路径
    dump-file "/var/named/data/cache_dump.db";
    statistics-file "/var/named/data/named_stats.txt";
    memstatistics-file "/var/named/data/named_mem_stats.txt";
```

```
        allow-query { localhost; };            //指定接收 DNS 查询请求的客户端
recursion yes;
dnssec-enable yes;
dnssec-validation yes;                         //改为 no 可以忽略 SELinux 影响
dnssec-lookaside auto;
…………
};
//以下用于指定 BIND 服务的日志参数

logging {
        channel default_debug {
                file "data/named.run";
                severity dynamic;
        };
};

zone "." IN {                    //用于指定根服务器的配置信息，一般不能改动
  type hint;
  file "named.ca";
};

include "/etc/named.zones";     //指定主配置文件，一定根据实际修改
 include "/etc/named.root.key";
```

options 配置段属于全局性的设置，常用配置项命令及功能如下：

- directory：用于指定 named 守护进程的工作目录，各区域正反向搜索解析文件和 DNS 根服务器地址列表文件（named.ca）应放在该配置项指定的目录中。

- allow-query{}与 allow-query{localhost;}功能相同。另外，还可使用地址匹配符来表达允许的主机。例如，any 可匹配所有的 IP 地址，none 不匹配任何 IP 地址，localhost 匹配本地主机使用的所有 IP 地址，localnets 匹配同本地主机相连的网络中的所有主机。例如，若仅允许 127.0.0.1 和 192.168.1.0/24 网段的主机查询该 DNS 服务器，则命令为 allow-query {127.0.0.1;192.168.1.0/24}。

- listen-on：设置 named 守护进程监听的 IP 地址和端口。若未指定，默认监听 DNS 服务器的所有 IP 地址的 53 号端口。当服务器安装有多块网卡，有多个 IP 地址时，可通过该配置命令指定所要监听的 IP 地址。对于只有一个地址的服务器，不必设置。例如若要设置 DNS 服务器监听 192.168.1.2 这个 IP 地址，端口使用标准的 5353 号，则配置命令为 listen-on   port 5353 { 192.168.1.2;}。

- forwarders{}：用于定义 DNS 转发器。当设置了转发器后，所有非本域的和在缓存中无法找到的域名查询，可由指定的 DNS 转发器来完成解析工作并做缓存。forward 用于指定转发方式，仅在 forwarders 转发器列表不为空时有效，其用法为"forward first | only ;"。forward first 为默认方式，DNS 服务器会将用户的域名查询请求先转发给 forwarders 设置的转发器，由转发器来完成域名的解析工作，若指定的转发器无法完成解析或无响应，则再由 DNS 服务器自身来完成域名的解析。若设置为"forward only ；"，则 DNS 服务器仅将用户的域名查询请求转发给转发器，若指定的转发器无

法完成域名解析或无响应，DNS 服务器自身也不会试着对其进行域名解析。例如，某地区的 DNS 服务器为 61.128.192.68 和 61.128.128.68，若要将其设置为 DNS 服务器的转发器，则配置命令为

```
options{
        forwarders {61.128.192.68;61.128.128.68;};
        forward first;
};
```

2. 认识主配置文件

主配置文件位于/etc 目录下，可将 named.rfc1912.zones 复制为全局配置文件中指定的主配置文件，本书中是/etc/named.zones。

```
[root@server1 ~]# cp -p /etc/named.rfc1912.zones   /etc/named.zones
[root@server1 ~]# cat /etc/named.rfc1912.zones

zone "localhost.localdomain" IN {
  type master;                    //主要区域
  file "named.localhost";         //指定正向查询区域配置文件
  allow-update { none; };
};
·····················<略>

zone "1.0.0.127.in-addr.arpa" IN {    //反向解析区域
  type master;
  file "named.loopback";          //指定反向解析区域配置文件
  allow-update { none; };
};
·············<略>
```

（1）Zone 区域声明。

1）主域名服务器的正向解析区域声明格式为（样本文件为 named.localhost）：

```
zone   "区域名称" IN {
      type master ;
      file   "实现正向解析的区域文件名";
      allow-update {none;};
};
```

2）从域名服务器的正向解析区域声明格式为：

```
zone   "区域名称" IN {
      type slave ;
      file   "实现正向解析的区域文件名";
      masters {主域名服务器的 IP 地址;};
};
```

反向解析区域的声明格式与正向相同，只是 file 所指定要读的文件不同，另外就是区域的名称不同。若要反向解析 x.y.z 网段的主机，则反向解析的区域名称应设置为 z.y.x.in-addr.arpa（反向解析区域样本文件为 named.loopback）。

（2）根区域文件/var/named/named.ca。/var/named/named.ca 是一个非常重要的文件，该文件包含了 Internet 的顶级域名服务器的名字和地址。利用该文件可以让 DNS 服务器找到根 DNS

服务器,并初始化 DNS 的缓冲区。当 DNS 服务器接到客户端主机的查询请求时,如果在 Cache 中找不到相应的数据,就会通过根服务器进行逐级查询。/var/named/named.ca 文件的主要内容如图 7-2 所示。

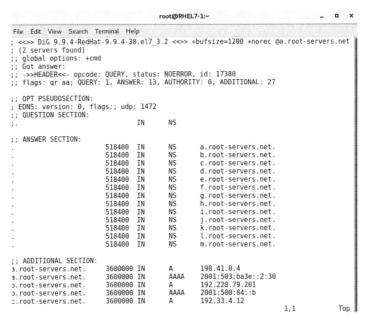

图 7-2　named.ca 文件

 说明

（1）以 “;” 开始的行都是注释行。

（2）其他每两行都和某个域名服务器有关,分别是 NS 和 A 资源记录。

- 行 “.　518400　IN　NS　A.ROOT-SERVERS.NET.” 的含义是: “.” 表示根域; 518400 是存活期; IN 是资源记录的网络类型,表示 Internet 类型; NS 是资源记录类型; “A.ROOT-SERVERS.NET.” 是主机域名。

- 行 “A.ROOT-SERVERS.NET.　3600000　IN　A　198.41.0.4” 的含义是: A 资源记录用于指定根域服务器的 IP 地址。A.ROOT-SERVERS.NET. 是主机名; 3600000 是存活期; A 是资源记录类型; 最后对应的是 IP 地址。

（3）其他各行的含义与上面两项基本相同。

由于 named.ca 文件经常会随着根服务器的变化而发生变化,所以建议最好从国际互联网络信息中心（InterNIC）的 FTP 服务器下载最新的版本,下载地址为 ftp://ftp.internic.net/ domain/,文件名为 named.root。

3. 缓存 DNS 服务器的配置

缓存域名服务器配置很简单,不需要区域文件,配置好/etc/named.conf 就可以了。一般电信的 DNS 都是缓存域名服务器。重要的是配置好如下两项内容:

1）forward only;指明这个服务器是缓存域名服务器。

2）forwarders { 转发 dns 请求到那个服务器 IP;};是转发 dns 请求到那个服务器。

这样，一个简单的缓存域名服务器就架设成功了，一般缓存域名服务器都是 ISP 或者大公司才会使用。

任务 7-3　配置主 DNS 服务器实例

本节将结合具体实例介绍缓存 DNS、主 DNS、辅助 DNS 等各种 DNS 服务器的配置。

1. 案例环境及需求

某校园网要架设一台 DNS 服务器负责 long.com 域的域名解析工作。DNS 服务器的 FQDN 为 dns.long.com，IP 地址为 192.168.10.1。要求为以下域名实现正反向域名解析服务。

```
dns.long.com                          192.168.10.1
mail.long.com        MX 记录          192.168.10.2
slave.long.com       ←——→            192.168.10.3
www.long.com                          192.168.10.4
ftp.long.com                          192.168.10.20
```

另外，为 www.long.com 设置别名为 web.long.com。

2. 编辑全局配置文件/etc/named.conf 文件

DNS 的配置过程包括全局配置文件、主配置文件和正反向区域解析配置文件。先编辑全局配置文件/etc/named.conf。

该文件在/etc 目录下。把 options 选项中的侦听 IP127.0.0.1 改成 any，把 dnssec-validation yes 改为 no；把允许查询网段 allow-query 后面的 localhost 改成 any。在"include"语句中指定主配置文件为 named.zones。修改后相关内容如下：

```
[root@server1 ~]# vim /etc/named.conf

       listen-on port 53 { any; };
           listen-on-v6 port 53 { ::1; };
           directory              "/var/named";
           dump-file              "/var/named/data/cache_dump.db";
           statistics-file "/var/named/data/named_stats.txt";
           memstatistics-file "/var/named/data/named_mem_stats.txt";
       allow-query            { any; };
           recursion yes;
           dnssec-enable yes;
           dnssec-validation no;
           dnssec-lookaside auto;
           ·················<省略>···········
   include "/etc/named.zones";                        //必须更改!!
   include "/etc/named.root.key";
```

3. 配置主配置文件 named.zones

使用 vim /etc/named.zones 编辑增加以下内容：

```
[root@server1 ~]# vim /etc/named.zones

zone "long.com" IN {
        type master;
        file "long.com.zone";
```

```
        allow-update { none; };
};

zone "10.168.192.in-addr.arpa" IN {
        type master;
        file "1.10.168.192.zone";
        allow-update { none; };
};
```

思考：前面两个步骤能不能改为一个步骤，省略 named.zones 文件，直接将 named.conf
改为下面的内容，结果是不是一样的？请试一试，以后应用中尽量使用简洁表述。

```
[root@server1 ~]# vim /etc/named.conf

    listen-on port 53 { any; };
        listen-on-v6 port 53 { ::1; };
        directory        "/var/named";
        dump-file            "/var/named/data/cache_dump.db";
        statistics-file "/var/named/data/named_stats.txt";
        memstatistics-file "/var/named/data/named_mem_stats.txt";
        allow-query        { any; };
        recursion yes;
        dnssec-enable yes;
        dnssec-validation no;
        dnssec-lookaside auto;
·················<省略>············
zone "long.com" IN {
        type master;
        file "long.com.zone";
        allow-update { none; };
};

zone "10.168.192.in-addr.arpa" IN {
        type master;
        file "1.10.168.192.zone";
        allow-update { none; };
};
#include "/etc/named.zones";        //注释掉，或者使用默认的文件，否则引起文件冲突
include "/etc/named.root.key";
```

4. 修改 bind 的区域配置文件

（1）创建 long.com.zone 正向区域文件。位于/var/named 目录下，为编辑方便可先将样本
文件 named.localhost 复制到 long.com.zone，再对 long.com.zone 进行编辑修改。

```
[root@server1 ~]# cd /var/named
[root@server1 named]# cp   -p named.localhost long.com.zone
[root@server1 named]# vim /var/named/long.com.zone

$TTL 1D
```

```
@           IN SOA     @ root.long.com. (
                                    0           ; serial
                                    1D          ; refresh
                                    1H          ; retry
                                    1W           ; expire
                                    3H )        ; minimum


@           IN         NS                      dns.long.com.
@           IN         MX          10          mail.long.com.

dns         IN         A                       192.168.10.1
mail        IN         A                       192.168.10.2
slave       IN         A                       192.168.10.3
www         IN         A                       192.168.10.4
ftp         IN         A                       192.168.10.20
web         IN         CNAME                   www.long.com.
```

（2）创建 1.10.168.192.zone 反向区域文件。位于/var/named 目录，为编辑方便可先将样本文件 named.loopback 复制到 1.10.168.192.zone，再对 1.10.168.192.zone 进行编辑修改，编辑修改如下。

```
[root@server1 named]# cp   -p named.loopback 1.10.168.192.zone
[root@server1 named]# vim /var/named/1.10.168.192.zone


$TTL 1D
@           IN SOA     @    root.long.com. (
                                    0           ; serial
                                    1D          ; refresh
                                    1H          ; retry
                                    1W           ; expire
                                    3H )        ; minimum


@           IN NS        dns.long.com.
@           IN MX    10  mail.long.com.

1           IN PTR       dns.long.com.
2           IN PTR       mail.long.com.
3           IN PTR       slave.long.com.
4           IN PTR       www.long.com.
20          IN PTR       ftp.long.com.
```

5. 设置防火墙放行

```
[root@server1 ~]# firewall-cmd   --permanent --add-service=dns
success
[root@server1 ~]# firewall-cmd   --reload
```

6. 重新启动 DNS 服务，加入开机启动

```
[root@server1 ~]# systemctl   restart named
[root@server1 ~]# systemctl   enable named
```

7. 测试（详见任务 7-5）

说明如下。

（1）主配置文件的名称一定要与/etc/named.conf 文件中指定的文件名一致。本书中是 named.zones。

（2）正反向区域文件的名称一定要与/etc/named.zones 文件中 zone 区域声明中指定的文件名一致。

（3）正反向区域文件的所有记录行都要顶头写，前面不要留有空格，否则可导致 DNS 服务不能正常工作。

（4）第一个有效行为 SOA 资源记录。该记录的格式如下：

```
@               IN SOA   origin. contact. (
                        1997022700        ; serial
                        28800             ; refresh
                        14400             ; retry
                        3600000           ; expiry
                        86400             ; minimum
)
```

- @是该域的替代符，例如 long.com.zone 文件中的@代表 long.com。所以上面例子中 SOA 有效行"@　IN SOA　@　root.long.com."可以改为"@　IN　SOA　long.com. root.long.com."。
- IN 表示网络类型。
- SOA 表示资源记录类型。
- origin 表示该域的主域名服务器的 FQDN，用"."结尾表示这是个绝对名称。例如，long.com.zone 文件中的 origin 为 dns.long.com.。
- contact 表示该域的管理员的电子邮件地址。它是正常 E-mail 地址的变通，将@变为"."。例如，long.com.zone 文件中的 contact 为 mail.long.com.。
- serial 为该文件的版本号，该数据是辅助域名服务器和主域名服务器进行时间同步的，每次修改数据库文件后，都应更新该序列号。习惯上用 yyyymmddnn，即年月日后加两位数字，表示一日之中第几次修改。
- refresh 为更新时间间隔。辅助 DNS 服务器根据此时间间隔周期性地检查主 DNS 服务器的序列号是否改变，如果改变则更新自己的数据库文件。
- retry 为重试时间间隔。当辅助 DNS 服务器没能从主 DNS 服务器更新数据库文件时，在定义的重试时间间隔后重新尝试。
- expiry 为过期时间。如果辅助 DNS 服务器在所定义的时间间隔内没能与主 DNS 服务器或另一台 DNS 服务器取得联系，则该辅助 DNS 服务器上的数据库文件被认为无效，不再响应查询请求。

（5）TTL 为最小时间间隔，单位是秒。对于没有特别指定存活周期的资源记录，默认取 minimum 的值为 1 天，即 86400 秒，1D 表示一天。

（6）行"@　IN　NS　dns.long.com."说明该域的域名服务器，至少应该定义一个。

（7）行"@　IN　MX　10　mail.long.com."用于定义邮件交换器，其中 10 表示优先级别，数字越小，优先级别越高。

（8）类似于行"www IN A 192.168.10.4"是一系列的主机资源记录，表示主机名和 IP 地址的对应关系。

（9）行"web IN CNAME www.long.com."定义的是别名资源记录，表示 web.long.com.是 www.long.com.的别名。

（10）类似于行"2 IN PTR mail.long.com."是指针资源记录，表示 IP 地址与主机名称的对应关系。其中，PTR 使用相对域名，如 2 表示 2.10.168.192.in-addr.arpa，它表示 IP 地址为 192.168.10.2。

任务 7-4 配置 DNS 客户端

DNS 客户端的配置非常简单，假设本地首选 DNS 服务器的 IP 地址为 192.168.10.1，备用 DNS 服务器的 IP 地址为 192.168.10.2，DNS 客户端的设置如下所示。

1. 配置 Windows 客户端

打开"Internet 协议版本 4（TCP/IPv4）属性"对话框，在如图 7-3 所示的对话框中输入首选和备用 DNS 服务器的 IP 地址即可。

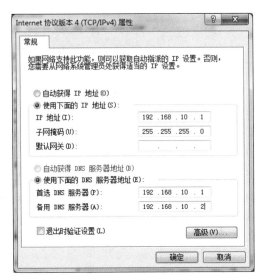

图 7-3 Windows 系统中 DNS 客户端配置

2. 配置 Linux 客户端

在 Linux 系统中可以通过修改/etc/resolv.conf 文件来设置 DNS 客户端，如下所示。

```
[root@client1 ~]# vim /etc/resolv.conf
    nameserver 192.168.10.1
    nameserver 192.168.10.2
    search   long.com
```

其中 nameserver 指明域名服务器的 IP 地址，可以设置多个 DNS 服务器，查询时按照文件中指定的顺序进行域名解析，只有当第一个 DNS 服务器没有响应时才向下面的 DNS 服务器发出域名解析请求。search 用于指明域名搜索顺序，当查询没有域名后缀的主机名时，将会自动附加由 search 指定的域名。

在 Linux 系统中还可以通过系统菜单设置 DNS，相关内容前面已多次介绍，不再赘述。

任务 7-5　使用工具测试 DNS

BIND 软件包提供了 3 个 DNS 测试工具：nslookup、dig 和 host。其中 dig 和 host 是命令行工具，而 nslookup 命令既可以使用命令行模式也可以使用交互模式。下面在客户端 Client1（192.168.10.20）上进行测试，前提是必须保证与 RHEL7-1 服务器的通信畅通。

1. nslookup 命令（在 Client1 上）

```
[root@client1 ~]# vim /etc/resolv.conf
    nameserver 192.168.10.1
    nameserver 192.168.10.2
    search   long.com
[root@client1 ~]# nslookup        //运行 nslookup 命令
> server
Default server: 192.168.10.1
Address: 192.168.10.1#53
> www.long.com          //正向查询，查询域名 www.long.com 所对应的 IP 地址
Server:    192.168.10.1
Address:   192.168.10.1#53

Name:    www.long.com
Address: 192.168.10.4
> 192.168.10.2        //反向查询，查询 IP 地址 192.168.1.2 所对应的域名
Server:    192.168.10.1
Address:   192.168.10.1#53

2.10.168.192.in-addr.arpa    name = mail.long.com.
> set all          //显示当前设置的所有值
Default server: 192.168.10.1
Address: 192.168.10.1#53

Set options:
    novc              nodebug    nod2
    search            recurse
    timeout = 0        retry = 3    port = 53
    querytype = A      class = IN
    srchlist = long.com
//查询 long.com 域的 NS 资源记录配置
> set type=NS    //此行中 type 的取值还可以为 SOA、MX、CNAME、A、PTR 及 any 等
> long.com
Server:    192.168.10.1
Address:   192.168.10.1#53

long.com   nameserver = dns.long.com.
> exit
[root@client1 ~]#
```

2. dig 命令

dig（domain information groper）是一个灵活的命令行方式的域名查询工具，常用于从域名服务器获取特定的信息。例如，通过 dig 命令查看域名 www.long.com 的信息。

```
[root@client1 ~]# dig dns.long.com
; <<>> DiG 9.9.4-RedHat-9.9.4-61.el7 <<>> dns.long.com
;; global options: +cmd
;; Got answer:
;; ->>HEADER<<- opcode: QUERY, status: NOERROR, id: 44030
;; flags: qr aa rd ra; QUERY: 1, ANSWER: 1, AUTHORITY: 1, ADDITIONAL: 1

;; OPT PSEUDOSECTION:
; EDNS: version: 0, flags:; udp: 4096
;; QUESTION SECTION:
;dns.long.com.                IN    A

;; ANSWER SECTION:
dns.long.com.          86400      IN    A      192.168.10.1

;; AUTHORITY SECTION:
long.com.          86400      IN    NS    dns.long.com.

;; Query time: 1 msec
;; SERVER: 192.168.10.1#53(192.168.10.1)
;; WHEN: 四 10 月 04 14:04:14 CST 2018
;; MSG SIZE   rcvd: 71
```

3. host 命令

host 命令用来做简单的主机名的信息查询，在默认情况下，host 只在主机名和 IP 地址之间进行转换。下面是一些常见的 host 命令的使用方法。

```
//正向查询主机地址
[root@client1 ~]# host dns.long.com
//反向查询 IP 地址对应的域名
[root@client1 ~]# host 192.168.10.3
//查询不同类型的资源记录配置，-t 参数后可以为 SOA、MX、CNAME、A、PTR 等
[root@client1 ~]# host -t NS long.com
//列出整个 long.com 域的信息
[root@client1 ~]# host -l long.com
//列出与指定的主机资源记录相关的详细信息
[root@client1 ~]# host -a web.long.com
```

4. DNS 服务器配置中的常见错误

（1）配置文件名写错。在这种情况下，运行 nslookup 命令不会出现命令提示符 ">"。

（2）主机域名后面没有小点 "."，这是最常犯的错误。

（3）/etc/resolv.conf 文件中的域名服务器的 IP 地址不正确。在这种情况下，nslookup 命令不出现命令提示符。

（4）回送地址的数据库文件有问题。同样 nslookup 命令不出现命令提示符。

（5）在/etc/named.conf 文件中的 zone 区域声明中定义的文件名与/var/named 目录下的区域数据库文件名不一致。

7.4　练习题

一、填空题

1．在 Internet 中计算机之间直接利用 IP 地址进行寻址，因而需要将用户提供的主机名转换成 IP 地址，我们把这个过程称为_____。

2．DNS 提供了一个_____的命名方案。

3．DNS 顶级域名中表示商业组织的是_____。

4．_____表示主机的资源记录，_____表示别名的资源记录。

5．写出可以用来检测 DNS 资源创建的是否正确的两个工具是_____、_____。

6．DNS 服务器的查询模式有_____、_____。

7．DNS 服务器分为四类：_____、_____、_____、_____。

8．一般在 DNS 服务器之间的查询请求属于_____查询。

二、选择题

1．在 Linux 环境下，能实现域名解析的功能软件模块是（　　）。

　　A．apache　　　　　B．dhcpd　　　　　C．BIND　　　　　　D．SQUID

2．www.163.com 是 Internet 中主机的（　　）。

　　A．用户名　　　　　B．密码　　　　　C．别名

　　D．IP 地址　　　　　E．FQDN

3．在 DNS 服务器配置文件中 A 类资源记录的意思是（　　）。

　　A．官方信息　　　　　　　　　　B．IP 地址到名字的映射

　　C．名字到 IP 地址的映射　　　　　D．一个 name server 的规范

4．在 Linux DNS 系统中，根服务器提示文件是（　　）。

　　A．/etc/named.ca　　　　　　　　B．/var/named/named.ca

　　C．/var/named/named.local　　　　D．/etc/named.local

5．DNS 指针记录的标志是（　　）。

　　A．A　　　　　　　B．PTR　　　　　C．CNAME　　　　D．NS

6．DNS 服务使用的端口是（　　）。

　　A．TCP 53　　　　　B．UDP 54　　　　C．TCP 54　　　　D．UDP 53

7．以下（　　）命令可以测试 DNS 服务器的工作情况。

　　A．dig　　　　　　B．host　　　　　C．nslookup　　　　D．named-checkzone

8．下列（　　）命令可以启动 DNS 服务。

　　A．systemctl start named　　　　　B．systemctl restart named

　　C．service dns start　　　　　　　D．/etc/init.d/dns start

9．指定域名服务器位置的文件是（　　）。

A．/etc/hosts　　　B．/etc/networks　C．/etc/resolv.conf　　D．/.profile

7.5　项目拓展

一、项目目的

● 掌握 Linux 系统中主 DNS 服务器的配置。
● 掌握 Linux 下辅助 DNS 服务器的配置。

二、项目环境

某企业有一个局域网（192.168.1.0/24），网络拓扑图如图 7-4 所示。该企业中已经有自己的网页，员工希望通过域名来进行访问，同时员工也需要访问 Internet 上的网站。该企业已经申请了域名 jnrplinux.com，公司需要 Internet 上的用户通过域名访问公司的网页。为了保证可靠，不能因为 DNS 的故障，导致网页不能访问。

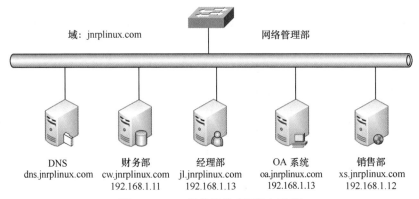

图 7-4　DNS 服务器搭建网络拓扑图

要求在企业内部构建一台 DNS 服务器，为局域网中的计算机提供域名解析服务。DNS 服务器管理 jnrplinux.com 域的域名解析，DNS 服务器的域名为 dns.jnrplinux.com，IP 地址为 192.168.1.2。辅助 DNS 服务器的 IP 地址为 192.168.1.3。同时还必须为客户提供 Internet 上的主机的域名解析。要求分别能解析以下域名：财务部（cw.jnrplinux.com：192.168.1.11）、销售部（xs.jnrplinux.com：192.168.1.12）、经理部（jl.jnrplinux.com：192.168.1.13）、OA 系统（oa.jnrplinux.com：192.168.1.13）。

三、项目要求

练习 Linux 系统下主及辅助 DNS 服务器的配置方法。

四、做一做

检查学习效果。

项目 8 配置与管理 NFS 服务器

项目描述

资源共享是计算机网络的主要应用之一，在不同类 UNIX 系统之间有时需要进行资源共享，而实现资源共享的方法要靠 NFS（网络文件系统）服务。

项目目标

- 了解 NFS 服务的基本原理。
- 掌握 NFS 服务器的配置与调试。
- 掌握 NFS 客户端的配置。
- 掌握 NFS 故障排除。

8.1 NFS 相关知识

NFS 即网络文件系统（Network File System），是使不同的计算机之间能通过网络进行文件共享的一种网络协议，多用于类 UNIX 系统的网络中。

8.1.1 NFS 服务概述

在 Windows 主机之间可以通过共享文件夹来实现存储远程主机上的文件，而在 Linux 系统中通过 NFS 实现类似的功能。NFS 最早是由 SUN 公司于 1984 年开发出来，其目的就是让不同计算机、不同操作系统之间可以彼此共享文件。由于 NFS 使用起来非常方便，因此很快得到了大多数的 Linux 和 UNIX 系统的广泛支持，而且还被 IETE（国际互联网工程组）制定为 RFC1904、RFC1813 和 RFC3010 标准。

NFS 网络文件系统具有以下优点：

（1）被所有用户访问的数据可以存放在一台中央主机（NFS 服务器）并共享出去，而其他不同主机上的用户可以通过 NFS 服务器访问中央主机上的共享资源。这样既可以提高资源的利用率，节省客户端本地硬盘的空间，也便于对资源进行集中管理。

（2）客户访问远程主机上的文件和访问本地主机上的资源一样，是透明的。

（3）远程主机上的文件的物理位置发生变化不会影响客户访问方式的变化。

（4）可以为不同客户设置不同的访问权限。

8.1.2 NFS 工作原理

NFS 服务是基于客户机/服务器模式的。NFS 服务器是提供输出文件（共享目录文件）的计算机，而 NFS 客户端是访问输出文件的计算机，它可以将输出文件挂载到自己系统中的某个目录文件中，然后像访问本地文件一样去访问 NFS 服务器中的输出文件。

例如，在 Linux 主机 A 中有一个目录文件/source，该文件中有网络中 Linux 主机 B 中用户所需的资源，可以把它输出（共享）出来，这样 B 主机上的用户可以把 A:/source 挂载到本机的某个挂载目录（例如/mnt/nfs/source）中，之后 B 主机上的用户就可以访问/mnt/nfs/source 中的文件了，而实际上 B 主机上的用户访问的是 A 主机上的资源。

NFS 客户和 NFS 服务器通过远程过程调用（Remote Procedure Call，RPC）协议实现数据传输。服务器自开启服务之后一直处于等待状态，当客户主机上的应用程序访问远程文件时，客户主机内核向远程服务器发送一个请求，同时客户进程被阻塞并等待服务器应答。服务器接收到客户请求之后，处理请求并将结果返回给客户端。NFS 服务器上的目录如果可以被远程用户访问，就称为导出（export）；客户主机访问服务器导出目录的过程称为挂载（mount）或导入。

8.1.3　NFS 组件

Linux 下的 NFS 服务主要由以下 6 个部分组成。其中，只有前面 3 个是必需的，后面 3 个是可选的。

1．rpc.nfsd

这个守护进程的主要作用就是判断、检查客户端是否具备登录主机的权限，负责处理 NFS 请求。

2．rpc.mounted

这个守护进程的主要作用就是管理 NFS 的文件系统。当客户端顺利地通过 rpc.nfsd 登录主机后，在开始使用 NFS 主机提供的文件之前，它会去检查客户端的权限（根据/etc/exports 来对比客户端的权限）。通过这一关之后，客户端才可以顺利地访问 NFS 服务器上的资源。

3．rpcbind

这个守护进程的主要功能是进行端口映射工作。当客户端尝试连接并使用 RPC 服务器提供的服务（如 NFS 服务）时，rpcbind 会将所管理的与服务对应的端口号提供给客户端，从而使客户端可以通过该端口向服务器请求服务。在 RHEL 6.4 中 rpcbind 默认已安装并且已经正常启动。

 虽然 rpcbind 只用于 RPC，但它对 NFS 服务来说是必不可少的。如果 rpcbind 没有运行，NFS 客户端就无法查找从 NFS 服务器中共享的目录。

4．rpc.locked

rpc.stated 守护进程使用本进程来处理崩溃系统的锁定恢复。为什么要锁定文件呢？因为既然 NFS 文件可以让众多的用户同时使用，那么客户端同时使用一个文件时，有可能造成一些问题。此时，rpc.locked 就可以帮助解决这个难题。

5．rpc.stated

这个守护进程负责处理客户与服务器之间的文件锁定问题，确定文件的一致性（与 rpc.locked 有关）。当因为多个客户端同时使用一个文件造成文件破坏时，rpc.stated 可以用来检测该文件并尝试恢复。

6. rpc.quotad

这个守护进程提供了 NFS 和配额管理程序之间的接口。不管客户端是否通过 NFS 对它们的数据进行处理，都会受配额限制。

8.2　项目设计及准备

在 VMWare 虚拟机中启动两台 Linux 系统，一台作为 NFS 服务器，主机名为 server1，规划好 IP 地址，比如 192.168.10.1；一台作为 NFS 客户端，主机名为 Client1，同样规划好 IP 地址，比如 192.168.10.20。配置 NFS 服务器，使得客户机 Client1 可以浏览 NFS 服务器中特定目录下的内容。NFS 服务器和客户端的 IP 地址可以根据表 8-1 来设置。

表 8-1　NFS 服务器和客户端使用的操作系统以及 IP 地址

主机名称	操作系统	IP 地址	网络连接方式
NFS 共享服务器：server1	CentOS 7	192.168.10.1	VMnet1
Linux 客户端：Client1	CentOS 7	192.168.10.20	VMnet1

8.3　项目实施

任务 8-1　安装、启动和停止 NFS 服务器

要使用 NFS 服务，首先需要安装 NFS 服务组件，在 CentOS 7 中，在默认情况下，NFS 服务会被自动安装到计算机中。

如果不确定是否安装了 NFS 服务，那就先检查计算机中是否已经安装了 NFS 支持套件。如果没有安装，再安装相应的组件。

1. 所需要的套件

对于 CentOS 7 来说，要启用 NFS 服务器，我们至少需要两个套件，它们分别是：

（1）rpcbind。我们知道，NFS 服务要正常运行，就必须借助 RPC 服务的帮助，做好端口映射工作，而这个工作就是由 rpcbind 负责的。

（2）nfs-utils。就是提供 rpc.nfsd 和 rpc.mounted 这两个守护进程与其他相关文档、执行文件的套件。这是 NFS 服务的主要套件。

2. 安装 NFS 服务

建议在安装 NFS 服务之前，使用如下命令检测系统是否安装了 NFS 相关性软件包：

```
[root@server1 ~]# rpm  -qa|grep  nfs-utils
[root@server1 ~]# rpm  -qa|grep  rpcbind
```

如果系统还没有安装 NFS 软件包，我们可以使用 yum 命令安装所需软件包。

（1）使用 yum 命令安装 NFS 服务。

```
[root@server1 ~]# yum clean all                    //安装前先清除缓存
[root@server1 ~]# yum   install   rpcbind –y
[root@server1 ~]# yum   install   nfs-utils -y
```

（2）所有软件包安装完毕之后，可以使用 rpm 命令再一次进行查询：rpm -qa | grep nfs、rpm -qa | grep rpcbind。

```
[root@server1 ~]# rpm -qa|grep nfs
libnfsidmap-0.25-19.el7.x86_64
nfs-utils-1.3.0-0.54.el7.x86_64
[root@server1 ~]# rpm -qa|grep rpc
libtirpc-0.2.4-0.10.el7.x86_64
xmlrpc-c-1.32.5-1905.svn2451.el7.x86_64
rpcbind-0.2.0-44.el7.x86_64
xmlrpc-c-client-1.32.5-1905.svn2451.el7.x86_64
```

3．启动 NFS 服务

查询一下 NFS 的各个程序是否在正常运行，命令如下。

```
[root@server1 ~]# rpcinfo   -p
```

如果没有看到 nfs 和 mounted 选项，则说明 NFS 没有运行，需要启动它。使用以下命令可以启动。

```
[root@server1 ~]# systemctl start    rpcbind
[root@server1 ~]# systemctl start    nfs
[root@server1 ~]# systemctl start    nfs-server
[root@server1 ~]# systemctl enable   nfs-server
Created symlink from /etc/systemd/system/multi-user.target.wants/nfs-server.service to /usr/lib/systemd/
system/nfs-server.service.
[root@server1 ~]# systemctl enable   rpcbind
```

任务 8-2　配置 NFS 服务

NFS 服务的配置，主要就是创建并维护/etc/exports 文件。这个文件定义了服务器上的哪几个部分与网络上的其他计算机共享，以及共享的规则都有哪些等。

1．exports 文件的格式

我们现在来看看应该如何设定/etc/exports 这个文件。某些 Linux 发行套件并不会主动提供/etc/exports 文件（比如 Red Hat Enterprise Linux 7 就没有），此时就需要我们自己手动创建了。

```
[root@server1 ~]# mkdir /tmp1
[root@server1 ~]# vim   /etc/exports
/tmp1           192.168.10.20/24(ro)    localhost(rw)        *(ro,sync)
#共享目录       [第一台主机（权限）]    [可用主机名]        [其他主机（可用通配符）]
```

 说明　　　/tmp 分别共享给 3 个不同的主机或域。主机后面以小括号"( )"设置权限参数，若权限参数不止一个时，则以逗号","分开，且主机名与小括号是连在一起的。#开始的一行表示注释。

在设置/etc/exports 文件时需要特别注意"空格"的使用，因为在此配置文件中，除了分开共享目录和共享主机以及分隔多台共享主机外，其余的情形下都不可使用空格。例如，以下的两个范例就分别表示不同的意义：

```
/home   Client(rw)
/home   Client   (rw)
```

在以上的第一行中，客户端 Client 对/home 目录具有读取和写入权限，而第二行中 Client 对/home 目录只具有读取权限（这是系统对所有客户端的默认值）。而除 Client 之外的其他客户端对/home 目录具有读取和写入权限。

2．主机名规则

这个文件设置很简单，每一行最前面是要共享出来的目录，然后这个目录可以依照不同的权限共享给不同的主机。

至于主机名称的设定，主要有以下两种方式。

（1）可以使用完整的 IP 地址或者网段，例如 192.168.0.3、192.168.0.0/24 或 192.168.0.0/255.255.255.0 都可以接受。

（2）可以使用主机名称，这个主机名称要在/etc/hosts 内或者使用 DNS，只要能被找到就行（重点是可以找到 IP 地址）。如果是主机名称，那么它可以支持通配符，例如*或？均可以接受。

3．权限规则

至于权限方面（就是小括号内的参数），常见的参数则有以下几种。

- rw：read-write，可读/写的权限。
- ro：read-only，只读权限。
- sync：数据同步写入到内存与硬盘当中。
- async：数据会先暂存于内存当中，而非直接写入硬盘。
- no_root_squash：登录 NFS 主机使用共享目录的用户，如果是 root，那么对于这个共享的目录来说，它就具有 root 的权限。这个设置"极不安全"，不建议使用。
- root_squash：登录 NFS 主机使用共享目录的用户如果是 root，那么这个用户的权限将被压缩成匿名用户，通常它的 UID 与 GID 都会变成 nobody（nfsnobody）这个系统账号的身份。
- all_squash：无论登录 NFS 的用户身份如何，它的身份都会被压缩成匿名用户，即 nobody（nfsnobody）。
- anonuid：anon 是指 anonymous（匿名者），前面关于术语 squash 提到的匿名用户的 UID 设定值，通常为 nobody（nfsnobody），但是用户可以自行设定这个 UID 值。当然，这个 UID 必须要存在于用户的/etc/passwd 当中。
- anongid：同 anonuid，但是变成 Group ID 就可以了。

任务 8-3　了解 NFS 服务的文件存取权限

由于 NFS 服务本身并不具备用户身份验证功能，那么当客户端访问时，服务器该如何识别用户呢？主要有以下标准。

1．root 账户

如果客户端是以 root 账户去访问 NFS 服务器资源，基于安全方面的考虑，服务器会主动将客户端改成匿名用户。所以，root 账户只能访问服务器上的匿名资源。

2．NFS 服务器上有客户端账号

客户端是根据用户和组（UID、GID）来访问 NFS 服务器资源的，如果 NFS 服务器上有对应的用户名和组，就访问与客户端同名的资源。

3．NFS 服务器上没有客户端账号

此时，客户端只能访问匿名资源。

任务 8-4　在客户端挂载 NFS 文件系统

Linux 下有多个好用的命令行工具，用于查看、连接、卸载、使用 NFS 服务器上的共享资源。

1．配置 NFS 客户端

配置 NFS 客户端的一般步骤如下。

（1）安装 nfs-utils 软件包。

（2）识别要访问的远程共享。

```
showmount  -e  NFS 服务器 IP
```

（3）确定挂载点。

```
mkdir  /mnt/nfstest
```

（4）使用命令挂载 NFS 共享。

```
mount  -t  nfs  NFS 服务器 IP:/gongxiang  /mnt/nfstest
```

（5）修改 fstab 文件实现 NFS 共享永久挂载。

```
vim  /etc/fstab
```

2．查看 NFS 服务器信息

在 CentOS 7 下查看 NFS 服务器上的共享资源使用的命令为 showmount，它的语法格式如下：

```
[root@server1 ~]# showmount  [-adehv]  [ServerName]
```

参数说明：

-a：查看服务器上的输出目录和所有连接客户端信息。显示格式为 "host：dir"。

-d：只显示被客户端使用的输出目录信息。

-e：显示服务器上所有的输出目录（共享资源）。

比如，如果服务器的 IP 地址为 192.168.10.1，如果想查看该服务器上的 NFS 共享资源，则可以执行以下命令：

```
[root@server1 ~]# systemctl restart  nfs-server
[root@server1 ~]# showmount  -e  192.168.10.1
Export list for 192.168.10.1:
/tmp1 (everyone)
```

3．在客户端加载 NFS 服务器共享目录

在 CentOS 7 中加载 NFS 服务器上的共享目录的命令为 mount（就是那个可以加载其他文件系统的 mount）。

```
[root@client1 ~]# mount  -t  nfs  服务器名称或地址:输出目录  挂载目录
```

比如，要加载 192.168.10.1 这台服务器上的/share1 目录，则需要依次执行以下操作。

（1）创建本地目录。首先在客户端创建一个本地目录，用来加载 NFS 服务器上的输出目录。

```
[root@client1 ~]# mkdir  /mnt/nfs
```

（2）加载服务器目录，再使用相应的 mount 命令加载。

```
[root@client1 ~]# mount  -t  nfs  192.168.10.1:/tmp1  /mnt/nfs
```

思考：如果出现以下错误信息，应该如何处理？

```
[root@server1 ~]# showmount 192.168.10.1 -e
clnt_create: RPC: Port mapper failure - Unable to receive: errno 113 (No route to host)
```

注意　出现错误的原因是 NFS 服务器的防火墙阻止了客户端访问 NFS 服务器。由于 NFS 使用许多端口，即使开放了 NFS4 服务，仍然可能有问题，读者可以把防火墙禁用。

禁用防火墙的命令如下：

```
[root@server1 ~]# systemctl stop firewalld
```

4. 卸载 NFS 服务器共享目录

要卸载刚才加载的 NFS 共享目录，则执行以下命令：

```
[root@client ~]# umount     /mnt/nfs
```

5. 在客户端启动时自动挂载 NFS

我们知道，CentOS 7 下的自动加载文件系统都是在/etc/fstab 中定义的，NFS 文件系统也支持自动加载。

（1）编辑 fstab。用文本编辑器打开/etc/fstab，在其中添加如下一行：

```
192.168.10.1:/tmp1      /mnt/nfs      nfs       default  0  0
```

（2）使设置生效。执行以下命令重新加载 fstab 文件中定义的文件系统。

```
[root@client  ~]# mount     -a
```

任务 8-5　排除 NFS 故障

与其他网络服务一样，运行 NFS 的计算机同样可能出现问题。当 NFS 服务无法正常工作时，需要根据 NFS 相关的错误消息选择适当的解决方案。NFS 采用 C/S 结构，并通过网络通信，因此，可以将常见的故障点划分为 3 个：网络、客户端或者服务器。

1. 网络

对于网络的故障，主要有两个方面的常见问题。

（1）网络无法连通。使用 ping 命令检测网络是否连通，如果出现异常，请检查物理线路、交换机等网络设备，或者计算机的防火墙设置。

（2）无法解析主机名。对于客户端而言，无法解析服务器的主机名，可能会导致使用 mount 命令挂载时失败，并且服务器如果无法解析客户端的主机名，在做特殊设置时，同样会出现错误，所以需要在/etc/hosts 文件添加相应的主机记录。

2. 客户端

客户端在访问 NFS 服务器时，多使用 mount 命令，下面将列出常见的错误信息以供参考。

（1）服务器的防火墙问题。如果出现以下错误信息：

```
[root@server1 ~]# showmount 192.168.10.1 -e
clnt_create: RPC: Port mapper failure - Unable to receive: errno 113 (No route to host)
```

解决方法：禁用防火墙的命令如下。

```
[root@server1 ~]# systemctl stop firewalld
```

（2）服务器无响应：端口映射失败-RPC 超时。NFS 服务器已经关机，或者其 RPC 端口映射进程（portmap）已关闭。重新启动服务器的 portmap 程序，更正该错误。

（3）服务器无响应：程序未注册。mount 命令发送请求到达 NFS 服务器端口映射进程，但是 NFS 相关守护程序没有注册。具体解决方法在服务器设定中有详细介绍。

（4）拒绝访问。客户端不具备访问 NFS 服务器共享文件的权限。

（5）不被允许。执行 mount 命令的用户权限过低，必须具有 root 身份或是系统组的成员才可以运行 mount 命令，也就是说只有 root 用户和系统组的成员才能够进行 NFS 安装、卸载操作。

3. 服务器

（1）NFS 服务进程状态。为了 NFS 服务器正常工作，首先要保证所有相关的 NFS 服务进程为开启状态。

使用 rpcinfo 命令，可以查看 RPC 的相应信息，命令格式如下：

```
rpcinfo   -p   主机名或 IP 地址
```

登录 NFS 服务器后，使用 rpcinfo 命令检查 NFS 相关进程的启动情况。

如果 NFS 相关进程并没有启动，使用 service 命令，启动 NFS 服务，再次使用 rpcinfo 进行测试，直到 NFS 服务工作正常。

（2）注册 NFS 服务。虽然 NFS 服务正常开启，但是如果没有进行 RPC 的注册，客户端依然不能正常访问 NFS 共享资源，所以需要确认 NFS 服务已经进行注册。rpcinfo 命令能够提供检测功能，命令格式如下：

```
rpcinfo   -u   主机名或 IP    进程
```

假设在 NFS 服务器上，需要检测 rpc.nfsd 是否注册，可以使用以下命令：

```
[root@server1 ~]# rpcinfo    -u    192.168.8.188    nfs
rpcinfo:RPC:Program not registered
Program 100003 is not available
```

出现该提示表明 rpc.nfsd 进程没有注册，那么，需要在开启 RPC 以后，再启动 NFS 服务进行注册操作。

```
[root@server1 ~]# systemctl start    rpcbind
[root@server1 ~]# systemctl restart nfs
```

执行注册以后，再次使用 rpcinfo 命令，进行检测。

```
[root@server1 ~]# rpcinfo    -u    192.168.8.188    nfs
[root@server1 ~]# rpcinfo    -u    192.168.8.188    mount
```

如果一切正常，会发现 NFS 相关进程的 v2、v3 以及 v4 版本均注册完毕，NFS 服务器可以正常工作。

（3）检测共享目录输出。客户端如果无法访问服务器的共享目录，可以登录服务器，进行配置文件的检查。确保/etc/exports 文件设定共享目录，并且客户端拥有相应权限。通常情况下，使用 showmount 命令能够检测 NFS 服务器的共享目录输出情况。

```
[root@server1 ~]# showmount   -e   192.168.8.188
```

4. 故障诊断的一般步骤

诊断 NFS 故障的一般步骤如下：

（1）检查 NFS 客户端和 NFS 服务器之间的通信是否正常。

（2）检查 NFS 服务器上的防火墙是否正常关闭。

（3）检查 NFS 服务器上的 NFS 服务是否正常运行。

（4）验证 NFS 服务器的/etc/exports 文件的语法是否正确。

（5）检查客户端的 NFS 文件系统服务是否正常。

（6）验证/etc/fstab 文件中的配置是否正确。

8.4　练习题

一、选择题

1. NFS 工作站要 mount（挂载）远程 NFS 服务器上的一个目录的时候，以下（　　）是服务器端必需的。

　　A．rpcbind 必须启动

　　B．NFS 服务必须启动

　　C．共享目录必须加在/etc/exports 文件里

　　D．以上全部都需要

2. 完成加载 NFS 服务器 svr.jnrp.edu.cn 的/home/nfs 共享目录到本机 /home2，正确的命令是（　　）。

　　A．mount　-t　nfs　svr.jnrp.edu.cn:/home/nfs　/home2

　　B．mount　-t　-s　nfs　svr.jnrp.edu.cn./home/nfs　/home2

　　C．nfsmount　svr.jnrp.edu.cn:/home/nfs　　/home2

　　D．nfsmount　-s　svr.jnrp.edu.cn /home/nfs　　/home2

3. （　　）命令用来通过 NFS 使磁盘资源被其他系统使用。

　　A．share　　　　　　　　　　　B．mount

　　C．export　　　　　　　　　　 D．exportfs

4. 以下 NFS 系统中关于用户 ID 映射正确的描述是（　　）。

　　A．服务器上的 root 用户默认值和客户端的一样

　　B．root 被映射到 nfsnobody 用户

　　C．root 不被映射到 nfsnobody 用户

　　D．默认情况下，anonuid 不需要密码

5. 假设公司有 10 台 Linux servers，想用 NFS 在 Linux servers 之间共享文件，则应该修改的文件是（　　）。

　　A．/etc/exports　　　　　　　 B．/etc/crontab

　　C．/etc/named.conf　　　　　　D．/etc/smb.conf

6. 查看 NFS 服务器 192.168.12.1 中的共享目录的命令是（　　）。

　　A．show -e 192.168.12.1　　　　B．show //192.168.12.1

　　C．showmount -e 192.168.12.1　 D．showmount -l 192.168.12.1

7. 装载 NFS 服务器 192.168.12.1 的共享目录/tmp 到本地目录/mnt/shere 的命令是（　　）。

　　A．mount　192.168.12.1/tmp　/mnt/shere

　　B．mount　-t　nfs 192.168.12.1/tmp　/mnt/shere

　　C．mount　-t　nfs 192.168.12.1:/tmp　/mnt/shere

　　D．mount　-t　nfs //192.168.12.1/tmp　/mnt/shere

二、填空题

1. Linux 和 Windows 之间可以通过_____进行文件共享，UNIX/Linux 操作系统之间通过_____进行文件共享。

2. NFS 的英文全称是_____，中文名称是_____。

3. RPC 的英文全称是_____，中文名称是_____。RPC 最主要的功能就是记录每个 NFS 功能所对应的端口，它工作在固定端口_____。

4. Linux 下的 NFS 服务主要由 6 部分组成，其中_____、_____、_____是 NFS 必需的。

5. _____守护进程的主要作用就是判断、检查客户端是否具备登录主机的权限，负责处理 NFS 请求。

6. _____是提供 rpc.nfsd 和 rpc.mounted 这两个守护进程与其他相关文档、执行文件的套件。

7. 在 CentOS 7 下查看 NFS 服务器上的共享资源使用的命令为_____，它的语法格式是_____。

8. CentOS 7 下的自动加载文件系统是在_____中定义的。

8.5 项目拓展

一、项目目的

- 掌握 NFS 服务器的配置与调试。
- 掌握 NFS 客户端的配置。

二、项目环境

某企业的销售部有一个局域网，域名为 xs.mq.cn。网络拓扑图如图 8-1 所示。网内有一台 Linux 的共享资源服务器 shareserver，域名为 shareserver.xs.mq.cn。现要在 shareserver 上配置 NFS 服务器，使销售部内的所有主机都可以访问 shareserver 服务器中的/share 共享目录中的内容，但不允许客户机更改共享资源的内容。同时，让主机 China 在每次系统启动时自动挂载 shareserver 的/share 目录中的内容到 China3 的/share1 目录下。

三、项目目的

练习 NFS 服务器的配置与调试、NFS 客户端的配置。

四、深度思考

在观看（本项目的项目实训视频）时思考以下几个问题。

（1）hostname 的作用是什么？其他为主机命名的方法还有哪些？哪些是临时生效的？

（2）配置共享目录时使用了什么通配符？

（3）同步与异步选项如何应用？作用是什么？

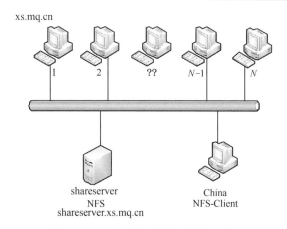

图 8-1 Samba 服务器搭建网络拓扑

（4）在录像中为了给其他用户赋予读写权限，使用了什么命令？

（5）命令"showmount"与"mount"在什么情况下使用？本项目使用它完成什么功能？

（6）如何实现 NFS 共享目录的自动挂载？本项目是如何实现自动挂载的？

五、做一做

检查学习效果。

项目 9　配置与管理 Apache 服务器

项目描述

某学院组建了校园网，建设了学院网站。现需要架设 Web 服务器来为学院网站安家，同时在网站上传和更新时，需要用到文件上传和下载，因此还要架设 FTP 服务器，为学院内部和互联网用户提供 WWW、FTP 等服务。本单元先实践配置与管理 Apache 服务器。

项目目标

- 认识 Apache;
- 掌握 Apache 服务的安装与启动。
- 掌握 Apache 服务的主配置文件。
- 掌握各种 Apache 服务器的配置。
- 学会创建 Web 网站和虚拟主机。

9.1　相关知识

由于能够提供图形、声音等多媒体数据，再加上可以交互的动态 Web 语言的广泛普及，WWW（World Wide Web）早已经成为 Internet 用户最喜欢的访问方式。一个最重要的证明就是，当前的绝大部分 Internet 流量都是由 WWW 浏览产生的。

WWW（World Wide Web）服务是解决应用程序之间相互通信的一项技术。严格地说，WWW 服务是描述一系列操作的接口，它使用标准的、规范的 XML 描述接口。这一描述中包括了与服务进行交互所需要的全部细节，包括消息格式、传输协议和服务位置。而在对外的接口中隐藏了服务实现的细节，仅提供一系列可执行的操作，这些操作独立于软、硬件平台和编写服务所用的编程语言。WWW 服务既可单独使用，也可同其他 WWW 服务一起使用，实现复杂的商业功能。

1. Web 服务简介

WWW 是 Internet 上被广泛应用的一种信息服务技术。WWW 采用的是客户/服务器结构，整理和储存各种 WWW 资源，并响应客户端软件的请求，把所需的信息资源通过浏览器传送给用户。

Web 服务通常可以分为两种：静态 Web 服务和动态 Web 服务。

2. HTTP

超文本传输协议（HyperText Transfer Protocol，HTTP）可以算得上是目前国际互联网基础上的一个重要组成部分。而 Apache、IIS 服务器是 HTTP 协议的服务器软件，微软的 Internet

Explorer 和 Mozilla 的 Firefox 则是 HTTP 协议的客户端实现。

（1）客户端访问 Web 服务器的过程。一般客户端访问 Web 内容要经过 3 个阶段：在客户端和 Web 服务器间建立连接、传输相关内容、关闭连接。

① Web 浏览器使用 HTTP 命令向服务器发出 Web 请求（一般是使用 GET 命令要求返回一个页面，但也有 POST 等命令）。

② 服务器接收到 Web 页面请求后，就发送一个应答并在客户端和服务器之间建立连接。如图 9-1 所示为建立连接示意图。

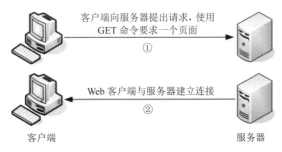

图 9-1　Web 客户端和服务器之间建立连接

③ Web 服务器查找客户端所需文档，若 Web 服务器查找到所请求的文档，就会将所请求的文档传送给 Web 浏览器。若该文档不存在，则服务器会发送一个相应的错误提示文档给客户端。

④ Web 浏览器接收到文档后，就将它解释并显示在屏幕上。如图 9-2 所示为传输相关内容示意图。

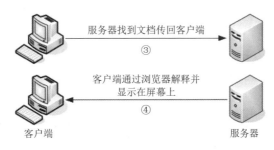

图 9-2　Web 客户端和服务器之间进行数据传输

⑤ 当客户端浏览完成后，就断开与服务器的连接。图 9-3 所示为关闭连接示意图。

图 9-3　Web 客户端和服务器之间关闭连接

（2）端口。HTTP 请求的默认端口是 80，但是也可以配置某个 Web 服务器使用另外一个端口（比如 8080）。这就能让同一台服务器上运行多个 Web 服务器，每个服务器监听不同的端口。但是要注意，访问端口是 80 的服务器，由于是默认设置，所以不需要写明端口号，如果访问的一个服务器是 8080 端口，那么端口号就不能省略，它的访问方式就变成了：

http://www.smile.com:8080/

小资料： 当 Apache 在 1995 年初开发的时候，它是由当时最流行的 HTTP 服务器 NCSA HTTPd 1.3 的代码修改而成的，因此是"一个修补的（a patchy）"服务器。然而在服务器官方网站的 FAQ 中是这么解释的："'Apache' 这个名字是为了纪念名为 Apache（印地语）的美洲印第安人土著的一支，众所周知他们拥有高超的作战策略和无穷的耐性。"

读者如果有兴趣的话，可以到 http://www.netcraft.com 去查看 Apache 最新的市场份额占有率，还可以在这个网站查询某个站点使用的服务器情况。

9.2　项目设计及准备

9.2.1　项目设计

利用 Apache 服务建立普通 Web 站点、基于主机和用户认证的访问控制。

9.2.2　项目准备

安装有企业服务器版 Linux 的 PC 计算机一台、测试用计算机一台（Windows XP）。并且两台计算机都在连入局域网。该环境也可以用虚拟机实现。规划好各台主机的 IP 地址。

9.3　项目实施

任务 9-1　安装、启动与停止 Apache 服务

1. 安装 Apache 相关软件

```
[root@server1 ~]# rpm -q httpd
[root@server1 ~]# mkdir /iso
[root@server1 ~]# mount /dev/cdrom /iso
[root@server1 ~]# yum clean all              //安装前先清除缓存
[root@server1 ~]# yum install httpd -y
[root@server1 ~]# yum install firefox –y     //安装浏览器
[root@server1 ~]# rpm –qa|grep httpd         //检查安装组件是否成功
```

注意　一般情况下，firefox 默认已经安装，需要根据情况而定。

2. 让防火墙放行，并设置 SELinux 为允许

需要注意的是，Red Hat Enterprise Linux 7 采用了 SELinux 这种增强的安全模式，在默认的配置下，只有 SSH 服务可以通过。像 Apache 这种服务，在安装、配置、启动完毕后，还需要为它放行才行。

（1）使用防火墙命令，放行 HTTP 服务。

```
[root@server1 ~]# firewall-cmd --list-all
[root@server1 ~]# firewall-cmd --permanent --add-service=http
```

```
success
[root@server1 ~]# firewall-cmd --reload
success
[root@server1 ~]# firewall-cmd --list-all
public (active)
  target: default
  icmp-block-inversion: no
  interfaces: ens33
  sources:
  services: ssh dhcpv6-client samba dns http
```
………………

（2）更改当前的 SELinux 值，后面可以跟 Enforcing、Permissive 或者 1、0。

```
[root@server1 ~]# setenforce 0
[root@server1 ~]# getenforce
Permissive
```

> **注意**　第一，利用 setenforce 设置 SELinux 值，重启系统后失效，如果再次使用 httpd，则仍需重新设置 SELinux，否则客户端无法访问 Web 服务器。第二，如果想长期有效，请编辑修改/etc/sysconfig/selinux 文件，按需要赋予 SELINUX 相应的值（Enforcing|Permissive，或者"0" | "1"）。第三，本书多次提到防火墙和 SELinux，请读者一定注意，许多问题可能是防火墙和 SELinux 引起的，而对于系统重启后失效的情况也要了如指掌。

3. 测试 httpd 服务是否安装成功

安装完 Apache 服务器后，启动它，并设置开机自动加载 Apache 服务。

```
[root@server1 ~]# systemctl start httpd
[root@server1 ~]# systemctl enable httpd
[root@server1 ~]# firefox http://127.0.0.1
```

如果看到如图 9-4 所示的提示信息，则表示 Apache 服务器已安装成功。也可以在 Applications 菜单中直接启动 firefox，然后在地址栏输入 http://127.0.0.1，测试是否成功安装。

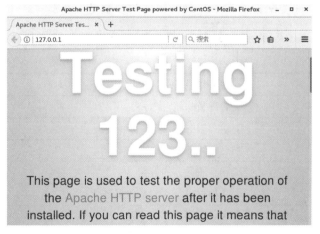

图 9-4　Apache 服务器运行正常

停止、重新启动、启动 Apache 服务命令如下：

```
[root@server1 ~]# systemctl stop    httpd
[root@server1 ~]# systemctl start    httpd
[root@server1 ~]# systemctl restart    httpd
```

任务 9-2 认识 Apache 服务器的配置文件

在 Linux 系统中配置服务，其实就是修改服务的配置文件，httpd 服务程序的主要配置文件及存放位置见表 9-1。

表 9-1 Linux 系统中的配置文件

配置文件的名称	存放位置
服务目录	/etc/httpd
主配置文件	/etc/httpd/conf/httpd.conf
网站数据目录	/var/www/html
访问日志	/var/log/httpd/access_log
错误日志	/var/log/httpd/error_log

Apache 服务器的主配置文件是 httpd.conf，该文件通常存放在/etc/httpd/conf 目录下。文件看起来很复杂，其实很多是注释内容。本节先作大略介绍，后面的章节将给出实例，非常容易理解。

httpd.conf 文件不区分大小写，在该文件中以"＃"开始的行为注释行。除了注释和空行外，服务器把其他的行认为是完整的或部分的指令。指令又分为类似于 shell 的命令和伪 HTML 标记。指令的语法为"配置参数名称 参数值"。伪 HTML 标记的语法格式如下：

```
<Directory />
    Options FollowSymLinks
    AllowOverride None
</Directory>
```

在 httpd 服务程序的主配置文件中，存在三种类型的信息：注释行信息、全局配置、区域配置。在 httpd 服务程序主配置文件中，最为常用的参数见表 9-2。

表 9-2 配置 httpd 服务程序时最常用的参数以及用途描述

参数	用途
ServerRoot	服务目录
ServerAdmin	管理员邮箱
User	运行服务的用户
Group	运行服务的用户组
ServerName	网站服务器的域名
DocumentRoot	文档根目录（网站数据目录）
Directory	网站数据目录的权限
Listen	监听的 IP 地址与端口号

续表

参数	用途
DirectoryIndex	默认的索引页页面
ErrorLog	错误日志文件
CustomLog	访问日志文件
Timeout	网页超时时间，默认为 300 秒

从表 9-2 中可知，DocumentRoot 参数用于定义网站数据的保存路径，其参数的默认值是把网站数据存放到/var/www/html 目录中；而当前网站普遍的首页面名称是 index.html，因此可以向/var/www/html 目录中写入一个文件，替换掉 httpd 服务程序的默认首页面，该操作会立即生效（在本机上测试）。

```
[root@server1 ~]# echo "Welcome To MyWeb" > /var/www/html/index.html
[root@server1 ~]# firefox http://127.0.0.1
```

程序的首页面内容已经发生了改变，如图 9-5 所示。

图 9-5 首页面内容已发生改变

 如果没有出现想要的画面，而是仍回到默认页面，那一定是 SELinux 的问题。请在终端命令行运行 setenforce 0 后再测试。详细解决方法，请继续阅读本书的下一节，为了后续实训正常进行，运行 setenforce 1 命令恢复到初始状态。

任务 9-3 常规设置 Apache 服务器实例

1. 设置文档根目录和首页文件实例

【例 9-1】默认情况下，网站的文档根目录保存在/var/www/html 中，如果想把保存网站文档的根目录修改为/home/www，并且将首页文件修改为 myweb.html，那么该如何操作呢？

（1）分析。文档根目录是一个较为重要的设置，一般来说，网站上的内容都保存在文档根目录中。在默认情况下，除了标签和别名将改指它处以外，其他所有的请求都从这里开始。而打开网站时所显示的页面即该网站的首页（主页）。首页的文件名是由 DirectoryIndex 字段来定义的。在默认情况下，Apache 的默认首页名称为 index.html。当然也可以根据实际情况进行更改。

（2）解决方案。

1）在 server1 上修改文档的根目录为/home/www，并创建首页文件 myweb.html。

```
[root@server1 ~]# mkdir /home/www
[root@server1 ~]#echo "The Web's DocumentRoot Test " > /home/www/myweb.html
```

2）在 server1 上，打开 httpd 服务程序的主配置文件，将约第 119 行用于定义网站数据保存路径的参数 DocumentRoot 修改为/home/www，同时还需要将约第 124 行用于定义目录权限的参数 Directory 后面的路径也修改为/home/www，将第 164 行修改为 DirectoryIndex myweb.html index.html。配置文件修改完毕后即可保存并退出。

```
[root@server1 ~]# vim /etc/httpd/conf/httpd.conf
………………省略部分输出信息………………
119 DocumentRoot "/home/www"
120
121 #
122 # Relax access to content within /var/www.
123 #
124 <Directory "/home/www">
125  AllowOverride None
126  # Allow open access:
127  Require all granted
128 </Directory>
………………省略部分输出信息………………

163 <IfModule dir_module>
164        DirectoryIndex index.html myweb.html
165 </IfModule>
………………省略部分输出信息………………
```

3）让防火墙放行 HTTP 服务，重启 httpd 服务。

```
[root@server1 ~]# firewall-cmd --permanent --add-service=http
[root@server1 ~]# firewall-cmd --reload
[root@server1 ~]# firewall-cmd --list-all
[root@server1 ~]# systemctl restart httpd
```

4）在 Client1 测试（server1 和 Client1 都是 VMnet1 连接，保证互相通信），如图 9-6 所示。

```
[root@client1 ~]# firefox http://192.168.10.1
```

图 9-6　在客户端测试失败

5）故障排除。奇怪！为什么看到了 httpd 服务程序的默认首页面？按理来说，只有在网站的首页面文件不存在或者用户权限不足时，才显示 httpd 服务程序的默认首页面。更奇怪的是，我们在尝试访问 http://192.168.10.1/myweb.html 页面时，竟然发现页面中显示

"Forbidden,You don't have permission to access /index.html on this server."。什么原因呢？是 SELinux 的问题！解决方法是在服务器端运行 setenforce 0，设置 SELinux 为允许：

```
[root@server1 ~]# getenforce
Enforcing
[root@server1 ~]# setenforce 0
[root@server1 ~]# getenforce
Permissive
```

 提示　　设置完成后再一次测试，结果如图 9-7 所示。设置这个环节的目的是告诉读者，SELinux 的问题是多么重要！强烈建议 SELinux 如果暂时不能很好掌握细节，在做实训时一定设置 setenforce 0。

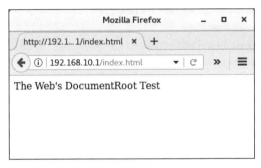

图 9-7　在客户端测试成功

2. 用户个人主页实例

现在许多网站（例如，www.163.com）都允许用户拥有自己的主页空间，而用户可以很方便地管理自己的主页空间。Apache 可以实现用户的个人主页。客户端在浏览器中浏览个人主页的 URL 地址格式一般为：

```
http://域名/~username
```

其中，"~username"在利用 Linux 系统中的 Apache 服务器来实现时，是 Linux 系统的合法用户名（该用户必须在 Linux 系统中存在）。

【例 9-2】在 IP 地址为 192.168.10.1 的 Apache 服务器中，为系统中的 long 用户设置个人主页空间。该用户的家目录为/home/long，个人主页空间所在的目录为 public_html。

实现步骤如下：

（1）修改用户的家目录权限，使其他用户具有读取和执行的权限。

```
[root@server1 ~]# useradd long
[root@server1 ~]# passwd long
[root@server1 ~]# chmod    705   /home/long
```

（2）创建存放用户个人主页空间的目录。

```
[root@server1 ~]# mkdir    /home/long/public_html
```

（3）创建个人主页空间的默认首页文件。

```
[root@server1 ~]# cd    /home/long/public_html
[root@server1 public_html]# echo "this is long's web。">>index.html
```

（4）在 httpd 服务程序中，默认没有开启个人用户主页功能。为此，我们需要编辑配置文件/etc/httpd/conf.d/userdir.conf，然后在第 17 行的 UserDir disabled 参数前面加上井号（#），表示让 httpd 服务程序开启个人用户主页功能；同时再把第 24 行的 UserDir public_html 参数前面的井号（#）去掉（UserDir 参数表示网站数据在用户家目录中的保存目录名称，即 public_html 目录）。修改完毕后保存退出。（在 vim 编辑状态记得使用"：set nu"，显示行号。）

```
[root@server1 ~]# vim /etc/httpd/conf.d/userdir.conf
          ···········<省略>
17 # UserDir disabled
          ···········<省略>#
24      UserDir public_html
          ···········<省略>#
```

（5）SELnux 设置为允许，让防火墙放行 httpd 服务，重启 httpd 服务。

```
[root@server1 ~]# setenforce 0
[root@server1 ~]# firewall-cmd --permanent --add-service=http
[root@server1 ~]# firewall-cmd --reload
[root@server1 ~]# firewall-cmd --list-allt
[root@server1 ~]# systemctl restart httpd
```

（6）在客户端的浏览器中输入 http://192.168.10.1/~long，看到的个人空间的访问效果如图 9-7 所示。

图 9-8   用户个人空间的访问效果图

思考：如果运行如下命令再在客户端测试，结果又会如何呢？试一试并思考原因。

```
[root@server1 ~]# setenforce 1
[root@server1 ~]# setsebool -P httpd_enable_homedirs=on
```

3．虚拟目录实例

要从 Web 站点主目录以外的其他目录发布站点，可以使用虚拟目录实现。虚拟目录是一个位于 Apache 服务器主目录之外的目录，它不包含在 Apache 服务器的主目录中，但在访问 Web 站点的用户看来，它与位于主目录中的子目录是一样的。每一个虚拟目录都有一个别名，客户端可以通过此别名来访问虚拟目录。

由于每个虚拟目录都可以分别设置不同的访问权限，因此非常适合于不同用户对不同目录拥有不同权限的情况。另外，只有知道虚拟目录名的用户才可以访问此虚拟目录，除此之外的其他用户将无法访问此虚拟目录。

在 Apache 服务器的主配置文件 httpd.conf 中，通过 Alias 指令设置虚拟目录。

【例 9-3】在 IP 地址为 192.168.10.1 的 Apache 服务器中，创建名为/test/的虚拟目录，它对应的物理路径是/virdir/，并在客户端测试。

（1）创建物理目录/virdir/。

```
[root@server1 ~]# mkdir   -p   /virdir/
```

（2）创建虚拟目录中的默认首页文件。

```
[root@server1 ~]# cd    /virdir/
[root@server1 virdir]# echo "This is Virtual Directory sample。">>index.html
```

（3）修改默认文件的权限，使其他用户具有读和执行权限。

```
[root@server1 virdir]# chmod 705 index.html
```

或者

```
[root@server1 ~]# chmod 705 /virdir    -R
```

（4）修改/etc/httpd/conf/httpd.conf 文件，添加下面的语句：

```
Alias   /test   "/virdir"
<Directory "/virdir">
    AllowOverride None
    Require all granted
</Directory>
```

（5）SELnux 设置为允许，让防火墙放行 httpd 服务，重启 httpd 服务。

```
[root@server1 ~]# setenforce 0
[root@server1 ~]# firewall-cmd --permanent --add-service=http
[root@server1 ~]# firewall-cmd --reload
[root@server1 ~]# firewall-cmd --list-allt
[root@server1 ~]# systemctl restart httpd
```

（6）在客户端 Client1 的浏览器中输入"http://192.168.10.1/test"后，看到的虚拟目录的访问效果如图 9-9 所示。

图 9-9　/test 虚拟目录的访问效果图

任务 9-4　其他常规设置

1.　根目录设置（ServerRoot）

配置文件中的 ServerRoot 字段用来设置 Apache 的配置文件、错误文件和日志文件的存放目录。并且该目录是整个目录树的根节点，如果下面的字段设置中出现相对路径，那么就是相对于这个路径的。默认情况下根路径为/etc/httpd，可以根据需要进行修改。

【例 9-4】设置根目录为/usr/local/httpd。

```
ServerRoot    "/usr/local/httpd"
```

2.　超时设置

Timeout 字段用于设置接受和发送数据时的超时设置，默认时间单位是秒。如果超过限定的时间，客户端仍然无法连接上服务器，则予以断线处理。默认时间为 120 秒，可以根据环境需要予以更改。

【例 9-5】设置超时时间为 300 秒。

```
Timeout    300
```

3. 客户端连接数限制

客户端连接数限制就是指在某一时刻内，WWW 服务器允许多少客户端同时进行访问。允许同时访问的最大数值就是客户端连接数限制。

（1）为什么要设置连接数限制？讲到这里不难提出这样的疑问，网站本来就是提供给别人访问的，何必要限制访问数量，将人拒之门外呢？如果搭建的网站为一个小型的网站，访问量较小，则对服务器响应速度没有影响，不过如果网站访问用户突然过多，一时间点击率猛增，一旦超过某一数值很可能导致服务器瘫痪。而且，就算是门户级网站，例如百度、新浪、搜狐等大型网站，它们所使用的服务器硬件实力相当雄厚，可以承受同一时刻成千甚至上万的点击量，但是，硬件资源也是有限的，如果遇到大规模的 DDOS（分布式拒绝服务攻击），仍然可能导致服务器过载而瘫痪。作为企业内部的网络管理者应该尽量避免类似的情况发生，所以限制客户端连接数是非常有必要的。

（2）实现客户端连接数限制。在配置文件中，MaxClients 字段用于设置同一时刻内最大的客户端访问数量，默认数值是 256，对于小型的网站来说已经够用了。如果是大型网站，可以根据实际情况进行修改。

【例 9-6】设置客户端连接数为 500。

```
<IfModule   prefork.c>
    StartServers            8
    MinSpareServers         5
    MaxSpareServers         20
    ServerLimit             500
    MaxClients              500
    MaxRequestSPerChild     4000
</IfModule>
```

 注意　　MaxClients 字段出现的频率可能不止一次，请注意这里的 MaxClients 是包含在<IfModule   prefork.c> </IfModule>这个容器当中的。

4. 设置管理员邮件地址

当客户端访问服务器发生错误时，服务器通常会将带有错误提示信息的网页反馈给客户端，并且上面包含管理员的 E-mail 地址，以便解决出现的错误。

如果需要设置管理员的 E-mail 地址，可以使用 ServerAdmin 字段来设置。

【例 9-7】设置管理员的 E-mail 地址为 root@smile.com。

```
ServerAdmin        root@smile.com
```

5. 设置主机名称

ServerName 字段定义了服务器名称和端口号，用以标明自己的身份。如果没有注册 DNS 名称，可以输入 IP 地址。当然，可以在任何情况下输入 IP 地址，这也可以完成重定向工作。

【例 9-8】设置服务器主机名称及端口号。

```
ServerName        www.example.com:80
```

 注意　　正确使用 ServerName 字段设置服务器的主机名称或 IP 地址后，在启动服务时则不会出现 Could not reliably determine the server's fully qualified domain name，using 127.0.0.1 for ServerName 的错误提示了。

6. 网页编码设置

由于地域的不同，中国和外国，或者说亚洲地区和欧美地区所采用的网页编码也不同，如果出现服务器端的网页编码和客户端的网页编码不一致，就会导致我们看到的是乱码，这和各国人民所使用的母语不同道理一样，这样会带来交流的障碍。如果想正常显示网页的内容，则必须使用正确的编码。

httpd.conf 中使用 AddDefaultCharset 字段来设置服务器的默认编码。在默认情况下服务器编码采用 UTF-8。而汉字的编码一般是 GB2312，国家强制标准是 GB18030。具体使用哪种编码要根据网页文件里的编码来决定，保持和这些文件所采用的编码是一致的就可以正常显示。

【例 9-9】设置服务器默认编码为 GB2312。

```
AddDefaultCharset    GB2312
```

 　若不清楚该使用哪种编码，则可以把 AddDefaultCharset 字段注释掉，表示不使用任何编码，这样让浏览器自动去检测当前网页所采用的编码是什么，然后自动进行调整。对于多语言的网站搭建，最好采用注释掉 AddDefaultCharset 字段的这种方法。

7. 目录设置

目录设置就是为服务器上的某个目录设置权限。通常在访问某个网站的时候，真正所访问的仅仅是那台 Web 服务器里某个目录下的某个网页文件而已。而整个网站也是由这些零零总总的目录和文件组成。作为网站的管理人员，可能经常需要只对某个目录做出设置，而不是对整个网站做设置。例如，拒绝 192.168.0.100 的客户端访问某个目录内的文件。这时，可以使用<Directory> </Directory>容器来设置。这是一对容器语句，需要成对出现。在每个容器中有 options、AllowOverride、Limit 等指令，它们都是和访问控制相关的。各参数见表 9-3。

表 9-3　Apache 目录访问控制选项

访问控制选项	描述
Options	设置特定目录中的服务器特性，具体参数选项的取值见表 9-4
AllowOverride	设置如何使用访问控制文件.htaccess，具体参数选项的取值见表 9-5
Order	设置 Apache 缺省的访问权限及 Allow 和 Deny 语句的处理顺序
Allow	设置允许访问 Apache 服务器的主机，可以是主机名也可以是 IP 地址
Deny	设置拒绝访问 Apache 服务器的主机，可以是主机名也可以是 IP 地址

（1）根目录默认设置。

```
<Directory/>
    Options FollowSymLinks                          ①
    AllowOverride None                              ②
< / Directory>
```

以上代码中带有序号的两行说明如下。

① Options 字段用来定义目录使用哪些特性，后面的 FollowSymLinks 指令表示可以在该

目录中使用符号链接。Options 还可以设置很多功能，常见功能请参考表 9-4。

② AllowOverride 用于设置.htaccess 文件中的指令类型。None 表示禁止使用.htaccess。

表 9-4　Options 选项的取值

可用选项取值	描述
Indexes	允许目录浏览。当访问的目录中没有 DirectoryIndex 参数指定的网页文件时，会列出目录中的目录清单
Multiviews	允许内容协商的多重视图
All	支持除 Multiviews 以外的所有选项，如果没有 Options 语句，默认为 All
ExecCGI	允许在该目录下执行 CGI 脚本
FollowSysmLinks	可以在该目录中使用符号链接，以访问其他目录
Includes	允许服务器端使用 SSI（服务器包含）技术
IncludesNoExec	允许服务器端使用 SSI（服务器包含）技术，但禁止执行 CGI 脚本
SymLinksIfOwnerMatch	目录文件与目录属于同一用户时支持符号链接

注意　可以使用"+"或"−"号在 Options 选项中添加或取消某个选项的值。如果不使用这两个符号，那么在容器中的 Options 选项的取值将完全覆盖以前的 Options 指令的取值。

（2）文档目录默认设置。

```
<Directory    "/var/www/html">
            Options Indexes FollowSymLinks
            AllowOverride None                           ①
            Order allow, deny                            ②
            Allow from all                               ③
</Directory>
```

以上代码中带有序号的三行说明如下。

① AllowOverride 所使用的指令组此处不使用认证。

② 设置默认的访问权限与 Allow 和 Deny 字段的处理顺序。

③ Allow 字段用来设置哪些客户端可以访问服务器。与之对应的 Deny 字段则用来限制哪些客户端不能访问服务器。

Allow 和 Deny 字段的处理顺序非常重要，需要详细了解它们的意思和使用技巧。

情况一：Order allow, deny

表示默认情况下禁止所有客户端访问，且 Allow 字段在 Deny 字段之前被匹配。如果既匹配 Allow 字段又匹配 Deny 字段，则 Deny 字段最终生效，也就是说 Deny 会覆盖 Allow。

情况二：Order deny, allow

表示默认情况下允许所有客户端访问，且 Deny 字段在 Allow 语句之前被匹配。如果既匹配 Allow 字段又匹配 Deny 字段，则 Allow 字段最终生效，也就是说 Allow 会覆盖 Deny。

下面举例来说明 Allow 和 Deny 字段的用法。

【例 9-10】允许所有客户端访问（先允许后拒绝）。

Order allow, deny
Allow from all

【例 9-11】拒绝 IP 地址为 192.168.100.100 和来自.bad.com 域的客户端访问。其他客户端都可以正常访问。

Order deny,allow
Deny from　192.168.100.100
Deny from　.bad.com

【例 9-12】仅允许 192.168.0.0/24 网段的客户端访问，但其中 192.168.0.100 不能访问。

Order allow,deny
Allow from　192.168.0.0/24
Deny from　192.168.0.100

为了说明允许和拒绝条目的使用，对照看一下下面的两个例子。

【例 9-13】除了www.test.com的主机，允许其他所有人访问 Apache 服务器。

Order allow,deny
Allow from　all
Deny from　www.test.com

【例 9-14】只允许 10.0.0.0/8 网段的主机访问服务器。

Order deny,allow
Deny from all
Allow from 10.0.0.0/255.255.0.0

> Over、Allow from 和 Deny from 关键词，它们大小写不敏感，但 Allow 和 Deny 之间以 "," 分割，二者之间不能有空格。

> 如果仅仅想对某个文件做权限设置，可以使用<Files　文件名></Files>容器语句实现，方法和使用<Directory　"目录"></Directory>几乎一样。例如：
> <Files　"/var/www/html/f1.txt">
> 　　　　Order allow, deny
> 　　　　Allow from all
> </Files>

任务 9-5　配置虚拟主机

虚拟主机是在一台 Web 服务器上，可以为多个独立的 IP 地址、域名或端口号提供不同的 Web 站点。对于访问量不大的站点来说，这样做可以降低单个站点的运营成本。

1. 配置基于 IP 地址的虚拟主机

基于 IP 地址的虚拟主机的配置需要在服务器上绑定多个 IP 地址，然后配置 Apache，把多个网站绑定在不同的 IP 地址上，访问服务器上不同的 IP 地址，就可以看到不同的网站。

【例 9-15】假设 Apache 服务器具有 192.168.10.1 和 192.168.10.2 两个 IP 地址（提前在服务器中配置这两个 IP 地址）。现需要利用这两个 IP 地址分别创建两个基于 IP 地址的虚拟主机，要求不同的虚拟主机对应的主目录不同，默认文档的内容也不同。配置步骤如下。

（1）单击 "应用程序" → "系统工具" → "设置" → "网络"，单击 "设置" 按钮，打开如图 9-10 所示的网络配置对话框。

图 9-10　网络配置对话框

（2）单击图 9-10 中的"齿轮"图标，在弹出的"有线"对话框架中单击"IPv4"，打开如图 9-11 所示的有线配置窗口，增加第二个 IP 地址。

图 9-11　设置第二个 IP 地址

（3）单击"应用"按钮回到图 9-10 所示的配置界面，先单击"关闭"按钮，再单击"打开"按钮使新设置的 IP 地址生效。

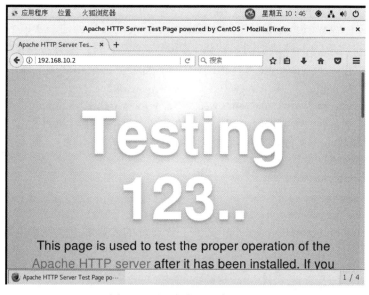 **注意**　这一步很重要，必须确认 IP 地址的设置是否正常。设置完成后最好使用 ping 命令测试是否设置成功。

（4）分别创建/var/www/ip1 和/var/www/ip2 两个主目录和默认文件。

```
[root@server1 ~]# mkdir     /var/www/ip1    /var/www/ip2
[root@server1 ~]# echo "this is 192.168.10.1's web.">/var/www/ip1/index.html
[root@server1 ~]# echo "this is 192.168.10.2's web.">/var/www/ip2/index.html
```

（5）添加/etc/httpd/conf.d/vhost.conf 文件。该文件的内容如下：

```
#设置基于 IP 地址为 192.168.10.1 的虚拟主机
<Virtualhost 192.168.10.1>
     DocumentRoot   /var/www/ip1
</Virtualhost>

#设置基于 IP 地址为 192.168.10.2 的虚拟主机
<Virtualhost 192.168.10.2>
     DocumentRoot /var/www/ip2
</Virtualhost>
```

（6）SELnux 设置为允许，让防火墙放行 httpd 服务，重启 httpd 服务（见前面操作）。

（7）在客户端浏览器中可以看到 http://192.168.10.1 和 http://192.168.10.2 两个网站的浏览效果如图 9-12 所示。

图 9-12　测试时出现默认页面

奇怪！为什么看到了 httpd 服务程序的默认首页面？按理来说，只有在网站的首页面文件不存在或者用户权限不足时，才显示 httpd 服务程序的默认首页面。我们在尝试访问 http://192.168.10.1/index.html 页面时，竟然发现页面中显示"Forbidden,You don't have permission to access /index.html on this server."。这一切都是因为主配置文件里没设置目录权限所致！！解决方法是在/etc/httpd/conf/httpd.conf 中添加有关两个网站目录权限的内容（只设置/var/www 目录权限也可以，设置完成后记得重启 httpd 服务）：

```
<Directory "/var/www/ip1">
    AllowOverride None
    Require all granted
</Directory>


<Directory "/var/www/ip2">
    AllowOverride None
    Require all granted
</Directory>
```

 注意

为了不使后面的实训受到前面虚拟主机设置的影响，做完一个实训后，请将配置文件中添加的内容删除，然后再继续下一个实训。

2. 配置基于域名的虚拟主机

基于域名的虚拟主机的配置只需服务器有一个 IP 地址即可，所有的虚拟主机共享同一个 IP，各虚拟主机之间通过域名进行区分。

要建立基于域名的虚拟主机，DNS 服务器中应建立多个主机资源记录，使它们解析到同一个 IP 地址。例如：

```
www.smile.com.       IN      A       192.168.10.1
www.long.com.        IN      A       192.168.10.1
```

【例 9-16】假设 Apache 服务器 IP 地址为 192.168.10.1。在本地 DNS 服务器中该 IP 地址对应的域名分别为 www1.long.com 和 www2.long.com。现需要创建基于域名的虚拟主机，要求不同的虚拟主机对应的主目录不同，默认文档的内容也不同。配置步骤如下：

（1）分别创建/var/www/smile 和/var/www/long 两个主目录和默认文件。

```
[root@server1 ~]# mkdir    /var/www/www1    /var/www/www2
[root@server1 ~]# echo "www1.long.com's web.">/var/www/www1/index.html
[root@server1 ~]# echo "www2.long.com's web.">/var/www/www2/index.html
```

（2）修改 httpd.conf 文件。添加目录权限内容如下：

```
<Directory "/var/www">
    AllowOverride None
    Require all granted
</Directory>
```

（3）修改/etc/httpd/conf.d/vhost.conf 文件。该文件的内容如下（原来内容清空）：

```
<Virtualhost 192.168.10.1>
    DocumentRoot   /var/www/www1
    ServerName   www1.long.com
</Virtualhost>


<Virtualhost 192.168.10.1>
    DocumentRoot /var/www/www2
    ServerName   www2.long.com
</Virtualhost>
```

（4）SELnux 设置为允许，让防火墙放行 httpd 服务，重启 httpd 服务和 named 服务。

```
[root@server1 ~]# setenforce 0
[root@server1 ~]# firewall-cmd --permanent --add-service=http
[root@server1 ~]# firewall-cmd --reload
[root@server1 ~]# systemctl restart httpd
[root@server1 ~]# systemctl restart named
```

（5）在客户端 Client1 上测试。要确保 DNS 服务器解析正确、确保给 Client1 设置正确的 DNS 服务器地址（在/etc/resolv.conf 中设置）。

```
[root@client1 ~]# vim /etc/resolv.conf
[root@client1 ~]# firefox www1.long.com
[root@client1 ~]# firefox www2.long.com
```

在本例的配置中，DNS 的正确配置至关重要，一定确保 long.com 域名及主机的正确解析，否则无法成功。正向区域配置文件如下（参考前面）：

```
[root@server1 ~]# vim /var/named/long.com.zone
$TTL 1D
@           IN SOA     dns.long.com. mail.long.com. (
                                     0         ; serial
                                     1D        ; refresh
                                     1H        ; retry
                                     1W        ; expire
                                     3H )      ; minimum

@           IN    NS               dns.long.com.
@           IN    MX        10     mail.long.com.

dns         IN    A                192.168.10.1
www1        IN    A                192.168.10.1
www2        IN    A                192.168.10.1
```

思考：为了测试方便，在 Client1 上直接设置/etc/hosts 如下内容，可否代替 DNS 服务器？

```
192.168.10.1    www1.long.com
192.168.10.1    www2.long.com
```

3. 基于端口号的虚拟主机的配置

基于端口号的虚拟主机的配置只需服务器有一个 IP 地址即可，所有的虚拟主机共享同一个 IP，各虚拟主机之间通过不同的端口号进行区分。在设置基于端口号的虚拟主机的配置时，需要利用 Listen 语句设置所监听的端口。

【例 9-17】假设 Apache 服务器 IP 地址为 192.168.10.1。现需要创建基于 8088 和 8089 两个不同端口号的虚拟主机，要求不同的虚拟主机对应的主目录不同，默认文档的内容也不同。配置步骤如下：

（1）分别创建/var/www/8088 和/var/www/8089 两个主目录和默认文件。

```
[root@server1 ~]# mkdir    /var/www/8088    /var/www/8089
[root@server1 ~]# echo "8088 port 's   web.">/var/www/8088/index.html
[root@server1 ~]# echo "8089 port 's   web.">/var/www/8089/index.html
```

（2）修改/etc/httpd/conf/httpd.conf 文件。该文件的修改内容如下：

```
Listen 8088
Listen 8089
<Directory "/var/www">
    AllowOverride None
    Require all granted
</Directory>
```

（3）修改/etc/httpd/conf.d/vhost.conf 文件。该文件的内容如下（原来内容清空）：

```
<Virtualhost 192.168.10.1:8088>
        DocumentRoot       /var/www/8088
</Virtualhost>


<Virtualhost 192.168.10.1:8089>
        DocumentRoot /var/www/8089
</Virtualhost>
```

（4）关闭防火墙和允许 SELinux，重启 httpd 服务。然后在客户端 Client1 上测试。测试结果如图 9-13 所示。

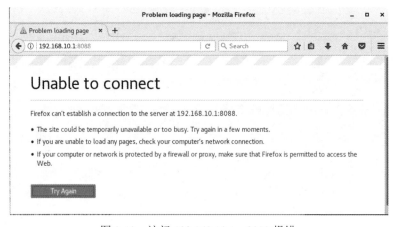

图 9-13   访问 192.168.10.1：8088 报错

（5）处理故障。这是因为 firewall 防火墙检测到 8088 和 8089 端口原本不属于 Apache 服务应该需要的资源，但现在却以 httpd 服务程序的名义监听使用了，所以防火墙会拒绝使用 Apache 服务使用这两个端口。我们可以使用 firewall-cmd 命令永久添加需要的端口到 public 区域，并重启防火墙。

```
[root@server1 ~]# firewall-cmd --list-all
public (active)   ···········<略>
    services: ssh dhcpv6-client samba dns http
    ports:
    ···········<略>
[root@server1 ~]#firewall-cmd --permanent --zone=public --add-port=8088/tcp
success
[root@server1 ~]# firewall-cmd --permanent --zone=public --add-port=8089/tcp
[root@server1 ~]# firewall-cmd --permanent --zone=public --add-port=8088/tcp
[root@server1 ~]# firewall-cmd --reload
[root@server1 ~]# firewall-cmd --list-all
```

```
public (active)
    ············<略>
    services: ssh dhcpv6-client samba dns http
    ports: 8089/tcp 8088/tcp
    ············<略>
```

（6）再次在 Client1 上测试，结果如图 9-14 所示。

8088 port's web.   8089 port's web.

图 9-14   不同端口虚拟主机的测试结果

 依次单击"应用（Applications）"→"杂项（Sundry）"→"防火墙（Firewall）"，打开防火墙配置窗口，可以详细地配置防火墙，包括配置 public 区域的 port（端口）等，读者不妨多操作试试，定会有惊喜。

任务 9-6   配置用户身份认证

1. .htaccess 文件控制存取

什么是.htaccess 文件呢？简单地说，它是一个访问控制文件，用来配置相应目录的访问方法。不过，按照默认的配置是不会读取相应目录下的.htaccess 文件来进行访问控制的。这是因为 AllowOverride 中配置为：

```
AllowOverride        none
```

完全忽略了.htaccess 文件。该如何打开它呢？很简单，将"none"改为"AuthConfig"。

```
<Directory />
    Options FollowSymLinks
    AllowOverride AuthConfig
</Directory>
```

现在就可以在需要进行访问控制的目录下创建一个.htaccess 文件了。需要注意的是，文件前有一个"."，说明这是一个隐藏文件（该文件名也可以采用其他的文件名，我们只需要在 httpd.conf 中进行设置就可以了）。

另外，在 httpd.conf 的相应目录中的 AllowOverride 主要用于控制，htaccess 中允许进行的设置。其 Override 可不止一项，详细参数请参考表 9-5。

表 9-5   AllowOverride 指令所使用的指令组

指令组	可用指令	说明
AuthConfig	AuthDBMGroupFile, AuthDBMUserFile,AuthGroupFile, AuthName, AuthType, AuthUserFile, Require	进行认证、授权以及安全的相关指令
FileInfo	DefaultType, ErrorDocument, ForceType, LanguagePriority, SetHandler, SetInputFilter, SetOutputFilter	控制文件处理方式的相关指令

续表

指令组	可用指令	说明
Indexes	AddDescription,AddIcon, AddIconByEncoding, DefaultIcon, AddIconByType, DirectoryIndex, ReadmeName FancyIndexing, HeaderName, IndexIgnore, IndexOptions	控制目录列表方式的相关指令
Limit	Allow,Deny,Order	进行目录访问控制的相关指令
Options	Options, XBitHack	启用不能在主配置文件中使用的各种选项
All	全部指令组	可以使用以上所有指令
None	禁止使用所有指令	禁止处理.htaccess 文件

假设我们在用户 clinuxer 的 Web 目录（public_html）下新建了一个.htaccess 文件，该文件的绝对路径为/home/clinuxer/public_html/.htaccess。其实 Apache 服务器并不会直接读取这个文件，而是从根目录下开始搜索.htaccess 文件。

```
/.htaccess
/home/.htaccess
/home/clinuxer/.htaccess
/home/clinuxer/public_html/.htaccess
```

如果这个路径中有一个.htaccess 文件，比如/home/clinuxer/.htaccess，则 Apache 并不会去读/home/clinuxer/public_html/.htaccess，而是/home/clinuxer/.htaccess。

2. 用户身份认证

Apache 中的用户身份认证，也可以采取"整体存取控制"或者"分布式存取控制"方式，其中用得最广泛的就是通过.htaccess 来进行。

（1）创建用户名和密码。在/usr/local/httpd/bin 目录下，有一个 htpasswd 可执行文件，它就是用来创建.htaccess 文件身份认证所使用的密码的。它的语法格式如下：

```
[root@RHEL7-1 ~]# htpasswd  [-bcD]   [-mdps]   密码文件名字   用户名
```

参数：

- -b：用批处理方式创建用户。htpasswd 不会提示你输入用户密码，不过由于要在命令行输入可见的密码，因此并不是很安全。
- -c：新创建（create）一个密码文件。
- -D：删除一个用户。
- -m：采用 MD5 编码加密。
- -d：采用 CRYPT 编码加密，这是预设的方式。
- -p：采用明文格式的密码。因为安全的原因，目前不推荐使用。
- -s：采用 SHA 编码加密。

【例 9-18】创建一个用于.htaccess 密码认证的用户 yy1。

```
[root@RHEL7-1 ~]# htpasswd  -c  -mb  .htpasswd  yy1  P@ssw0rd
```

在当前目录下创建一个.htpasswd 文件，并添加一个用户 yy1，密码为 P@ssw0rd。

（2）实例。

【例 9-19】设置一个虚拟目录"/httest"，让用户必须输入用户名和密码才能访问。

1）创建一个新用户 smile，应该输入以下命令：

```
[root@RHEL7-1 ~]# mkdir    /virdir/test
[root@RHEL7-1 ~]# echo "Require valid_users's   web.">/virdir/test/index.html
[root@RHEL7-1 ~]# cd    /virdir/test
[root@RHEL7-1 test]# /usr/bin/htpasswd   -c  /usr/local/.htpasswd   smile
```

之后会要求输入该用户的密码并确认，成功后会提示"Adding password for user smile"。
如果还要在.htpasswd 文件中添加其他用户，则直接使用以下命令（不带参数-c）：

```
[root@RHEL7-1 test]# /usr/bin/htpasswd    /usr/local/.htpasswd   user2
```

2）在 httpd.conf 文件中设置该目录允许采用.htaccess 进行用户身份认证。
加入如下内容（不要把注释写到配置文件，下同）：

```
Alias   /httest   "/virdir/test"
<Directory "/virdir/test">
      Options Indexes MultiViews FollowSymLinks     #允许列目录
      AllowOverride AuthConfig                       #启用用户身份认证
      Order deny,allow
      Allow from all                                 #允许所有用户访问
      AuthName      Test_Zone       #定义的认证名称，与后面的.htpasswd 文件中的一致！
</Directory>
```

如果我们修改了 Apache 的主配置文件 httpd.conf，则必须重启 Apache 才会使新配置生效。可以执行"systemctl restart httpd"命令重新启动它。

3）在/virdir/test 目录下新建一个.htaccess 文件，内容如下：

```
[root@RHEL7-1 test]# cd   /virdir/test
[root@RHEL7-1 test]# touch   .htaccess         ;创建.htaccess
[root@RHEL7-1 test]# vim .htaccess             ;编辑.htaccess 文件并加入以下内容
AuthName "Test   Zone"
      AuthType Basic
      AuthUserFile   /usr/local/.htpasswd     #指明存放授权访问的密码文件
      require    valid-user                   #指明只有密码文件的用户才是有效用户
```

注意　如果.htpasswd 不在默认的搜索路径中，则应该在 AuthUserFile 中指定该文件的绝对路径。

4）在客户端打开浏览器输入"http://192.168.10.1/httest"，如图 9-15 和图 9-16 所示。访问 Apache 服务器上访问权限受限的目录时，就会出现认证窗口，只有输入正确的用户名和密码才能打开。

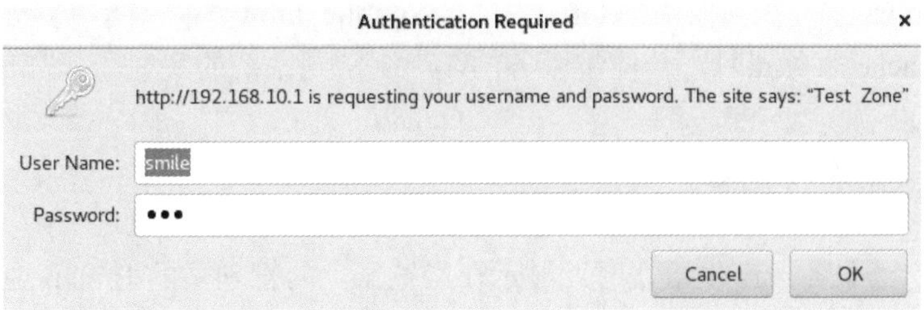

图 9-15　输入用户名和密码才能访问

Require valid_users's web.

图 9-16　正确输入后能够访问受限内容

9.4　练习题

一、填空题

1．Web 服务器使用的协议是_____，英文全称是_____，中文名称是_____。

2．HTTP 请求的默认端口是_____。

3．在 Linux 平台下，搭建动态网站的组合，采用最为广泛的为_____，即_____、_____、_____以及_____4 个开源软件构建，取英文第一个字母的缩写命名。

4．Red Hat Enterprise Linux 7 采用了 SELinux 这种增强的安全模式，在默认的配置下，只有_____服务可以通过。

5．在命令行控制台窗口，输入_____命令打开 Linux 网络配置窗口。

二、选择题

1．（　　）可以用于配置 Red Hat Linux 启动时自动启动 httpd 服务。
   A．service　　　　　B．ntsysv　　　　　C．useradd　　　　　D．startx

2．在 Red Hat Linux 中手工安装 Apache 服务器时，默认的 Web 站点的目录为（　　）。
   A．/etc/httpd　　　　B．/var/www/html　C．/etc/home　　　　D．/home/httpd

3．对于 Apache 服务器，提供的子进程的缺省的用户是（　　）。
   A．root　　　　　　　B．apached　　　　　C．httpd　　　　　　D．nobody

4．世界上排名第一的 Web 服务器是（　　）。
   A．apache　　　　　　B．IIS　　　　　　　C．SunONE　　　　　D．NCSA

5．apache 服务器默认的工作方式是（　　）。
   A．inetd　　　　　　　B．xinetd　　　　　C．standby　　　　　D．standalone

6．用户的主页存放的目录由文件 httpd.conf 的参数（　　）设定。
   A．UserDir　　　　　B．Directory　　　　C．public_html　　　D．DocumentRoot

7．设置 Apache 服务器时，一般将服务的端口绑定到系统的（　　）端口上。
   A．10000　　　　　　B．23　　　　　　　C．80　　　　　　　D．53

8．下面（　　）不是 Apahce 基于主机的访问控制指令。
   A．allow　　　　　　B．deny　　　　　　C．order　　　　　　D．all

9．用来设定当服务器产生错误时，显示在浏览器上的管理员的 E-mail 地址的是（　　）。
   A．Servername　　　　　　　　　　　B．ServerAdmin
   C．ServerRoot　　　　　　　　　　　D．DocumentRoot

10．在 Apache 基于用户名的访问控制中，生成用户密码文件的命令是（　　）。

　　A．smbpasswd　　　　B．htpasswd　　　　C．passwd　　　　　　D．password

9.5　项目拓展

一、项目目的

- 掌握 Apache 服务的安装与启动。
- 掌握 Apache 服务的主配置文件。
- 掌握各种 Apache 服务器的配置。
- 掌握创建 Web 网站和虚拟主机。

二、项目环境

假如你是某学校的网络管理员，学校的域名为 www.king.com，学校计划为每位教师开通个人主页服务，为教师与学生之间建立沟通的平台。该学校网络拓扑图如图 9-17 所示。

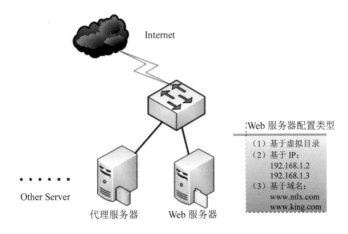

图 9-17　Web 服务器搭建与配置网络拓扑图

学校计划为每位教师开通个人主页服务，要求实现如下功能。

（1）网页文件上传完成后，立即自动发布，URL 为 http://www.king.com/~用户名。

（2）在 Web 服务器中建立一个名为 private 的虚拟目录，其对应的物理路径是/data/private，并配置 Web 服务器对该虚拟目录启用用户认证，只允许 kingma 用户访问。

（3）在 Web 服务器中建立一个名为 private 的虚拟目录，其对应的物理路径是/dir1 /test，并配置 Web 服务器仅允许来自网络 jnrp.net 域和 192.168.1.0/24 网段的客户机访问该虚拟目录。

（4）使用 192.168.1.2 和 192.168.1.3 两个 IP 地址，创建基于 IP 地址的虚拟主机。其中 IP 地址为 192.168.1.2 的虚拟主机对应的主目录为/var/www/ip2，IP 地址为 192.168.1.3 的虚拟主机对应的主目录为/var/www/ip3。

（5）创建基于 www.mlx.com 和 www.king.com 两个域名的虚拟主机，域名为 www.mlx.com 的虚拟主机对应的主目录为/var/www/mlx，域名为 www.king.com 的虚拟主机对应的主目录为

/var/www/king。

三、项目目的

练习 Web 服务器的配置与调试、虚拟主机的配置与测试。

四、深度思考

在观看（本项目的项目实训视频）时思考以下几个问题。

（1）使用虚拟目录有何好处？

（2）基于域名的虚拟主机的配置要注意什么？

（3）如何启用用户身份认证？

五、做一做

检查学习效果。

项目 10　配置与管理 FTP 服务器

项目描述

某学院组建了校园网，建设了学院网站，架设了 Web 服务器来为学院网站安家，但在网站上传和更新时，需要用到文件上传和下载，因此还要架设 FTP 服务器，为学院内部和互联网用户提供 FTP 等服务。本单元先实践配置与管理 Apache 服务器。

项目目标

- 掌握 FTP 服务的工作原理。
- 学会配置 vsftpd 服务器。
- 实践典型的 FTP 服务器配置案例。

10.1　相关知识

以 HTTP 为基础的 WWW 服务功能虽然强大，但对于文件传输来说却略显不足。因此一种专门用于文件传输的 FTP 服务应运而生。

FTP 服务就是文件传输服务，FTP 的全称是 File Transfer Protocol，顾名思义，就是文件传输协议，具备更强的文件传输可靠性和更高的效率。

10.1.1　FTP 工作原理

FTP 大大简化了文件传输的复杂性，它能够使文件通过网络从一台主机传送到另外一台计算机上却不受计算机和操作系统类型的限制。无论是 PC、服务器、大型机，还是 IOS、Linux、Windows 操作系统，只要双方都支持协议 FTP，就可以方便、可靠地进行文件的传送。FTP 服务的具体工作过程如图 10-1 所示。

（1）客户端向服务器发出连接请求，同时客户端系统动态地打开一个大于 1024 的端口等候服务器连接（比如 1031 端口）。

（2）若 FTP 服务器在端口 21 侦听到该请求，则会在客户端 1031 端口和服务器的 21 端口之间建立起一个 FTP 会话连接。

（3）当需要传输数据时，FTP 客户端再动态地打开一个大于 1024 的端口（比如 1032 端口）连接到服务器的 20 端口，并在这两个端口之间进行数据的传输。当数据传输完毕后，这两个端口会自动关闭。

（4）当 FTP 客户端断开与 FTP 服务器的连接时，客户端上动态分配的端口将自动释放。

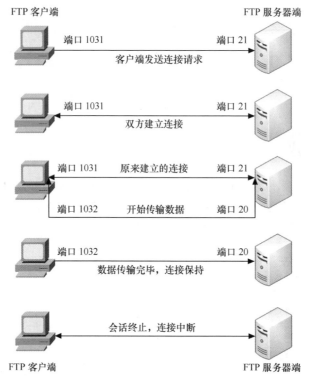

图 10-1　FTP 服务的工作过程

10.1.2　匿名用户

FTP 服务不同于 WWW，它首先要求登录到服务器上，然后再进行文件的传输，这对于很多公开提供软件下载的服务器来说十分不便，于是匿名用户访问就诞生了。通过使用一个共同的用户名 anonymous、密码不限的管理策略（一般使用用户的邮箱作为密码即可），让任何用户都可以很方便地从这些服务器上下载软件。

10.2　项目设计与准备

两台安装好 CentOS 7 的计算机，连网方式都设为 host only（VMnet1），一台作为服务器，一台作为客户端使用，宿主机是 Windows 7。计算机的配置信息见表 10-1（可以使用 VM 的克隆技术快速安装需要的 Linux 客户端）。

表 10-1　Linux 服务器和客户端的配置信息

主机名称	操作系统	IP 地址	角色及其他
FTP 服务器：server1	CentOS 7	192.168.10.1	FTP 服务器，虚拟机，连接 VMnet1
Linux 客户端：Client1	CentOS 7	192.168.10.20	FTP 客户端，虚拟机，连接 VMnet1
Windows 客户端：Win7-1	Windows 7	192.168.10.30	FTP 客户端，虚拟机，连接 VMnet1

10.3　项目实施

任务 10-1　安装、启动与停止 vsftpd 服务

1.　安装 vsftpd 服务

```
[root@server1 ~]# rpm -q vsftpd
[root@server1 ~]# mkdir /iso
[root@server1 ~]# mount /dev/cdrom /iso
[root@server1 ~]# yum clean all            //安装前先清除缓存
[root@server1 ~]# yum install vsftpd -y
[root@server1 ~]# yum install ftp -y       //同时安装 ftp 软件包
[root@server1 ~]# rpm -qa|grep vsftpd      //检查安装组件是否成功
```

2.　vsftpd 服务启动、重启、随系统启动、停止

安装完 vsftpd 服务后，下一步就是启动了。vsftpd 服务可以以独立或被动方式启动。在 Red Hat Enterprise Linux 7 中，默认以独立方式启动。

在此需要提醒各位读者，在生产环境中或者在 RHCSA、RHCE、RHCA 认证考试中一定要把配置过的服务程序加入到开机启动项中，以保证服务器在重启后依然能够正常提供传输服务。

重新启动 vsftpd 服务、随系统启动，开放防火墙，开放 SELinux，可以输入下面的命令：

```
[root@server1 ~]# systemctl restart vsftpd
[root@server1 ~]# systemctl enable vsftpd
[root@server1 ~]# firewall-cmd --permanent --add-service=ftp
[root@server1 ~]# firewall-cmd --reload
[root@server1 ~]# setsebool -P ftpd_full_access=on
```

任务 10-2　认识 vsftpd 的配置文件

vsftpd 的配置主要通过以下几个文件来完成。

1.　主配置文件

vsftpd 服务程序的主配置文件（/etc/vsftpd/vsftpd.conf）内容总长度达到 127 行，但其中大多数参数在开头都添加了"#"号，从而成为注释信息，读者没有必要在注释信息上花费太多的时间。可以使用 grep 命令添加-v 参数，过滤并反选出没有包含"#"号的参数行（即过滤掉所有的注释信息），然后将过滤后的参数行通过输出重定向符写回原始的主配置文件中（为了安全起见，请先备份主配置文件）：

```
[root@server1 ~]# mv /etc/vsftpd/vsftpd.conf /etc/vsftpd/vsftpd.conf.bak
[root@server1 ~]# grep -v "#" /etc/vsftpd/vsftpd.conf.bak > /etc/vsftpd/vsftpd.conf
[root@server1 ~]# cat /etc/vsftpd/vsftpd.conf -n
    1    anonymous_enable=YES
    2    local_enable=YES
    3    write_enable=YES
    4    local_umask=022
    5    dirmessage_enable=YES
    6    xferlog_enable=YES
```

```
7    connect_from_port_20=YES
8    xferlog_std_format=YES
9    listen=NO
10   listen_ipv6=YES
11
12   pam_service_name=vsftpd
13   userlist_enable=YES
14   tcp_wrappers=YES
```

表 10-2 中列举了 vsftpd 服务程序主配置文件中常用的参数以及作用。在后续的实验中将演示重要参数的用法，以帮助大家熟悉并掌握。

表 10-2　vsftpd 服务程序主配置文件中常用的参数以及作用

参数	作用
listen=[YES|NO]	是否以独立运行的方式监听服务
listen_address=IP 地址	设置要监听的 IP 地址
listen_port=21	设置 FTP 服务的监听端口
download_enable＝[YES|NO]	是否允许下载文件
userlist_enable=[YES|NO] userlist_deny=[YES|NO]	设置用户列表为"允许"还是"禁止"操作
max_clients=0	最大客户端连接数，0 为不限制
max_per_ip=0	同一 IP 地址的最大连接数，0 为不限制
anonymous_enable=[YES|NO]	是否允许匿名用户访问
anon_upload_enable=[YES|NO]	是否允许匿名用户上传文件
anon_umask=022	匿名用户上传文件的 umask 值
anon_root=/var/ftp	匿名用户的 FTP 根目录
anon_mkdir_write_enable=[YES|NO]	是否允许匿名用户创建目录
anon_other_write_enable=[YES|NO]	是否开放匿名用户的其他写入权限（包括重命名、删除等操作权限）
anon_max_rate=0	匿名用户的最大传输速率（字节/秒），0 为不限制
local_enable=[YES|NO]	是否允许本地用户登录 FTP
local_umask=022	本地用户上传文件的 umask 值
local_root=/var/ftp	本地用户的 FTP 根目录
chroot_local_user=[YES|NO]	是否将用户权限禁锢在 FTP 目录，以确保安全
local_max_rate=0	本地用户最大传输速率（字节/秒），0 为不限制

2．/etc/pam.d/vsftpd

vsftpd 的 Pluggable Authentication Modules（PAM）配置文件，主要用来加强 vsftpd 服务器的用户认证。

3．/etc/vsftpd/ftpusers

所有位于此文件内的用户都不能访问 vsftpd 服务。当然，为了安全起见，这个文件中默认已经包括了 root、bin 和 daemon 等系统账号。

4．/etc/vsftpd/user_list

这个文件中包括的用户有可能是被拒绝访问 vsftpd 服务的，也可能是允许访问的，这主要取决于 vsftpd 的主配置文件/etc/vsftpd/vsftpd.conf 中的"userlist_deny"参数是设置为"YES"（默认值）还是"NO"。

- 当 userlist_deny=NO 时，仅允许文件列表中的用户访问 FTP 服务器。
- 当 userlist_deny=YES 时，这也是默认值，拒绝文件列表中的用户访问 FTP 服务器。

5．/var/ftp 文件夹

vsftpd 提供服务的文件集散地，它包括一个 pub 子目录。在默认配置下，所有的目录都是只读的，不过只有 root 用户有写权限。

任务 10-3　配置匿名用户 FTP 实例

1．vsftpd 的认证模式

vsftpd 允许用户以三种认证模式登录到 FTP 服务器上。

- 匿名开放模式：是一种最不安全的认证模式，任何人都可以无需密码验证而直接登录到 FTP 服务器。
- 本地用户模式：是通过 Linux 系统本地的账户密码信息进行认证的模式，相较于匿名开放模式更安全，而且配置起来也很简单。但是如果被黑客破解了账户的信息，就可以畅通无阻地登录 FTP 服务器，从而完全控制整台服务器。
- 虚拟用户模式：是这三种模式中最安全的一种认证模式，它需要为 FTP 服务单独建立用户数据库文件，虚拟映射用来进行口令验证的账户信息，而这些账户信息在服务器系统中实际上是不存在的，仅供 FTP 服务程序进行认证使用。这样，即使黑客破解了账户信息也无法登录服务器，从而有效降低了破坏范围和影响。

2．匿名用户登录的参数说明

表 10-3 列举了可以向匿名用户开放的权限参数以及作用。

表 10-3　可以向匿名用户开放的权限参数以及作用

参数	作用
anonymous_enable=YES	允许匿名访问模式
anon_umask=022	匿名用户上传文件的 umask 值
anon_upload_enable=YES	允许匿名用户上传文件
anon_mkdir_write_enable=YES	允许匿名用户创建目录
anon_other_write_enable=YES	允许匿名用户修改目录名称或删除目录

3．配置匿名用户登录 FTP 服务器实例

【例 10-1】搭建一台 FTP 服务器，允许匿名用户上传和下载文件，匿名用户的根目录设置为/var/ftp。

（1）新建测试文件，编辑/etc/vsftpd/vsftpd.conf。

```
[root@server1 ~]# touch /var/ftp/pub/sample.tar
```

```
[root@server1 ~]# vim   /etc/vsftpd/vsftpd.conf
```

（2）在文件后面添加如下 4 行（语句前后一定不要带空格，若有重复的语句请删除或直接在其上更改）：

```
anonymous_enable=YES              #允许匿名用户登录
anon_root=/var/ftp                #设置匿名用户的根目录为/var/ftp
anon_upload_enable=YES            #允许匿名用户上传文件
anon_mkdir_write_enable=YES       #允许匿名用户创建文件夹
```

 提示   anon_other_write_enable=YES 表示允许匿名用户删除文件。

（3）允许 SELinux，让防火墙放行 ftp 服务，重启 vsftpd 服务。

```
[root@server1 ~]# setenforce 0
[root@server1 ~]# firewall-cmd --permanent --add-service=ftp
[root@server1 ~]# firewall-cmd --reload
[root@server1 ~]# firewall-cmd --list-all
[root@server1 ~]# systemctl restart vsftpd
```

在 Windows 7 客户端的资源管理器中输入 ftp://192.168.10.1，打开 pub 目录，新建一个文件夹，结果出错了，如图 10-2 所示。

图 10-2   测试 FTP 服务器 192.168.1.30 出错

什么原因呢？系统的本地权限没有设置！

（4）设置本地系统权限，将属主设为 ftp，或者对 pub 目录赋予其他用户写的权限。

```
[root@server1 ~]# ll -ld /var/ftp/pub
drwxr-xr-x. 2 root root 6 Mar 23   2017 /var/ftp/pub//其他用户没有写入权限
[root@server1 ~]#   chown ftp /var/ftp/pub //将属主改为匿名用户 ftp,或者
[root@server1 ~]#   chmod   o+w /var/ftp/pub    //赋予其他用户写的权限
[root@server1 ~]# ll -ld /var/ftp/pub
drwxr-xr-x. 2 ftp root 6 Mar 23   2017 /var/ftp/pub //已将属主改为匿名用户 ftp
[root@server1 ~]# systemctl   restart vsftpd
```

（5）在 Windows 7 客户端再次测试，在 pub 目录下能够建立新文件夹。

如果在 Linux 上测试，需要安装 ftp 软件，在用户名处输入 ftp，密码处直接按回车键即可。

　如果要实现匿名用户创建文件等功能，仅仅在配置文件中开启这些功能是不够的，还需要注意开放本地文件系统权限，使匿名用户拥有写权限才行，或者改变属主为 ftp。在项目拓展中有针对此问题的解决方案，另外也要特别注意防火墙和 SELinux 设置，否则一样会出问题！切记！

任务 10-4　配置本地模式的常规 FTP 服务器实例

1．FTP 服务器配置要求

公司内部现有一台 FTP 服务器和 Web 服务器，FTP 主要用于维护公司的网站内容，包括上传文件、创建目录、更新网页等。公司现有两个部门负责维护任务，分别适用 team1 和 team2 账号进行管理。先要求仅允许 team1 和 team2 账号登录 FTP 服务器，但不能登录本地系统，并将这两个账号的根目录限制为/web/www/html，不能进入该目录以外的任何目录。

2．需求分析

将 FTP 服务器和 Web 服务器做在一起是企业经常采用的方法，这样方便实现对网站的维护。为了增强安全性，首先需要使用仅允许本地用户访问，并禁止匿名用户登录。其次，使用 chroot 功能将 team1 和 team2 锁定在/web/www/html 目录下。如果需要删除文件，则还需要注意本地权限。

3．解决方案

（1）建立维护网站内容的 FTP 账号 team1、team2 和 user1 并禁止本地登录，然后为其设置密码。

```
[root@server1 ~]# useradd    -s    /sbin/nologin    team1
[root@server1 ~]# useradd    -s    /sbin/nologin    team2
[root@server1 ~]# useradd    -s    /sbin/nologin    user1
[root@server1 ~]# passwd    team1
[root@server1 ~]# passwd    team2
[root@server1 ~]# passwd    user1
```

（2）配置 vsftpd.conf 主配置文件并做相应修改（写入配置文件时，注释一定去掉，语句前后不要加空格，切记！另外，要把配置文件恢复到最初状态，避免实训间互相影响）。

```
[root@server1 ~]# vim    /etc/vsftpd/vsftpd.conf
anonymous_enable=NO                    #禁止匿名用户登录
local_enable=YES                       #允许本地用户登录
local_root=/web/www/html               #设置本地用户的根目录为/web/www/html
chroot_local_user=NO                   #是否限制本地用户，这也是默认值，可以省略
chroot_list_enable=YES                 #激活 chroot 功能
chroot_list_file=/etc/vsftpd/chroot_list #设置锁定用户在根目录中的列表文件
allow_writeable_chroot=YES
#只要启用 chroot 就一定加入这条：允许 chroot 限制！！否则出现连接错误。切记
```

chroot_local_user=NO 是默认设置，即如果不做任何 chroot 设置，则 FTP 登录目录是不做限制的。另外，只要启用 chroot，一定增加 allow_writeable_chroot=YES 语句。为什么呢？因为从 2.3.5 之后，vsftpd 增强了安全检查，如果用户被限定在了其主目录下，则该用户的主目录不能再具有写权限了！如果检查发现还有写权限，就会报该错误：500 OOPS: vsftpd: refusing to run with writable root inside chroot()。

　　要修复这个错误，可以用命令 chmod　a-w　/web/www/html 去除用户主目录的写权限，注意把目录替换成你所需要的，本例是/web/www/html。不过这样就无法写入了。还有一种方法，就是可以在 vsftpd 的配置文件中增加下列项：　allow_writeable_chroot=YES。

　　chroot 是靠例外列表来实现的，列表内用户即是例外的用户。所以根据是否启用本地用户转换，可设置不同目的的例外列表，从而实现 chroot 功能。因此实现锁定目录有两种实现方法。第一种是除列表内的用户外，其他用户都被限定在固定目录内。即列表内用户自由，列表外用户受限制（这时启用 chroot_local_user=YES）。

```
chroot_local_user=YES
chroot_list_enable=YES
chroot_list_file=/etc/vsftpd/chroot_list
allow_writeable_chroot=YES
```

　　第二种是除列表内的用户外，其他用户都可自由转换目录。即列表内用户受限制，列表外用户自由（这时启用 chroot_local_user=NO)。为了安全，建议使用第一种。

```
chroot_local_user=NO
chroot_list_enable=YES
chroot_list_file=/etc/vsftpd/chroot_list
allow_writeable_chroot=YES
```

　　（3）建立/etc/vsftpd/chroot_list 文件，添加 team1 和 team2 账号。

```
[root@server1 ~]# vim　/etc/vsftpd/chroot_list
team1
team2
```

　　（4）防火墙放行和 SELinux 允许！重启 FTP 服务。

```
[root@server1 ~]# firewall-cmd --permanent --add-service=ftp
[root@server1 ~]# firewall-cmd --reload
[root@server1 ~]# firewall-cmd --list-all
[root@server1 ~]# setenforce 0
[root@server1 ~]# systemctl restart vsftpd
```

　　思考：如果设置 setenforce 1，那么必须执行：setsebool -P ftpd_full_access=on。保证目录的正常写入和删除等操作。

　　（5）修改本地权限。

```
[root@server1 ~]# mkdir　/web/www/html -p
[root@server1 ~]# touch test.sample
```

```
[root@server1 ~]# ll    -d    /web/www/html
[root@server1 ~]# chmod    -R    o+w    /web/www/html    //其他用户可以写入！
[root@server1 ~]# ll    -d    /web/www/html
```

（6）在 Linux 客户端 Client1 上先安装 ftp 工具，然后测试。

```
[root@client1 ~]# mount /dev/cdrom /iso
[root@client1 ~]# yum clean all
[root@client1 ~]# yum install ftp -y
```

1）使用 team1 和 team2 用户不能转换目录，但能建立新文件夹，显示的目录是"/"，其实是/web/www/html 文件夹。

```
[root@client1 ~]# ftp 192.168.10.1
Connected to 192.168.10.1 (192.168.10.1).
220 (vsFTPd 3.0.2)
Name (192.168.10.1:root): team1                //锁定用户测试
331 Please specify the password.
Password:
230 Login successful.
Remote system type is UNIX.
Using binary mode to transfer files.
ftp> pwd
257 "/"                //显示是"/"，其实是/web/www/html，从列示的文件中就知道。
ftp> mkdir testteam1
257 "/testteam1" created
ftp> ls
227 Entering Passive Mode (192,168,10,1,46,226).
150 Here comes the directory listing.
-rw-r--r--    1 0        0        0 Jul 21 01:25 test.sample
drwxr-xr-x    2 1001     1001     6 Jul 21 01:48 testteam1
226 Directory send OK.
ftp> cd /etc
550 Failed to change directory. //不允许更改目录
ftp> exit
221 Goodbye.
```

2）使用 user1 用户，能自由转换目录，可以将/etc/passwd 文件下载到主目录。

```
[root@client1 ~]# ftp 192.168.10.1
Connected to 192.168.10.1 (192.168.10.1).
220 (vsFTPd 3.0.2)
Name (192.168.10.1:root): user1        //列表外的用户是自由的
331 Please specify the password.
Password:
230 Login successful.
Remote system type is UNIX.
Using binary mode to transfer files.
ftp> pwd
257 "/web/www/html"
ftp> mkdir testuser1
257 "/web/www/html/testuser1" created
```

```
ftp> cd /etc                        //成功转换到/etc 目录
250 Directory successfully changed.
ftp> get passwd                     //成功下载密码文件 passwd 到/root，可以退出后查看
local: passwd remote: passwd
227 Entering Passive Mode (192,168,10,1,80,179).
150 Opening BINARY mode data connection for passwd (2203 bytes).
226 Transfer complete.
2203 bytes received in 9e-05 secs (24477.78 Kbytes/sec)
ftp> cd /web/www/html
250 Directory successfully changed.
ftp> ls
227 Entering Passive Mode (192,168,10,1,182,144).
150 Here comes the directory listing.
-rw-r--r--        1 0        0              0 Jul 21 01:25 test.sample
drwxr-xr-x        2 1001     1001           6 Jul 21 01:48 testteam1
drwxr-xr-x        2 1003     1003           6 Jul 21 01:50 testuser1
226 Directory send OK.
```

任务 10-5　设置 vsftp 虚拟账号

　　FTP 服务器的搭建工作并不复杂，但需要按照服务器的用途，合理规划相关配置。如果 FTP 服务器并不对互联网上的所有用户开放，则可以关闭匿名访问，而开启实体账户或者虚拟账户的验证机制。但实际操作中，如果使用实体账户访问，FTP 用户在拥有服务器真实用户名和密码的情况下，会对服务器产生潜在的危害，FTP 服务器如果设置不当，则用户有可能使用实体账号进行非法操作。所以，为了 FTP 服务器的安全，可以使用虚拟用户验证方式，也就是将虚拟的账号映射为服务器的实体账号，客户端使用虚拟账号访问 FTP 服务器。

　　要求：使用虚拟用户 user2、user3 登录 FTP 服务器，访问主目录是/var/ftp/vuser，用户只允许查看文件，不允许上传、修改等操作。

　　对于 vsftp 虚拟账号的配置主要有以下几个步骤。

　　1. 创建用户数据库

　　（1）创建用户文本文件。首先，建立保存虚拟账号和密码的文本文件，格式如下。

```
虚拟账号 1
密码
虚拟账号 2
密码
```

使用 vim 编辑器建立用户文件 vuser.txt，添加虚拟账号 user2 和 user3。如下所示。

```
[root@server1 ~]# mkdir     /vftp
[root@server1 ~]# vim       /vftp/vuser.txt
user2
12345678
user3
12345678
```

　　（2）生成数据库。保存虚拟账号及密码的文本文件无法被系统账号直接调用，需要使用 db_load 命令生成 db 数据库文件。

```
[root@server1 ~]# db_load  -T  -t  hash  -f  /vftp/vuser.txt  /vftp/vuser.db
[root@server1 ~]# ls    /vftp
vuser.db    vuser.txt
```

（3）修改数据库文件访问权限。数据库文件中保存着虚拟账号和密码信息，为了防止非法用户盗取，可以修改该文件的访问权限。

```
[root@server1 ~]# chmod    700   /vftp/vuser.db
[root@server1 ~]# ll    /vftp
```

2. 配置 PAM 文件

为了使服务器能够使用数据库文件，对客户端进行身份验证，需要调用系统的 PAM 模块。PAM（Plugable Authentication Module）为可插拔认证模块，不必重新安装应用程序，通过修改指定的配置文件，调整对该程序的认证方式。PAM 模块配置文件路径为/etc/pam.d，该目录下保存着大量与认证有关的配置文件，并以服务名称命名。

下面修改 vsftp 对应的 PAM 配置文件/etc/pam.d/vsftpd，将默认配置使用"#"全部注释，添加相应字段，如下所示。

```
[root@server1 ~]# vim    /etc/pam.d/vsftpd
#PAM-1.0
#session      optional      pam_keyinit.so      force      revoke
#auth        required      pam_listfile.so      item=user sense=deny
#file=/etc/vsftpd/ftpusers      onerr=succeed
#auth        required      pam_shells.so
auth         required      pam_userdb.so   db=/vftp/vuser
account      required      pam_userdb.so   db=/vftp/vuser
```

3. 创建虚拟账户对应系统用户

```
[root@server1 ~]# useradd  -d  /var/ftp/vuser  vuser              ①
[root@server1 ~]# chown    vuser.vuser  /var/ftp/vuser             ②
[root@server1 ~]# chmod    555   /var/ftp/vuser                    ③
[root@server1 ~]# ls   -ld   /var/ftp/vuser                        ④
dr-xr-xr-x. 6 vuser vuser 127 Jul 21 14:28 /var/ftp/vuser
```

以上代码中其后带序号的各行功能说明如下。

① 用 useradd 命令添加系统账户 vuser，并将其/home 目录指定为/var/ftp 下的 vuser。

② 变更 vuser 目录的所属用户和组，设定为 vuser 用户、vuser 组。

③ 当匿名账户登录时会映射为系统账户，并登录/var/ftp/vuser 目录，但其并没有访问该目录的权限，需要为 vuser 目录的属主、属组和其他用户和组添加读和执行权限。

④ 使用 1s 命令，查看 vuser 目录的详细信息，系统账号主目录设置完毕。

4. 修改/etc/vsftpd/vsftpd.conf

```
anonymous_enable=NO                           ①
anon_upload_enable=NO
anon_mkdir_write_enable=NO
anon_other_write_enable=NO
local_enable=YES                              ②
chroot_local_user=YES                         ③
allow_writeable_chroot=YES
write_enable=NO                               ④
guest_enable=YES                              ⑤
```

```
guest_username=vuser                    ⑥
listen=YES                              ⑦
pam_service_name=vsftpd                 ⑧
```

> 💡 **注意**　"="号两边不要加空格。

以上代码中其后带序号的各行功能说明如下。

① 为了保证服务器的安全，关闭匿名访问，以及其他匿名相关设置。

② 虚拟账号会映射为服务器的系统账号，所以需要开启本地账号的支持。

③ 锁定账户的根目录。

④ 关闭用户的写权限。

⑤ 开启虚拟账号访问功能。

⑥ 设置虚拟账号对应的系统账号为 vuser。

⑦ 设置 FTP 服务器为独立运行。

⑧ 配置 vsftp 使用的 PAM 模块为 vsftpd。

5. 设置防火墙放行和 SELinux 允许，重启 vsftpd 服务（详见前面相关内容）

6. 在 Client1 上测试

使用虚拟账号 user2、user3 登录 FTP 服务器，进行测试，会发现虚拟账号登录成功，并显示 FTP 服务器目录信息。

```
[root@client1 ~]# ftp 192.168.10.1
Connected to 192.168.10.1 (192.168.10.1).
220 (vsFTPd 3.0.2)
Name (192.168.10.1:root): user2
331 Please specify the password.
Password:
230 Login successful.
Remote system type is UNIX.
Using binary mode to transfer files.
ftp> ls                //可以列示目录信息
227 Entering Passive Mode (192,168,10,1,31,79).
150 Here comes the directory listing.
-rwx---rwx    1 0          0              0 Jul 21 05:40 test.sample
226 Directory send OK.
ftp> cd /etc           //不能更改主目录
550 Failed to change directory.
ftp> mkdir testuser1   //仅能查看，不能写入
550 Permission denied.
ftp> quit
221 Goodbye.
```

> 💡 **提示**　匿名开放模式、本地用户模式和虚拟用户模式的配置文件，请在出版社网站下载，或向作者索要。

7. 补充服务器端 vsftp 的主被动模式配置

（1）主动模式配置。

Port_enable=YES 开启主动模式

Connect_from_port_20=YES 当主动模式开启的时候是否启用默认的 20 端口监听

Ftp_date_port=%portnumber% 上一选项使用 NO 参数时指定数据传输端口

（2）被动模式配置。

connect_from_port_20=NO

PASV_enable=YES 开启被动模式

PASV_min_port=%number% 被动模式最低端口

PASV_max_port=%number% 被动模式最高端口

10.4 练习题

一、选择题

1. ftp 命令的（   ）参数可以与指定的机器建立连接。
   A. connect   B. close   C. cdup   D. open
2. FTP 服务使用的端口是（   ）。
   A. 21   B. 23   C. 25   D. 53
3. 从 Internet 上获得软件最常采用的是（   ）。
   A. WWW   B. Telnet   C. FTP   D. DNS
4. 一次下载多个文件可以用（   ）命令。
   A. mget   B. get   C. put   D. mput
5. 下面（   ）不是 FTP 用户的类别。
   A. real   B. anonymous   C. guest   D. users
6. 修改文件 vsftpd.conf 的（   ）可以实现 vsftpd 服务独立启动。
   A. listen=YES   B. listen=NO   C. boot=standalone D. #listen=YES
7. 将用户加入以下（   ）文件中可能会阻止用户访问 FTP 服务器。
   A. vsftpd/ftpusers   B. vsftpd/user_list
   C. ftpd/ftpusers   D. ftpd/userlist

二、填空题

1. FTP 服务就是_____服务，FTP 的英文全称是_____。
2. FTP 服务通过使用一个共同的用户名_____，密码不限的管理策略，让任何用户都可以很方便地从这些服务器上下载软件。
3. FTP 服务有两种工作模式：_____和_____。
4. ftp 命令的格式如下：_____。

三、简答题

1. 简述 FTP 的工作原理。
2. 简述 FTP 服务的传输模式。
3. 简述常用的 FTP 软件。

10.5　项目拓展

一、项目目的

● 掌握 FTP 服务器的配置与调试。

二、项目环境

某企业网络拓扑图如图 10-3 所示，该企业想构建一台 FTP 服务器，为企业局域网中的计算机提供文件传送任务，为财务部门、销售部门和 OA 系统提供异地数据备份。要求能够对 FTP 服务器设置连接限制、日志记录、消息、验证客户端身份等属性，并能创建用户隔离的 FTP 站点。

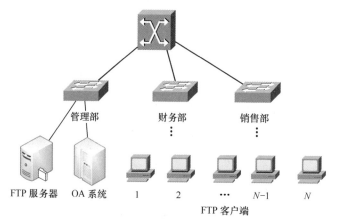

图 10-3　FTP 服务器搭建与配置网络拓扑图

三、项目要求

练习 FTP 服务器的配置与调试。

四、深度思考

在观看（本项目的项目实训视频）时思考以下几个问题。

（1）如何使用 service vsftpd status 命令检查 vsftp 的安装状态？

（2）FTP 权限和文件系统权限有何不同？如何进行设置？

（3）为何不建议对根目录设置写权限？

（4）如何设置进入目录后的欢迎信息？

（5）如何锁定 FTP 用户在其宿主目录中？

（6）user_list 和 ftpusers 文件都存有用户名列表，如果一个用户同时存在于两个文件中，最终的执行结果是怎样的？

五、做一做

检查学习效果。

项目 11　配置与管理电子邮件服务器

项目描述

　　某高校组建了学校的校园网，现需要在校园网中部署一台电子邮件服务器，用于进行公文发送和工作交流。利用基于 Linux 平台的 postfix 邮件服务器的配置既能满足需要，又节省了资金。

　　在完成该项目之前，首先，应当规划好电子邮件服务器的存放位置、所属网段、IP 地址、域名等信息；其次，要确定每个用户的用户名，以便为其创建账号等。

项目目标

- 了解电子邮件服务的工作原理。
- 掌握 sendmail 和 POP3 邮件服务器的配置。
- 掌握电子邮件服务器的测试。
- 掌握 Open WebMail。

11.1　相关知识

电子邮件（Electronic Mail，E-mail）服务是 Internet 最基本也是最重要的服务之一。

11.1.1　电子邮件服务概述

　　与现实生活中的邮件传递类似，每个人必须有一个唯一的电子邮件地址。电子邮件地址的格式是 USER@SERVER.COM，由 3 部分组成。第一部分 USER 代表用户邮箱账号，对于同一个邮件接收服务器来说，这个账号必须是唯一的；第二部分@是分隔符；第三部分 SERVER.COM 是用户信箱的邮件接收服务器域名，用以标识其所在的位置。这样的一个电子邮件地址表明该用户在指定的计算机（邮件服务器）上有一块存储空间。Linux 邮件服务器上的邮件存储空间通常是位于/var/spool/mail 目录下的文件。

11.1.2　电子邮件系统的组成

　　Linux 系统中的电子邮件系统包括 3 个组件：邮件用户代理（Mail User Agent，MUA）、邮件传送代理（Mail Transfer Agent，MTA）和邮件投递代理（Mail Dilivery Agent，MDA）。

1. MUA

　　MUA 是电子邮件系统的客户端程序。它是用户与电子邮件系统的接口，主要负责邮件的发送和接收及邮件的撰写、阅读等工作。目前主流的用户代理软件有基于 Windows 平台的

Outlook、Foxmail 和基于 Linux 平台的 mail、elm、pine、Evolution 等。

2. MTA

MTA 是电子邮件系统的服务器端程序。它主要负责邮件的存储和转发。最常用的 MTA 软件有基于 Windows 平台的 Exchange 和基于 Linux 平台的 sendmail、qmail 和 postfix 等。

3. MDA

MDA 有时也称为本地投递代理（Local Dilivery Agent，LDA）。MTA 把邮件投递到邮件接收者所在的邮件服务器，MDA 则负责把邮件按照接收者的用户名投递到邮箱中。

4. MUA、MTA 和 MDA 协同工作

总体来说，当使用 MUA 程序写信（例如 elm、pine 或 mail）时，应用程序把信件传给 sendmail 或 postfix 这样的 MTA 程序。如果信件是寄给局域网或本地主机的，那么 MTA 程序应该从地址上就可以确定这个信息。如果信件是发给远程系统用户的，那么 MTA 程序必须能够选择路由，与远程邮件服务器建立连接并发送邮件。MTA 程序还必须能够处理发送邮件时产生的问题，并且能向发信人报告出错信息。例如，当邮件没有填写地址或收信人不存在时，MTA 程序要向发信人报错。MTA 程序还支持别名机制，使得用户能够方便地用不同的名字与其他用户、主机或网络通信。而 MDA 的作用主要是把接收者 MTA 收到的邮件信息投递到相应的邮箱中。

11.1.3 电子邮件传输过程

电子邮件与普通邮件有类似的地方，发信者注明收件人的姓名与地址（即邮件地址），发送方服务器把邮件传到收件方服务器，收件方服务器再把邮件发到收件人的邮箱中，如图 11-1 所示。

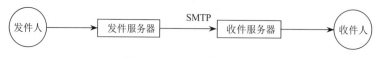

图 11-1　电子邮件发送示意图

以一封邮件的传递过程为例，下面是邮件发送的基本过程，如图 11-2 所示。

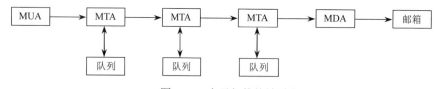

图 11-2　电子邮件传输过程

（1）邮件用户在客户机使用 MUA 撰写邮件，并将写好的邮件提交给本地 MTA 上的缓冲区。

（2）MTA 每隔一定时间发送一次缓冲区中的邮件队列。MTA 根据邮件的接收者地址，使用 DNS 服务器的 MX（邮件交换器资源记录）解析邮件地址的域名部分，从而决定将邮件投递到哪一个目标主机。

（3）目标主机上的 MTA 收到邮件以后，根据邮件地址中的用户名部分判断用户的邮箱，并使用 MDA 将邮件投递到该用户的邮箱中。

（4）该邮件的接收者可以使用常用的 MUA 软件登录邮箱，查阅新邮件，并根据自己的需要作相应的处理。

11.1.4　与电子邮件相关的协议

常用的与电子邮件相关的协议有 SMTP、POP3 和 IMAP4。

1．SMTP（Simple Mail Transfer Protocol）

SMTP 即简单邮件传输协议，该协议默认工作在 TCP 的 25 端口。SMTP 属于客户机/服务器模型，它是一组用于由源地址到目的地址传送邮件的规则，由它来控制信件的中转方式。SMTP 属于 TCP/IP 协议簇，它帮助每台计算机在发送或中转信件时找到下一个目的地。通过 SMTP 所指定的服务器，就可以把电子邮件寄到收件人的服务器上。

2．POP3（Post Office Protocol 3）

POP3 即邮局协议的第 3 个版本，该协议默认工作在 TCP 的 110 端口。POP3 同样也属于客户机/服务器模型，它是规定怎样将个人计算机连接到 Internet 的邮件服务器和下载电子邮件的协议。它是 Internet 电子邮件的第一个离线协议标准，POP3 允许从服务器上把邮件存储到本地主机即自己的计算机上，同时删除保存在邮件服务器上的邮件。遵循 POP3 来接收电子邮件的服务器是 POP3 服务器。

3．IMAP4（Internet Message Access Protocol 4）

IMAP4 即 Internet 信息访问协议的第 4 个版本，该协议默认工作在 TCP 的 143 端口。IMAP4 是用于从本地服务器上访问电子邮件的协议，它也是一个客户机/服务器模型协议，用户的电子邮件由服务器负责接收保存，用户可以通过浏览信件头来决定是否要下载此信件。用户也可以在服务器上创建或更改文件夹或邮箱，删除信件或检索信件的特定部分。

 注意　虽然 POP3 和 IMAP4 都用于处理电子邮件的接收，但二者在机制上却有所不同。在用户访问电子邮件时，IMAP4 需要持续访问邮件服务器，而 POP3 则是将信件保存在服务器上。当用户阅读信件时，所有内容都会被立即下载到用户的计算机上。

11.1.5　邮件中继

前面讲解了整个邮件转发的流程。实际上邮件服务器在接收到邮件以后，会根据邮件的目的地址判断该邮件是发送至本域还是外部，然后再分别进行不同的操作，常见的处理方法有以下两种。

1．本地邮件发送

当邮件服务器检测到邮件发往本地邮箱时，如 yun@smile.com 发送至 long@smile.com，处理方法比较简单，会直接将邮件发往指定的邮箱。

2．邮件中继

中继是指要求服务器向其他服务器传递邮件的一种请求。一个服务器处理的邮件只有两类，一类是外发的邮件，一类是接收的邮件，前者是本域用户通过服务器要向外部转发的邮件，后者是发给本域用户的。

一个服务器不应该处理过路的邮件，就是既不是自己的用户发送的，也不是发给自己的用户的，而是一个外部用户发给另一个外部用户的，这一行为称为第三方中继。如果是不需要经过验证就可以中继邮件到组织外，称为 OPEN RELAY（开放中继），"第三方中继"和"开放中继"是要禁止的，但中继是不能关闭的，这里需要了解几个概念。

（1）中继。用户通过服务器将邮件传递到组织外。

（2）OPEN RELAY。不受限制的组织外中继，即无验证的用户也可提交中继请求。

（3）第三方中继。由服务器提交的 OPEN RELAY 不是从客户端直接提交的。比如用户的域是 A，通过服务器 B（属于 B 域）中转邮件到 C 域。这时在服务器 B 上看到的是连接请求来源于 A 域的服务器（不是客户），而邮件既不是服务器 B 所在域用户提交的，也不是发 B 域的，这就属于第三方中继，这是垃圾邮件的根本。如果用户通过直接连接你的服务器发送邮件，这是无法阻止的，比如群发软件。但如果关闭了 OPEN RELAY，那么他只能发信到你的组织内用户，无法将邮件中继出组织。

3．邮件认证机制

如果关闭了 OPEN RELAY，那么必须是该组织成员通过验证后才可以提交中继请求。也就是说，用户要发邮件到组织外，一定要经过验证。要注意的是不能关闭中继，否则邮件系统只能在组织内使用。邮件认证机制要求用户在发送邮件时必须提交账号及密码，邮件服务器验证该用户属于该域合法用户后，才允许转发邮件。

11.2 项目设计及准备

11.2.1 项目设计

本项目选择企业版 Linux 网络操作系统提供的电子邮件系统 postfix 来部署电子邮件服务，利用 telnet 来收发邮件。

11.2.2 项目准备

部署电子邮件服务应满足下列需求：

（1）安装好的企业版 Linux 网络操作系统，并且必须保证 Apache 服务正常工作。客户端使用 Linux 或 Windows 网络操作系统。服务器和客户端能够通过网络进行通信。

（2）电子邮件服务器的 IP 地址、子网掩码等 TCP/IP 参数应手动配置。

（3）电子邮件服务器应拥有一个友好的 DNS 名称，并且应能够被正常解析，且具有电子邮件服务所需要的 MX 资源记录。

（4）创建任何电子邮件域之前，规划并设置好 POP3 服务器的身份验证方法。

11.3 项目实施

任务 11-1 配置 postfix 常规服务器

在 CentOS 5、CentOS 6 以及诸多早期的 Linux 系统中，默认使用的发件服务是由 postfix 服务程序提供的，而在 CentOS 7 系统中已经替换为 postfix 服务程序。相较于 postfix 服务程序，

postfix 服务程序减少了很多不必要的配置步骤，而且在稳定性、并发性方面也有很大改进。

如果想要成功地架设 postfix 服务器，除了需要理解其工作原理外，还需要清楚整个设定流程，以及在整个流程中每一步的作用。一个简易 postfix 服务器设定流程主要包含以下几个步骤。

（1）配置好 DNS。

（2）配置 postfix 服务程序。

（3）配置 Dovecot 服务程序。

（4）创建电子邮件系统的登录账户。

（5）启动 postfix 服务器。

（6）测试电子邮件系统。

1．安装 bind 和 postfix 服务

```
[root@server1 ~]# rpm -q postfix
[root@server1 ~]# mkdir /iso
[root@server1 ~]# mount /dev/cdrom /iso
[root@server1 ~]# yum clean all              //安装前先清除缓存
[root@server1 ~]# yum install bind postfix –y
[root@server1 ~]# rpm -qa|grep postfix       //检查安装组件是否成功
postfix-2.10.1-6.el7.x86_64
```

2．打开 SELinux 有关的布尔值，在防火墙中开放 dns、smtp 服务。重启服务，并设置开机重启生效。

```
[root@server1 ~]# setsebool  -P  allow_postfix_local_write_mail_spool  on
[root@server1 ~]# systemctl restart postfix
[root@server1 ~]# systemctl restart named
[root@server1 ~]# systemctl enable named
[root@server1 ~]# systemctl enable postfix
[root@server1 ~]# firewall-cmd --permanent --add-service=dns
[root@server1 ~]# firewall-cmd --permanent --add-service=smtp
[root@server1 ~]# firewall-cmd --reload
```

3．postfix 服务程序主配置文件（/etc/ postfix/main.cf）

postfix 服务程序主配置文件（/etc/ postfix/main.cf）有 679 行左右的内容，主要的配置参数见表 11-1。

表 11-1　postfix 服务程序主配置文件中的重要参数

参数	作用
myhostname	邮局系统的主机名
mydomain	邮局系统的域名
myorigin	从本机发出邮件的域名名称
inet_interfaces	监听的网卡接口
mydestination	可接收邮件的主机名或域名
mynetworks	设置可转发哪些主机的邮件
relay_domains	设置可转发哪些网域的邮件

在 postfix 服务程序的主配置文件中，总计需要修改 5 处。

（1）首先是在第 76 行定义一个名为 myhostname 的变量，用来保存服务器的主机名称。还要记住下边的参数需要调用它：

myhostname = mail.long.com

（2）在第 83 行定义一个名为 mydomain 的变量，用来保存邮件域的名称。后面也要调用这个变量。

mydomain = long.com

（3）在第 99 行调用前面的 mydomain 变量，用来定义发出邮件的域。调用变量的好处是避免重复写入信息，以及便于日后统一修改。

myorigin = $mydomain

（4）第 4 处修改是在第 116 行定义网卡监听地址。可以指定要使用服务器的哪些 IP 地址对外提供电子邮件服务；也可以直接写成 all，代表所有 IP 地址都能提供电子邮件服务。

inet_interfaces = all

（5）最后一处修改是在第 164 行定义可接收邮件的主机名或域名列表。这里可以直接调用前面定义好的 myhostname 和 mydomain 变量（如果不想调用变量，也可以直接调用变量中的值）。

mydestination = $myhostname , $mydomain,localhost

4. 别名和群发设置

用户别名是经常用到的一个功能。顾名思义，别名就是给用户起另外一个名字。例如，给用户 A 起个别名为 B，则以后发给 B 的邮件实际是 A 用户来接收。为什么说这是一个经常用到的功能呢？第一，root 用户无法收发邮件，如果有发给 root 用户的信件必须为 root 用户建立别名。第二，群发设置需要用到这个功能。企业内部在使用邮件服务的时候，经常会按照部门群发信件，发给财务部门的信件只有财务部所有人才会收到，其他部门的则无法收到。

如果要使用别名设置功能，首先需要在/etc 目录下建立文件 aliases。然后编辑文件内容，其格式如下。

alias: recipient[,recipient,…]

其中，alias 为邮件地址中的用户名（别名），而 recipient 是实际接收该邮件的用户。下面通过几个例子来说明用户别名的设置方法。

【例 11-1】为 user1 账号设置别名为 zhangsan，为 user2 账号设置别名为 lisi。方法如下。

```
[root@server1 ~]# vim     /etc/aliases
//添加下面两行：
zhangsan: user1
lisi: user2
```

【例 11-2】假设网络组的每位成员在本地 Linux 系统中都拥有一个真实的电子邮件账户，现在要给网络组的所有成员发送一封相同内容的电子邮件。可以使用用户别名机制中的邮件列表功能实现。方法如下：

```
[root@server1 ~]# vim     /etc/aliases
network_group: net1,net2,net3,net4
```

这样，通过给 network_group 发送信件就可以给网络组中的 net1、net2、net3 和 net4 都发送了一封同样的信件。

最后，在设置过 aliases 文件后，还要使用 newaliases 命令生成 aliases.db 数据库文件。

```
[root@server1 ~]# newaliases
```

5．利用 Access 文件设置邮件中继

Access 文件用于控制邮件中继（RELAY）和邮件的进出管理。可以利用 Access 文件来限制哪些客户端可以使用此邮件服务器来转发邮件。例如限制某个域的客户端拒绝转发邮件，也可以限制某个网段的客户端可以转发邮件。Access 文件的内容会以列表形式体现出来。其格式如下：

```
对象      处理方式
```

对象和处理方式的表现形式并不单一，每一行都包含对象和对它们的处理方式。下面对常见的对象和处理方式的类型做简单介绍。

Access 文件中的每一行都具有一个对象和一种处理方式，我们要根据环境需要进行二者的组合。下面来看一个现成使用 vim 命令来查看默认的 access 文件的示例。

默认的设置表示来自本地的客户端允许使用 Mail 服务器收发邮件。通过修改 Access 文件，可以设置邮件服务器对 E-mail 的转发行为，但是配置后必须使用 postmap 建立新的 access.db 数据库。

【例 11-3】允许 192.168.0.0/24 网段和 long.com 自由发送邮件，但拒绝客户端 clm.long.com，及除 192.168.2.100 以外的 192.168.2.0/24 网段所有主机。

```
[root@server1 ~]#  vim    /etc/postfix/access
192.168.0                          OK
.long.com                          OK
clm.long.com                       REJECT
192.168.2.100                      OK
192.168.2                          OK
```

还需要在/etc/postfix/main.cf 中增加以下内容：

```
smtpd_client_restrictions = check_client_access hash:/etc/postfix/access
```

 注意 只有增加这一行访问控制的过滤规则（access）才生效！

最后使用 postmap 生成新的 access.db 数据库。

```
[root@server1 postfix]# postmap    hash:/etc/postfix/access
[root@server1 postfix]# ls -l /etc/postfix/access*
-rw-r--r--. 1 root root 20986 Aug   4 18:53 /etc/postfix/access
-rw-r--r--. 1 root root 12288 Aug   4 18:55 /etc/postfix/access.db
```

6．设置邮箱容量

（1）设置用户邮件的大小限制。编辑/etc/postfix/main.cf 配置文件，限制发送的邮件大小最大为 5MB，添加以下内容：

```
message_size_limit=5000000
```

（2）通过磁盘配额限制用户邮箱空间。

1）使用"df -hT"查看邮件目录挂载信息，如图 11-3 所示。

2）首先使用 vim 编辑器修改/etc/fstab 文件，如图 11-4 所示（一定保证/var 是单独的分区）。

在项目 1 的硬盘分区中我们已经考虑了独立分区的问题，这样保证了该实训的正常进行。从图 11-3 可以看出，/var 已经自动挂载了。

```
[root@server1 ~]# df -hT
文件系统        类型      容量  已用  可用 已用% 挂载点
/dev/sda2      ext4      9.1G  102M  8.5G    2% /
devtmpfs       devtmpfs  472M     0  472M    0% /dev
tmpfs          tmpfs     488M     0  488M    0% /dev/shm
tmpfs          tmpfs     488M   15M  473M    4% /run
tmpfs          tmpfs     488M     0  488M    0% /sys/fs/cgroup
/dev/sda5      ext4      7.3G  3.2G  3.7G   47% /usr
/dev/sda3      ext4      7.8G  333M  7.1G    5% /home
/dev/sda1      ext4      283M  124M  141M   47% /boot
/dev/sda7      ext4      922M  2.6M  856M    1% /tmp
/dev/sda6      ext4      7.3G  228M  6.6G    4% /var
tmpfs          tmpfs      98M   36K   98M    1% /run/user/0
/dev/sr0       iso9660   4.2G  4.2G     0  100% /iso
[root@server1 ~]#
```

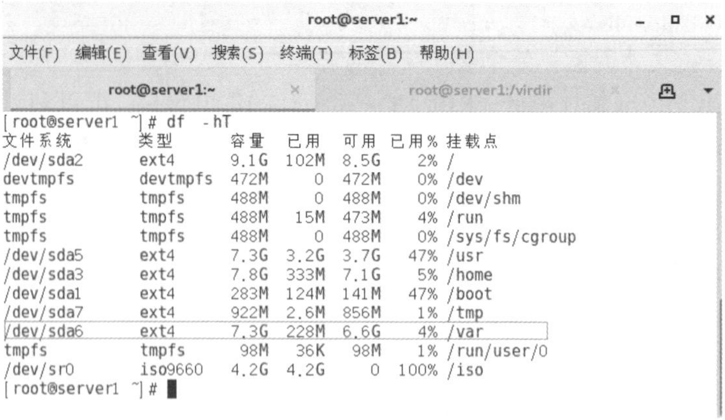

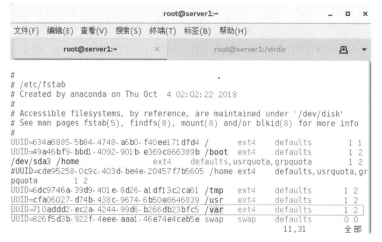

图 11-3　查看邮件目录挂载信息

```
#
# /etc/fstab
# Created by anaconda on Thu Oct  4 02:02:22 2018
#
# Accessible filesystems, by reference, are maintained under '/dev/disk'
# See man pages fstab(5), findfs(8), mount(8) and/or blkid(8) for more info
#
UUID=634a6885-5b84-4748-a6b0-f40ee171dfd4 /      ext4   defaults        1 1
UUID=49a46bf9-bbd1-4092-901b-e369c866389b /boot  ext4   defaults        1 2
/dev/sda3  /home                   ext4    defaults,usrquota,grpquota   1 2
#UUID=cde95258-0c9c-403d-be4e-20457f7b5605 /home ext4   defaults,usrquota,grpquota        1 2
UUID=6dc9746a-39d9-401e-8d26-a1df13c2ca61 /tmp   ext4   defaults        1 2
UUID=cfa06027-d74b-438c-9674-6b50e8646839 /usr   ext4   defaults        1 2
UUID=710addd2-ec2a-4244-99d6-b266db23bfc5 /var   ext4   defaults        1 2
UUID=826f5d3b-922f-4eee-aaa1-46e74e4ceb5e swap   swap   defaults        0 0
                                                        11,31         全部
```

图 11-4　/etc/fstab 文件

3）由于 sda6 分区格式为 ext4，需要进行一定设置。如果只是想要在本次开机中实验 quota，那么可以使用如下的方式来手动加入 quota 的支持。

```
[root@server1 ~]# mount -o remount,usrquota,grpquota /var
[root@server1 ~]# mount|grep var
/dev/sda6 on /var type ext4 (rw,relatime,seclabel,quota,usrquota,grpquota,data=ordered)
# 重点就在于 usrquota,grpquota !注意写法!
```

usrquota 为用户的配额参数，grpquota 为组的配额参数。保存退出，重新启动机器，使操作系统按照新的参数挂载文件系统。

```
[root@server1 ~]# mount
………………
/dev/sda3 on /home type ext4 (rw,relatime,seclabel,quota,usrquota,grpquota,data=ordered)
/dev/sda1 on /boot type ext4 (rw,relatime,seclabel,data=ordered)
/dev/sda7 on /tmp type ext4 (rw,relatime,seclabel,data=ordered))
/dev/sda6 on /var type ext4 (rw,relatime,seclabel,quota,usrquota,grpquota,data=ordered))
……………………
[root@server1 ~]# quotaon -p /var
```

```
group quota on /var (/dev/sda6) is off
user quota on /var (/dev/sda6) is off
```
如果因为特殊需求需要强制扫描已挂载的文件系统时
```
[root@server1 ~]# quotacheck    -avug    -mf
```
由于我们要启动 user/group 的 quota,所以使用下面的语法即可
```
[root@server1 ~]# quotaon    -auvg
[root@server1 ~]# quotaon -p /var
group quota on /var (/dev/sda6) is on
user quota on /var (/dev/sda6) is on
```

 如果分区是 xfs,默认自动开启磁盘配额功能:usrquota,grpquota。不需要上面 3)的开启 quota 的操作。直接转入 4)设置磁盘配额。

4)设置磁盘配额。下面为用户和组配置详细的配额限制,使用 edquota 命令进行磁盘配额的设置,命令格式如下。

```
edquota    -u    用户名        或    edquota    -g    组名
```

为用户 bob 配置磁盘配额限制,执行了 edquota 命令,打开用户配额编辑文件。如下所示(user1 用户一定是存在的 Linux 系统用户)。

```
[root@server1 ~]# edquota    -u    user1
Disk quotas for user user1 (uid 1012):
  Filesystem         blocks        soft        hard      inodes    soft      hard
  /dev/sda6              0            0           0          1        0         0
```

磁盘配额参数含义见表 11-2。

表 11-2   磁盘配额参数含义

列名	解释
Filesystem	文件系统的名称
blocks	用户当前使用的块数(磁盘空间),单位为 KB
soft	可以使用的最大磁盘空间。可以在一段时期内超过软限制规定
hard	可以使用的磁盘空间的绝对最大值。达到了该限制后,操作系统将不再为用户或组分配磁盘空间
inodes	用户当前使用的 inode 节点数量(文件数)
soft	可以使用的最大文件数。可以在一段时期内超过软限制规定
hard	可以使用的文件数的绝对最大值。达到了该限制后,用户或组将不能再建立文件

设置磁盘空间或者文件数限制,需要修改对应的 soft、hard 值,而不要修改 blocks 和 inodes 值,根据当前磁盘的使用状态,操作系统会自动设置这两个字段的值。

 如果 soft 或者 hard 值设置为 0,则表示没有限制。

这里将磁盘空间的硬限制设置为 100MB。
```
[root@server1 ~]# edquota    -u    user1
Disk quotas for user bob (uid 1015):
```

Filesystem	blocks	soft	hard	inodes	soft	hard
/dev/sda6	0	0	**100000**	1	0	0

任务 11-2 配置 dovecot 服务程序

在 postfix 服务器 server1 上进行基本配置以后，Mail Server 就可以完成 E-mail 的邮件发送工作，但是如果需要使用 POP3 和 IMAP 协议接受邮件，还需要安装 dovecot 软件包，如下所示。

1. 安装 dovecot 服务程序软件包

（1）安装 POP3 和 IMAP。

```
[root@server1 ~]# yum install dovecot -y
[root@server1 ~]# rpm -qa |grep dovecot
dovecot-2.2.10-8.el7.x86_64
```

（2）启动 POP3 服务，同时开放 POP3 和 IMAP 对应的 TCP 端口 110 和 143。

```
[root@server1 ~]# systemctl restart   dovecot
[root@server1 ~]# systemctl enable   dovecot
[root@server1 ~]# firewall-cmd --permanent --add-port=110/tcp
[root@server1 ~]# firewall-cmd --permanent --add-port=25/tcp
[root@server1 ~]# firewall-cmd --permanent --add-port=143/tcp
[root@server1 ~]# firewall-cmd --reload
```

（3）测试。使用 netstat 命令测试是否开启 POP3 的 110 端口和 IMAP 的 143 端口，如下所示。

```
[root@server1 ~]#netstat   -an|grep    :110
tcp        0      0 0.0.0.0:110              0.0.0.0:*               LISTEN
tcp6       0      0 :::110                   :::*                    LISTEN
[root@server1 ~]#netstat   -an|grep    :143
tcp        0      0 0.0.0.0:143              0.0.0.0:*               LISTEN
tcp6       0      0 :::143                   :::*                    LISTEN
```

如果显示 110 和 143 端口开启，则表示 POP3 以及 IMAP 服务已经可以正常工作。

2. 配置部署 dovecot 服务程序

（1）在 dovecot 服务程序的主配置文件中进行如下修改。首先是第 24 行，把 dovecot 服务程序支持的电子邮件协议修改为 imap、pop3 和 lmtp。不修改也可以，默认就是这些协议。

```
[root@server1   ~]#   vim /etc/dovecot/dovecot.conf
protocols = imap pop3 lmtp
```

（2）在主配置文件中的第 48 行，设置允许登录的网段地址，也就是说我们可以在这里限制只有来自某个网段的用户才能使用电子邮件系统。如果想允许所有人都能使用，修改本参数为：

```
login_trusted_networks = 0.0.0.0/0
```

也可修改为某网段，如：192.168.10.0/24。

　　本字段一定要启用，否则在连接 telnet 使用 25 号端口收邮件时会出现如下错误：-ERR [AUTH] Plaintext authentication disallowed on non-secure (SSL/TLS) connections..

3. 配置邮件格式与存储路径

在 dovecot 服务程序单独的子配置文件中，定义一个路径，用于指定要将收到的邮件存放到服务器本地的哪个位置。这个路径默认已经定义好了，我们只需要将该配置文件中第 24 行前面的 "#" 号删除即可。

```
[root@server1 ~]# vim /etc/dovecot/conf.d/10-mail.conf
mail_location = mbox:~/mail:INBOX=/var/mail/%u
```

4. 创建用户，建立保存邮件的目录

以创建 user1 和 user2 为例。创建用户完成后，建立相应用户的保存邮件的目录（这是必需的，否则出错）。至此，对 dovecot 服务程序的配置部署步骤全部结束。

```
[root@server1 ~]# useradd user1
[root@server1 ~]# useradd user2
[root@server1 ~]# passwd user1
[root@server1 ~]# passwd user2
[root@server1 ~]# mkdir -p /home/user1/mail/.imap/INBOX
[root@server1 ~]# mkdir -p /home/user2/mail/.imap/INBOX
```

任务 11-3　配置一个完整的收发邮件服务器并测试

postfix 电子邮件服务器和 DNS 服务器的地址为 192.168.10.1，利用 telnet 命令完成邮件地址为 user3@long.com 的用户向邮件地址为 user4@long.com 的用户发送主题为 "The first mail：user3 TO user4" 的邮件，同时使用 telnet 命令从 IP 地址为 192.168.10.1 的 POP3 服务器接收电子邮件。

1. 任务分析

当 postfix 服务器搭建好之后，应该尽可能快地保证服务器的正常使用，一种快速有效的测试方法是使用 telnet 命令直接登录服务器的 25 端口，并收发信件以及对 postfix 进行测试。

在测试之前，我们先要确保 Telnet 的服务器端软件和客户端软件已经安装（分别在 server1 和 Client1 上安装，不再一一分述）。为了避免原来的设置影响本次实训，建议将计算机恢复到初始状态，具体操作过程如下。

2. 在 server1 上安装 dns、postfix、dovecot 和 telnet，并启动

（1）安装 dns、postfix、dovecot 和 telnet。

```
[root@server1 ~]# mkdir    /iso
[root@server1 ~]# mount /dev/cdrom /iso
[root@server1 ~]# yum clean all                          //安装前先清除缓存
[root@server1 ~]# yum install bind postfix dovecot telnet-server telnet –y
```

（2）打开 SELinux 有关的布尔值，在防火墙中开放 dns、smtp 服务。

```
[root@server1 ~]# setsebool   -P   allow_postfix_local_write_mail_spool   on
[root@server1 ~]# firewall-cmd --permanent --add-service=dns
[root@server1 ~]# firewall-cmd --permanent --add-service=smtp
[root@server1 ~]# firewall-cmd --permanent --add-service=telnet
[root@server1 ~]# firewall-cmd --reload
```

（3）启动 POP3 服务，同时开放 POP3 和 IMAP 对应的 TCP 端口 110 和 143。

```
[root@server1 ~]# firewall-cmd --permanent --add-port=110/tcp
[root@server1 ~]# firewall-cmd --permanent --add-port=25/tcp
```

```
[root@server1 ~]# firewall-cmd --permanent --add-port=143/tcp
[root@server1 ~]# firewall-cmd --reload
```

3. 在 server1 上配置 DNS 服务器，设置 MX 资源记录

配置 DNS 服务器，并设置虚拟域的 MX 资源记录，具体步骤如下所示。

（1）编辑修改 DNS 服务的主配置文件，添加 long.com 域的区域声明（options 部分省略，按常规配置即可，完全的配置文件见出版社资源网站或向作者索要）。

```
[root@server1 ~]# vim /etc/named.conf
zone "long.com" IN {
        type master;
        file "long.com.zone";    };

zone "10.168.192.in-addr.arpa" IN {
        type            master;
        file            "1.10.168.192.zone";
  };
#include "/etc/named.zones";
```

注释掉 include 语句，免得受影响，因为本例在 named.conf 中直接写入域的声明，也就是将 named.conf 和 named.zones 合二为一。

（2）编辑 long.com 区域的正向解析数据库文件。

```
[root@server1 ~]# vim /var/named/long.com.zone
$TTL 1D
@       IN SOA  long.com.   root.long.com. (
                                2013120800      ; serial
                                1D              ; refresh
                                1H              ; retry
                                1W              ; expire
                                3H )            ; minimum

@                       IN      NS              dns.long.com.
@                       IN      MX      10      mail.long.com.
dns                     IN      A               192.168.10.1
mail                    IN      A               192.168.10.1
smtp                    IN      A               192.168.10.1
pop3                    IN      A               192.168.10.1
```

（3）编辑 long.com 区域的反向解析数据库文件。

```
[root@server1 ~]# vim /var/named/1.10.168.192.zone
$TTL 1D
@       IN SOA  @   root.long.com. (
                                0       ; serial
                                1D      ; refresh
                                1H      ; retry
                                1W      ; expire
                                3H )    ; minimum

@               IN              NS              dns.long.com.
```

@	IN	MX	10	mail.long.com.
1	IN	PTR		dns.long.com.
1	IN	PTR		mail.long.com.
1	IN	PTR		smtp.long.com.
1	IN	PTR		pop3.long.com.

（4）利用下面的命令重新启动 DNS 服务，使配置生效。

```
[root@server1 ~]# systemctl restart named
[root@server1 ~]# systemctl enable named
```

3. 在 server1 上配置邮件服务器

先配置/etc/ postfix/main.cf，再配置 dovecot 服务程序（详见 12.3）。

（1）配置/etc/ postfix/main.cf。

```
[root@server1 ~]# vim /etc/postfix/main.cf
myhostname = mail.long.com
mydomain = long.com
myorigin = $mydomain
inet_interfaces = all
mydestination = $myhostname,$mydomain,localhost
```

（2）配置 dovecot.conf。

```
[root@server1  ~]#  vim /etc/dovecot/dovecot.conf
protocols = imap pop3 lmtp
login_trusted_networks = 0.0.0.0/0
```

（3）配置邮件格式和路径，建立邮件目录（极易出错！！！）。

```
[root@server1 ~]# vim /etc/dovecot/conf.d/10-mail.conf
mail_location = mbox:~/mail:INBOX=/var/mail/%u
[root@server1 ~]# useradd user3
[root@server1 ~]# useradd user4
[root@server1 ~]# passwd user3
[root@server1 ~]# passwd user4
[root@server1 ~]# mkdir -p /home/user3/mail/.imap/INBOX
[root@server1 ~]# mkdir -p /home/user4/mail/.imap/INBOX
```

（4）启动各种服务，配置防火墙，允许布尔值等（详见任务 11-2）。

```
[root@server1 ~]# systemctl restart postfix
[root@server1 ~]# systemctl restart named
[root@server1 ~]# systemctl restart   dovecot
[root@server1 ~]# systemctl enable postfix
[root@server1 ~]# systemctl enable   dovecot
[root@server1 ~]# systemctl enable named
[root@server1 ~]# setsebool  -P  allow_postfix_local_write_mail_spool  on
```

4. 在 Client1 上使用 Telnet 发送邮件

使用 Telnet 发送邮件（在 Client1 客户端测试，确保 DNS 服务器设为 192.168.10.1）。

（1）在 Client1 上测试 DNS 是否正常，这一步至关重要。

```
[root@client1 ~]# vim /etc/resolv.conf
nameserver 192.168.10.1
```

```
 [root@client1 ~]# nslookup
> set type=MX
> long.com
Server:         192.168.10.1
Address:    192.168.10.1#53

long.com   mail exchanger = 10 mail.long.com.
> exit
```

（2）在 Client1 上依次安装 telnet 所需软件包。

```
[root@client1 ~]# rpm -qa|grep telnet
[root@client1 ~]# yum install telnet-server -y        //安装 telnet 服务器软件
[root@client1 ~]# yum install telnet -y               //安装 telnet 客户端软件
[root@client1 ~]# rpm –qa|grep telnet                 //检查安装组件是否成功
telnet-server-0.17-64.el7.x86_64
telnet-0.17-64.el7.x86_64
```

（3）在 Client1 客户端测试。

```
[root@client1 ~]# telnet 192.168.10.1 25    //利用 telnet 命令连接邮件服务器的 25 端口
Trying 192.168.10.1...
Connected to 192.168.10.1.
Escape character is '^]'.
220 mail.long.com ESMTP postfix
helo long.com                    //利用 helo 命令向邮件服务器表明身份，不是 hello
250 mail.long.com
mail from:"test"<user3@long.com>    //设置信件标题以及发信人地址。其中信件标题
                                    //为 "test"，发信人地址为 client1@smile.com
250 2.1.0 Ok
rcpt to:user4@long.com              //利用 rcpt to 命令输入收件人的邮件地址
250 2.1.5 Ok
data                                //data 表示要求开始写信件内容了。当输入完 data 指令
                                    //后，会提示以一个单行的 "." 结束信件
354 End data with <CR><LF>.<CR><LF>
The first mail：user3 TO user4      //信件内容
.                                   // "." 表示结束信件内容。千万不要忘记输入 "."
250 2.0.0 Ok: queued as 456EF25F

quit                                //退出 telnet 命令
221 2.0.0 Bye
Connection closed by foreign host.
```

　　细心的您一定已注意到，每当我们输入指令后，服务器总会回应一个数字代码给我们。熟知这些代码的含义对于我们判断服务器的错误是很有帮助的。下面介绍常见的回应代码以及相关含义，见表 11-3。

表 11-3　常见邮件回应代码以及相关含义

回应代码	说明
220	表示 SMTP 服务器开始提供服务

回应代码	说明
250	表示命令指定完毕，回应正确
354	可以开始输入信件内容，并以"."结束
500	表示 SMTP 语法错误，无法执行指令
501	表示指令参数或引述的语法错误
502	表示不支持该指令

5. 在 Client1 上利用 telnet 命令接收电子邮件

```
[root@client1 ~]# telnet 192.168.10.1 110  //利用 telnet 命令连接邮件服务器 110 端口
Trying 192.168.10.1...
Connected to 192.168.10.1.
Escape character is '^]'.
+OK dovecot ready.
user user4                    //利用 user 命令输入用户的用户名为 user4
+OK
pass 12345678                 //利用 pass 命令输入 user4 账户的密码为 12345678
+OK Logged in.
list                          //利用 list 命令获得 user4 账户邮箱中各邮件的编号
+OK 1 messages:
1 291
.
retr 1                        //利用 retr 命令收取邮件编号为 1 的邮件信息，下面各行为邮件信息
+OK 291 octets
Return-Path: <user3@long.com>
X-Original-To: user4@long.com
Delivered-To: user4@long.com
Received: from long.com (unknown [192.168.10.20])
     by mail.long.com (postfix) with SMTP id EF4AD25F
     for <user4@long.com>; Sat,  4 Aug 2018 22:33:23 +0800 (CST)

The first mail：user3 TO user4

.
quit                          //退出 telnet 命令
+OK Logging out.
Connection closed by foreign host.
```

telnet 命令有以下命令可以使用，其命令格式及参数说明如下。

● stat 命令格式：stat 无需参数。

● list 命令格式：list [n] 参数 n 可选，n 为邮件编号。

● uidl 命令格式：uidl [n] 同上。

● retr 命令格式：retr [n] 参数 n 不可省，n 为邮件编号。

● dele 命令格式：dele [n] 同上。

● top 命令格式：top [n] [m] 参数 n、m 不可省，n 为邮件编号，m 为行数。

- noop 命令格式：noop 无需参数。
- quit 命令格式：quit 无需参数。

各命令的详细功能见下面的说明。

- stat 命令不带参数，对于此命令，POP3 服务器会响应一个正确应答，此响应为一个单行的信息提示，它以"+OK"开头，接着是两个数字，第一个是邮件数目，第二个是邮件的大小，如：+OK 4 1603。
- list 命令的参数可选，该参数是一个数字，表示的是邮件在邮箱中的编号，可以利用不带参数的 list 命令获得各邮件的编号，并且每一封邮件均占用一行显示，前面的数为邮件的编号，后面的数为邮件的大小。
- uidl 命令与 list 命令用途差不多，只不过 uidl 命令显示邮件的信息比 list 更详细、更具体。
- retr 命令是收邮件中最重要的一条命令，它的作用是查看邮件的内容，它必须带参数运行。该命令执行之后，服务器应答的信息比较长，其中包括发件人的电子邮箱地址、发件时间、邮件主题等，这些信息统称为邮件头，紧接在邮件头之后的信息便是邮件正文。
- dele 命令是用来删除指定的邮件（注意：dele [n]命令只是给邮件做上删除标记，只有在执行 quit 命令之后，邮件才会真正删除）。
- top 命令有两个参数，形如：top [n] [m]。其中 n 为邮件编号，m 是要读出邮件正文的行数，如果 m=0，则只读出邮件的邮件头部分。
- noop 命令，该命令发出后，POP3 服务器不做任何事，仅返回一个正确响应"+OK"。
- quit 命令，该命令发出后，telnet 断开与服务器的连接，系统进入更新状态。

6. 查看用户邮件目录/var/spool/mail

我们可以在邮件服务器 server1 上进行用户邮件的查看，这可以确保邮件服务器已经在正常工作了。postfix 在/var/spool/mail 目录中为每个用户分别建立单独的文件用于存放每个用户的邮件，这些文件的名字和用户名是相同的。例如，邮件用户 user3@long.com 的文件是 user3。

```
[root@server1 ~]# ls    /var/spool/mail
user3    user4    root
```

7. 查看邮件队列

邮件服务器配置成功后，就能够为用户提供 E-mail 的发送服务了，但如果接收这些邮件的服务器出现问题，或者因为其他原因导致邮件无法安全地到达目的地，而发送的 SMTP 服务器又没有保存邮件，这样这封邮件就可能会失踪。无论是谁都不愿意看到这样的情况出现，所以 postfix 采用了邮件队列来保存这些发送不成功的信件，而且，服务器会每隔一段时间重新发送这些邮件。通过 mailq 命令来查看邮件队列的内容。

```
[root@server1 ~]# mailq
```

其中各列说明如下。

- Q-ID：表示此封邮件队列的编号（ID）。
- Size：表示邮件的大小。
- Q-Time：邮件进入/var/spool/mqueue 目录的时间，并且说明无法立即传送出去的原因。
- Sender/Recipient：发信人和收信人的邮件地址。

如果邮件队列中有大量的邮件，那么请检查邮件服务器是否设置不当，或者被当作了转发邮件服务器。

任务 11-4   使用 Cyrus-SASL 实现 SMTP 认证

无论是本地域内的不同用户还是本地域与远程域的用户，要实现邮件通信都要求邮件服务器开启邮件的转发功能。为了避免邮件服务器成为各类广告与垃圾信件的中转站和集结地，对转发邮件的客户端进行身份认证（用户名和密码验证）是非常必要的。SMTP 认证机制常用的是通过 cryus-sasl 包来实现的。

实例：建立一个能够实现 SMTP 认证的服务器，邮件服务器和 DNS 服务器的 IP 地址是 192.168.10.1，客户端 Client1 的 IP 地址是 192.168.10.20，系统用户是 user3 和 user4，DNS 服务器的配置沿用任务 11-3。其具体配置步骤如下。

1. 编辑认证配置文件

（1）安装启动 cyrus-sasl 软件。

[root@server1 ~]# **yum install cyrus-sasl –y**

[root@server1 ~]# systemctl restart saslauthd

（2）查看、选择、启动和测试所选的密码验证方式。

[root@server1 ~]# **saslauthd -v**   //查看支持的密码验证方法

saslauthd 2.1.26

authentication mechanisms: getpwent kerberos5 pam rimap shadow ldap httpform

[root@mail ~]# **vim /etc/sysconfig/saslauthd**   //将密码认证机制修改为 shadow

……

MECH=shadow   //第 7 行:指定对用户及密码的验证方式，由 pam 改为 shadow，本地用户认证

……

[root@server1 ~]# **ps aux | grep saslauthd**   //查看 saslauthd 进程是否已经运行

root   5253 0.0 0.0 112664   972 pts/0   S+   16:15   0:00 grep --color=auto saslauthd

//开启 SELinux 允许 saslauthd 程序读取/etc/shadow 文件

[root@server1 ~]# **setsebool -P allow_saslauthd_read_shadow on**

[root@server1 ~]# **testsaslauthd -u user3 -p '12345678'** //测试 saslauthd 的认证功能

0:OK "Success."   //表示 saslauthd 的认证功能已起作用

（3）编辑 smtpd.conf 文件，使 cyrus-sasl 支持 SMTP 认证。

[root@server1 ~]# **vim /etc/sasl2/smtpd.conf**

pwcheck_method: saslauthd

mech_list: plain login

log_level: 3   //记录 log 的模式

saslauthd_path:/run/saslauthd/mux   //设置 smtp 寻找 cyrus-sasl 的路径

2. 编辑 main.cf 文件，使 postfix 支持 SMTP 认证

（1）默认情况下，postfix 并没有启用 SMTP 认证机制。要让 postfix 启用 SMTP 认证，就必须在 main.cf 文件中添加如下配置行：

[root@server1 ~]# **vim /etc/postfix/main.cf**

smtpd_sasl_auth_enable = yes   //启用 SASL 作为 SMTP 认证

smtpd_sasl_security_options = noanonymous   //禁止采用匿名登录方式

broken_sasl_auth_clients = yes   //兼容早期非标准的 SMTP 认证协议（如 OE4.x）

smtpd_recipient_restrictions =   permit_sasl_authenticated, reject_unauth_destination

//认证网络允许，没有认证的拒绝

最后一句设置基于收件人地址的过滤规则，允许通过了 SASL 认证的用户向外发送邮件，拒绝不是发往默认转发和默认接收的连接。

（2）重新载入 postfix 服务，使配置文件生效（防火墙、端口、SELinux 设置同任务 11-3）。

```
[root@server1 ~]# postfix check
[root@server1 ~]# postfix    reload
[root@server1 ~]# systemctl    restart    saslauthd
[root@server1 ~]# systemctl    enable    saslauthd
```

3. 在客户端 Client1 测试普通发信验证

```
[root@client1 ~]# telnet mail.long.com 25
Trying 192.168.10.1...
Connected to mail.long.com.
Escape character is '^]'.
helo long.com
220 mail.long.com ESMTP postfix
250 mail.long.com
mail from:user3@long.com
250 2.1.0 Ok
rcpt to:68433059@qq.com
554 5.7.1 <68433059@qq.com>: Relay access denied   //未认证，所以拒绝访问，发送失败
```

4. 字符终端测试 postfix 的 SMTP 认证（我们使用域名来测试）

（1）由于前面采用的用户身份认证方式不是明文方式，所以首先要通过 printf 命令计算出用户名和密码的相应编码。

```
[root@server1 ~]# printf "user3" | openssl base64
dXNlcjE=                        //用户名 user3 的 BASE64 编码
[root@server1 ~]# printf "12345678" | openssl base64
MTIz                        //密码 12345678 的 BASE64 编码
```

（2）字符终端测试认证发信。

```
[root@client1 ~]# telnet 192.168.10.1 25
Trying 192.168.10.1...
Connected to 192.168.10.1.
Escape character is '^]'.
220 mail.long.com ESMTP postfix
ehlo localhost                    //告知客户端地址
250-mail.long.com
250-PIPELINING
250-SIZE 10240000
250-VRFY
250-ETRN
250-AUTH PLAIN LOGIN
250-AUTH=PLAIN LOGIN
250-ENHANCEDSTATUSCODES
250-8BITMIME
250 DSN
auth login                    //声明开始进行 SMTP 认证登录
```

334 VXNlcm5hbWU6	//"Username:"的 BASE64 编码
dXNlcjM=	//输入 user3 用户名对应的 BASE64 编码
334 UGFzc3dvcmQ6	
MTIzNDU2Nzg=	//用户密码"12345678"的 BASE64 编码
235 2.7.0 Authentication successful	//通过了身份认证
mail from:user3@long.com	
250 2.1.0 Ok	
rcpt to:68433059@qq.com	
250 2.1.5 Ok	
data	
354 End data with <CR><LF>.<CR><LF>	
This a test mail!	
.	
250 2.0.0 Ok: queued as 5D1F9911	//经过身份认证后的发信成功
quit	
221 2.0.0 Bye	
Connection closed by foreign host.	

5. 在客户端启用认证支持

当服务器启用认证机制后，客户端也需要启用认证支持。以 Outlook 2010 为例，在图 11-5 的窗口中一定要勾选"我的发送服务器（SMTP）要求验证"复选框，否则，不能向其他邮件域的用户发送邮件，而只能够给本域内的其他用户发送邮件。

图 11-5　在客户端启用认证支持

11.4　练习题

一、填空题

1．电子邮件地址的格式是 user@RHEL6.com。一个完整的电子邮件由 3 部分组成，第 1 部分代表_____，第 2 部分_____是分隔符，第 3 部分是_____。

2．Linux 系统中的电子邮件系统包括 3 个组件：_____、_____和_____。

3．常用的与电子邮件相关的协议有_____、_____和_____。

4. SMTP 工作在 TCP 协议上默认端口为_____, POP3 默认工作在 TCP 协议的_____端口。

二、选择题

1. 以下（   ）协议用来将电子邮件下载到客户机。

    A. SMTP   B. IMAP4   C. POP3   D. MIME

2. 利用 Access 文件设置邮件中继需要转换 access.db 数据库，需要使用命令（   ）

    A. postmap   B. m4   C. access   D. macro

3. 用来控制 postfix 服务器邮件中继的文件是（   ）

    A. main.cf   B. postfix.cf   C. postfix.conf   D. access.db

4. 邮件转发代理也称邮件转发服务器，可以使用 SMTP，也可以使用（   ）。

    A. FTP   B. TCP   C. UUCP   D. POP

5. （   ）不是邮件系统的组成部分。

    A. 用户代理   B. 代理服务器   C. 传输代理   D. 投递代理

6. Linux 下可用的 MTA 服务器有（   ）

    A. postfix   B. qmail   C. imap   D. sendmail

7. postfix 常用 MTA 软件有（   ）

    A. sendmail   B. postfix   C. qmail   D. exchange

8. postfix 的主配置文件是（   ）

    A. postfix.cf   B. main.cf   C. access   D. local-host-name

9. Access 数据库中访问控制操作有（   ）

    A. OK   B. REJECT   C. DISCARD   D. RELAY

10. 默认的邮件别名数据库文件是（   ）

    A. /etc/names   B. /etc/aliases

    C. /etc/postfix/aliases   D. /etc/hosts

三、简述题

1. 简述电子邮件系统的构成。
2. 简述电子邮件的传输过程。
3. 电子邮件服务与 HTTP、FTP、NFS 等程序的服务模式的最大区别是什么？
4. 电子邮件系统中 MUA、MTA、MDA 三种服务角色的用途分别是什么？
5. 能否让 dovecot 服务程序限制允许连接的主机范围？
6. 如何定义用户别名信箱以及让其立即生效？如何设置群发邮件。

11.5 项目拓展

一、项目目的

- 熟练完成企业 POP3 邮件服务器的安装与配置。

● 熟练完成企业邮件服务器的安装与配置。
● 熟练进行邮件服务器的测试。

二、项目环境

企业需求：企业需要构建自己的邮件服务器供员工使用；本企业已经申请了域名 long.com，要求企业内部员工的邮件地址为 username@long.com 格式。员工可以通过浏览器或者专门的客户端软件收发邮件。

任务：假设邮件服务器的 IP 地址为 192.168.1.2，域名为 mail.long.com。请构建 POP3 和 SMTP 服务器，为局域网中的用户提供电子邮件；邮件要能发送到 Internet 上，同时 Internet 上的用户也能把邮件发到企业内部用户的邮箱。

三、项目要求

（1）复习 DNS 在邮件中的使用。
（2）练习 Linux 系统下邮件服务器的配置方法。
（3）使用 telnet 进行邮件的发送和接收测试。

四、做一做

检查学习效果。

第四篇　网络互联与安全

项目 12　配置防火墙与代理服务器

项目 13　配置与管理 VPN 服务器

千里之堤，毁于蚁穴。

——韩非子《韩非子·喻老》

项目 12　配置防火墙与代理服务器

项目描述

某高校组建了学校的校园网，并且已经架设了 Web、FTP、DNS、DHCP、Mail 等功能的服务器来为校园网用户提供服务，现有如下问题需要解决：

（1）需要架设防火墙以实现校园网的安全。

（2）需要将子网连接在一起构成整个校园网。

（3）由于校园网使用的是私有地址，需要进行网络地址转换，使校园网中的用户能够访问互联网。

该项目实际上是由 Linux 的防火墙与代理服务器——iptables 和 squid——来完成的，通过该角色部署 iptables、NAT 和代理服务器，能够实现上述问题。

项目目标

- 了解防火墙的分类及工作原理。
- 掌握 iptables 防火墙的配置。
- 掌握 firewall 防火墙的配置。
- 了解 NAT。
- 掌握 squid 代理服务器的配置。
- 掌握透明代理的实现。

12.1　相关知识

防火墙的本义是指一种防护建筑物，古代建造木质结构房屋的时候，为防止火灾的发生和蔓延，人们在房屋周围将石块堆砌成石墙，这种防护构筑物就称为"防火墙"。

12.1.1　防火墙概述

通常所说的网络防火墙是套用了古代的防火墙的喻义，它指的是隔离在本地网络与外界网络之间的一道防御系统。防火墙可以使企业内部局域网与 Internet 之间或者与其他外部网络间互相隔离、限制网络互访，以此来保护内部网络。

防火墙通常具备以下几个特点。

（1）位置权威性。网络规划中，防火墙必须位于网络的主干线路。只有当防火墙是内、外部网络之间通信的唯一通道时，才可以全面、有效地保护企业内部的网络安全。

（2）检测合法性。防火墙最基本的功能是确保网络流量的合法性，只有满足防火墙策略的数据包才能够进行相应转发。

（3）性能稳定性。防火墙处于网络边缘，它是连接网络的唯一通道，时刻都会经受网络入侵的考验，所以其稳定性对于网络安全而言，至关重要。

防火墙的分类方法多种多样，不过从传统意义上讲，防火墙大致可以分为三大类，分别是"包过滤""应用代理"和"状态检测"，无论防火墙的功能多么强大，性能多么完善，归根结底都是在这三种技术的基础之上进行功能扩展的。

12.1.2　iptables 与 firewall

对于 Linux 服务器而言，采用 netfilter/iptables 数据包过滤系统能够节约软件成本，并可以提供强大的数据包过滤控制功能，iptables 是理想的防火墙解决方案。

在 CentOS 7 系统中，firewalld 防火墙取代了 iptables 防火墙。现实而言，iptables 与 firewalld 都不是真正的防火墙，它们都只是用来定义防火墙策略的防火墙管理工具而已，或者说，它们只是一种服务。iptables 服务会把配置好的防火墙策略交由内核层面的 netfilter 网络过滤器来处理，而 firewalld 服务则是把配置好的防火墙策略交由内核层面的 nftables 包过滤框架来处理。换句话说，当前在 Linux 系统中其实存在多个防火墙管理工具，旨在方便运维人员管理 Linux 系统中的防火墙策略，我们只需要配置妥当其中的一个就足够了。虽然这些工具各有优劣，但它们在防火墙策略的配置思路上是保持一致的。

12.2　项目设计及准备

12.2.1　项目设计

网络建立初期，人们只考虑如何实现通信而忽略了网络的安全。而防火墙可以使企业内部局域网与 Internet 之间或者与其他外部网络互相隔离、限制网络互访来保护内部网络。

大量拥有内部地址的机器组成了企业内部网，那么如何连接内部网与 Internet？代理服务器将是很好的选择，它能够解决内部网访问 Internet 的问题并提供访问的优化和控制功能。

本项目设计在安装有企业版 Linux 网络操作系统的服务器上安装 iptabels、SNAT、DNAT、firewalld 和 squid。

12.2.2　项目准备

部署电子邮件服务应满足下列需求：

（1）安装好的企业版 Linux 网络操作系统，并且必须保证常用服务正常工作。客户端使用 Linux 或 Windows 网络操作系统，服务器和客户端能够通过网络进行通信。

（2）或者利用虚拟机进行网络环境的设置。

12.3　项目实施

任务 12-1　配置 iptables 防火墙

1. 安装、启动 iptables

（1）检查 iptables 是否已经安装，没有安装则使用 yum 命令安装。从 RHEL7 开始，iptables 已经不是默认的防火墙配置软件了，已经改为 firewall 了。如果还要配置 iptables 请一定安装 iptables-services 软件，否则无法使用 iptables。

```
[root@server1 ~]# yum clean all          //安装前先清除缓存
[root@server1 ~]# yum install iptables iptables-services –y
```

（2）iptables 服务的启动、停止、重新启动、随系统启动。

默认状态下，firewalld 服务是启动的，需先停止 firewalld 服务后再启动 iptables。

```
[root@server1 ~]# systemctl status firewalld
[root@server1 ~]# systemctl status iptables
[root@server1 ~]# systemctl stop firewalld
[root@server1 ~]# systemctl start iptables
[root@server1 ~]# systemctl enable   iptables
```

2. 配置 iptables 规则

（1）查看 iptables 规则。查看 iptables 规则的命令格式如下。

```
iptables   [-t 表名]   -L   链名
```

【例 12-1】 查看 nat 表中所有链的规则。

```
[root@server1 ~]# iptables  -t  nat  -L
Chain PREROUTING（policy ACCEPT）
target          prot opt     source               destination


Chain POSTROUTING（pclicy ACCEPT）
target          prot      opt     source           destination


Chain OUTPUT（Policy ACCEPT）
target          prot opt     source               destination
```

【例 12-2】 查看 filter 表中 FORWARD 链的规则。

```
[root@ server ~]# iptables   -L   FORWARD
Chain FORWARD (policy ACCEPT)
target      prot opt source           destination
REJECT      all  -- anywhere          anywhere          reject-with icmp-host-prohibited
```

（2）添加、删除、修改规则。

【例 12-3】 为 filter 表的 INPUT 链添加一条规则，规则为拒绝所有使用 ICMP 协议的数据包。

```
[root@server1 ~]# iptables -F  INPUT    //先清除 INPUT 链
[root@server1 ~]# iptables  -A   INPUT -p  icmp -j  DROP
#查看规则列表
[root@ server ~]# iptables   -L     INPUT
```

```
Chain  INPUT（policy ACCEPT）
target          prot        opt   source                    destination
DROP            icmp        --    anywhere                  anywhere
```

【例 12-4】为 filter 表的 INPUT 链添加一条规则，规则为允许访问 TCP 协议的 80 端口的数据包通过。

```
[root@server1 ~]# iptables  -A  INPUT  -p  tcp  --dport  80  -j  ACCEPT
#查看规则列表
[root@ server ~]# iptables  -L  INPUT
Chain INPUT（policy ACCEPT）
target          prot        opt   source          destination
DROP            icmp        --    anywhere        anywhere
ACCEPT          tcp         --    anywhere        anywhere        tcp dpt:http
```

【例 12-5】在 filter 表中 INPUT 链的第 2 条规则前插入一条新规则，规则为不允许访问 TCP 协议的 53 端口的数据包通过。

```
[root@server1 ~]# iptables  -I  INPUT  2  -p  tcp  --dport  53  -j  DROP
#查看规则列表
[root@server1 ~]# iptables  -L  INPUT
Chain INPUT（policy ACCEPT）
target          prot        opt   source          destination
DROP            icmp        --    anywhere        anywhere
DROP            tcp         --    anywhere        anywhere        tcp dpt:domain
ACCEPT          tcp         --    anywhere        anywhere        tcp dpt:http
```

【例 12-6】在 filter 表中 INPUT 链的第一条规则前插入一条新规则，规则为允许源 IP 地址属于 172.16.0.0/16 网段的数据包通过。

```
[root@server1 ~]# iptables  -I  INPUT  -s  172.16.0.0/16  -j  ACCEPT
#查看规则列表
[root@server1 ~]# iptables  -L  INPUT
Chain INPUT（policy ACCEPT）
target          prot        opt   source          destination
ACCEPT          all         --    172.16.0.0/16   anywhere
DROP            icmp --      anywhere             anywhere
DROP            tcp         --    anywhere        anywhere        tcp dpt:domain
ACCEPT          tcp         --    anywhere        anywhere        tcp dpt:http
```

【例 12-7】删除 filter 表中 INPUT 链的第 2 条规则。

```
[root@server1 ~]# iptables  -D  INPUT  -p  icmp  -j  DROP
#查看规则列表
[root@server1 ~]# iptables  -L  INPUT
Chain INPUT (policy DROP)
target          prot opt source          destination
ACCEPT          all  --  172.16.0.0/16   anywhere
DROP            icmp --  anywhere        anywhere
DROP            tcp  --  anywhere        anywhere            tcp dpt:domain
ACCEPT          tcp  --  anywhere        anywhere            tcp dpt:http
```

当某条规则过长时，可以使用数字代码来简化操作，如下所示：

使用--line-n 参数来查看规则代码。

```
[root@server1 ~]# iptables  -L   INPUT  --line  -n
Chain INPUT (policy DROP)
num  target      prot opt source              destination
1    ACCEPT      all  --  172.16.0.0/16       0.0.0.0/0
2    DROP        tcp  --  0.0.0.0/0           0.0.0.0/0            tcp dpt:53
3    ACCEPT      tcp  --  0.0.0.0/0           0.0.0.0/0            tcp dpt:80
#直接使用规则代码进行删除
[root@server1 ~]# iptables  -D   INPUT   2
#查看规则列表
[root@server1 ~]# iptables  -L   INPUT  --line  -n
Chain INPUT (policy DROP)
num  target      prot opt source              destination
1    ACCEPT      all  --  172.16.0.0/16       0.0.0.0/0
2    ACCEPT      tcp  --  0.0.0.0/0           0.0.0.0/0            tcp dpt:80
```

【例 12-8】清除 filter 表中 INPUT 链的所有规则。

```
[root@server1 ~]# iptables  -F   INPUT
#查看规则列表
[root@ server ~]# iptables  -L      INPUT
Chain INPUT (policy DROP)
target       prot opt source                 destination
```

任务 12-2　使用 firewalld 服务

CentOS 7 系统中集成了多款防火墙管理工具，其中 firewalld（Dynamic Firewall Manager of Linux systems，Linux 系统的动态防火墙管理器）服务是默认的防火墙配置管理工具，它拥有基于 CLI（命令行界面）和基于 GUI（图形用户界面）的两种管理方式。

相较于传统的防火墙管理配置工具，firewalld 支持动态更新技术并加入了区域（zone）的概念。简单来说，区域就是 firewalld 预先准备了几套防火墙策略集合（策略模板），用户可以根据生产场景的不同而选择合适的策略集合，从而实现防火墙策略之间的快速切换。例如，我们有一台笔记本电脑，每天都要在办公室、咖啡厅和家里使用。按常理来讲，这三者的安全性按照由高到低的顺序来排列，应该是家庭、公司办公室、咖啡厅。当前，我们希望为这台笔记本电脑指定如下防火墙策略规则：在家中允许访问所有服务；在办公室内仅允许访问文件共享服务；在咖啡厅仅允许上网浏览。在以往，我们需要频繁地手动设置防火墙策略规则，而现在只需要预设好区域集合，然后只需轻点鼠标就可以自动切换了，从而极大地提升了防火墙策略的应用效率。firewalld 中常见的区域名称（默认为 public）以及相应的策略规则见表 12-1。

表 12-1　firewalld 中常用的区域名称及策略规则

区域名称	默认策略规则
trusted	允许所有的数据包
home	拒绝流入的流量，除非与流出的流量相关；而如果流量与 ssh、mdns、ipp-client、amba-client 与 dhcpv6-client 服务相关，则允许流量
internal	等同于 home 区域
work	拒绝流入的流量，除非与流出的流量数相关；而如果流量与 ssh、ipp-client 与 dhcpv6-client 服务相关，则允许流量

区域名称	默认策略规则
public	拒绝流入的流量，除非与流出的流量相关；而如果流量与 ssh、dhcpv6-client 服务相关，则允许流量
external	拒绝流入的流量，除非与流出的流量相关；而如果流量与 ssh 服务相关，则允许流量
dmz	拒绝流入的流量，除非与流出的流量相关；而如果流量与 ssh 服务相关，则允许流量
block	拒绝流入的流量，除非与流出的流量相关
drop	拒绝流入的流量，除非与流出的流量相关

1. 使用终端管理工具

命令行终端是一种极富效率的工作方式，firewall-cmd 是 firewalld 防火墙配置管理工具的 CLI（命令行界面）版本。它的参数一般都是以"长格式"来提供的，但幸运的是 CentOS 7 系统支持部分命令的参数补齐。现在除了能用 Tab 键自动补齐命令或文件名等内容之外，还可以用 Tab 键来补齐表 12-2 中所示的长格式参数。

表 12-2　firewall-cmd 命令中使用的长格式参数以及作用

参数	作用
--get-default-zone	查询默认的区域名称
--set-default-zone=<区域名称>	设置默认的区域，使其永久生效
--get-zones	显示可用的区域
--get-services	显示预先定义的服务
--get-active-zones	显示当前正在使用的区域与网卡名称
--add-source=	将源自此 IP 或子网的流量导向指定的区域
--remove-source=	不再将源自此 IP 或子网的流量导向某个指定区域
--add-interface=<网卡名称>	将源自该网卡的所有流量都导向某个指定区域
--change-interface=<网卡名称>	将某个网卡与区域进行关联
--list-all	显示当前区域的网卡配置参数、资源、端口以及服务等信息
--list-all-zones	显示所有区域的网卡配置参数、资源、端口以及服务等信息
--add-service=<服务名>	设置默认区域允许该服务的流量
--add-port=<端口号/协议>	设置默认区域允许该端口的流量
--remove-service=<服务名>	设置默认区域不再允许该服务的流量
--remove-port=<端口号/协议>	设置默认区域不再允许该端口的流量
--reload	让"永久生效"的配置规则立即生效，并覆盖当前的配置规则
--panic-on	开启应急状况模式
--panic-off	关闭应急状况模式

与 Linux 系统中其他的防火墙策略配置工具一样，使用 firewalld 配置的防火墙策略默认为运行时（Runtime）模式，又称为当前生效模式，而且随着系统的重启会失效。如果想让配

置策略一直存在，就需要使用永久（Permanent）模式了，方法就是在用 firewall-cmd 命令正常设置防火墙策略时添加--permanent 参数，这样配置的防火墙策略就可以永久生效了。但是，永久生效模式有一个"不近人情"的特点，就是使用它设置的策略只有在系统重启之后才能自动生效。如果想让配置的策略立即生效，需要手动执行 firewall-cmd --reload 命令。

接下来的实验都很简单，但是提醒大家一定要仔细查看使用的是 Runtime 模式还是 Permanent 模式。如果不关注这个细节，就算是正确配置了防火墙策略，也可能无法达到预期的效果。

（1）查看 firewalld 服务当前所使用的区域：

```
[root@server1 ~]# systemctl stop iptables
[root@server1 ~]# systemctl start firewalld
[root@server1 ~]# firewall-cmd --get-default-zone
public
```

（2）查询 ens33 网卡在 firewalld 服务中的区域：

```
[root@server1 ~]# firewall-cmd --get-zone-of-interface=ens33
public
```

（3）把 firewalld 服务中 ens33 网卡的默认区域修改为 external，并在系统重启后生效。分别查看当前与永久模式下的区域名称：

```
[root@server1 ~]# firewall-cmd --permanent --zone=external --change-interface=ens33
success
[root@server1 ~]# firewall-cmd --get-zone-of-interface=ens33
external
[root@server1 ~]# firewall-cmd --permanent --get-zone-of-interface=ens33
no zone
```

（4）把 firewalld 服务的当前默认区域设置为 public：

```
[root@server1 ~]# firewall-cmd --set-default-zone=public
success
[root@server1 ~]# firewall-cmd --get-default-zone
public
```

（5）启动/关闭 firewalld 防火墙服务的应急状况模式，阻断一切网络连接（当远程控制服务器时请慎用）：

```
[root@server1 ~]# firewall-cmd --panic-on
success
[root@server1 ~]# firewall-cmd --panic-off
success
```

（6）查询 public 区域是否允许请求 SSH 和 HTTPS 协议的流量：

```
[root@server1 ~]# firewall-cmd --zone=public --query-service=ssh
yes
[root@server1 ~]# firewall-cmd --zone=public --query-service=https
no
```

（7）把 firewalld 服务中请求 HTTPS 协议的流量设置为永久允许，并立即生效：

```
[root@server1 ~]# firewall-cmd --zone=public --add-service=https
success
[root@server1 ~]# firewall-cmd --permanent --zone=public --add-service=https
```

```
success
[root@server1 ~]# firewall-cmd --reload
success
```

（8）把 firewalld 服务中请求 HTTP 协议的流量设置为永久拒绝，并立即生效：

```
[root@server1 ~]#firewall-cmd --permanent --zone=public --remove-service=http
success
[root@server1 ~]# firewall-cmd --reload
success
```

（9）把在 firewalld 服务中访问 8088 和 8089 端口的流量策略设置为允许，但仅限当前生效：

```
[root@server1 ~]# firewall-cmd --zone=public --add-port=8088-8089/tcp
success
[root@server1 ~]# firewall-cmd --zone=public --list-ports
8088-8089/tcp
```

firewalld 中的富规则表示更细致、更详细的防火墙策略配置，它可以针对系统服务、端口号、源地址和目标地址等诸多信息进行更有针对性的策略配置。它的优先级在所有的防火墙策略中也是最高的。

2．使用图形管理工具

firewall-config 是 firewalld 防火墙配置管理工具的 GUI（图形用户界面）版本，几乎可以实现所有以命令行来执行的操作。毫不夸张地说，即使读者没有扎实的 Linux 命令基础，也完全可以通过它来妥善配置 CentOS 7 中的防火墙策略。

在终端中输入命令：firewall-config 或者依次单击“Applications”→“Sundry”→“Firewall”，打开如图 12-1 所示的界面，其具体功能如下。

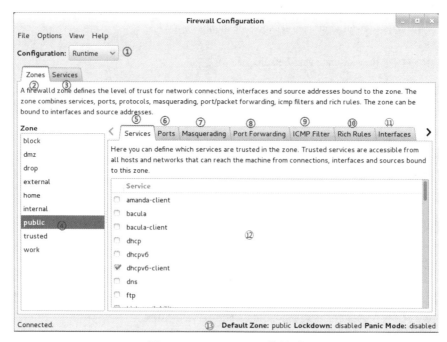

图 12-1　firewall-config 的界面

（1）选择运行时（Runtime）模式或永久（Permanent）模式的配置。

（2）可选的策略集合区域列表。

（3）常用的系统服务列表。

（4）当前正在使用的区域。

（5）管理当前被选中区域中的服务。

（6）管理当前被选中区域中的端口。

（7）开启或关闭 SNAT（源地址转换协议）技术。

（8）设置端口转发策略。

（9）控制请求 icmp 服务的流量。

（10）管理防火墙的富规则。

（11）管理网卡设备。

（12）被选中区域的服务，若勾选了相应服务前面的复选框，则表示允许与之相关的流量。

（13）firewall-config 工具的运行状态。

注意　　在使用 firewall-config 工具配置完防火墙策略之后，无须进行二次确认，因为只要有修改内容，它就自动进行保存。下面进行动手实践环节。

（1）我们先将当前区域中请求 http 服务的流量设置为允许，但仅限当前生效。具体配置如图 12-2 所示。

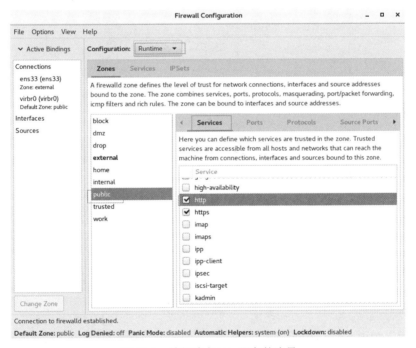

图 12-2　放行请求 http 服务的流量

（2）尝试添加一条防火墙策略规则，使其放行访问 8088～8089 端口（TCP 协议）的流量，并将其设置为永久生效，以达到系统重启后防火墙策略依然生效的目的。在按照图 12-3 所示的界面配置完毕之后，还需要在 Options 菜单中选择 Reload Firewalld 命令，让配置的防火墙策略立即生效（见图 12-4）。这与在命令行中执行--reload 参数的效果一样。

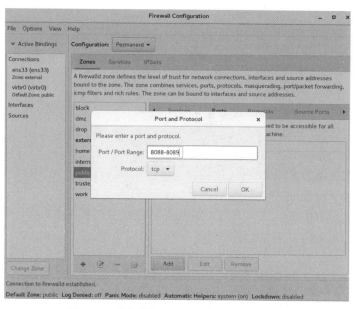

图 12-3 放行访问 8080～8088 端口的流量

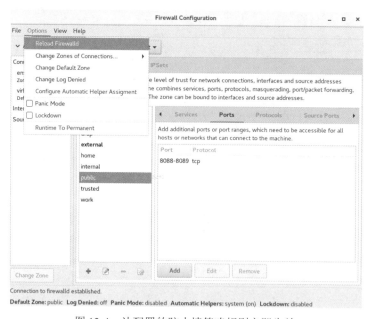

图 12-4 让配置的防火墙策略规则立即生效

任务 12-3 实现 NAT（网络地址转换）

1. iptables 实现 NAT

iptables 防火墙利用 nat 表能够实现 NAT 功能，将内网地址与外网地址进行转换，完成内、外网的通信。nat 表支持以下 3 种操作。

- SNAT：改变数据包的源地址。防火墙会使用外部地址替换数据包的本地网络地址。这样使网络内部主机能够与网络外部通信。
- DNAT：改变数据包的目的地址。防火墙接收到数据包后，会将该包目的地址进行替换，重新转发到网络内部的主机。当应用服务器处于网络内部时，防火墙接收到外部的请求，会按照规则设定，将访问重定向到指定的主机上，使外部的主机能够正常访问网络内部的主机。
- MASQUERADE：MASQUERADE 的作用与 SNAT 完全一样，改变数据包的源地址。因为对每个匹配的包，MASQUERADE 都要自动查找可用的 IP 地址，而不像 SNAT 用的 IP 地址是配置好的。所以会加重防火墙的负担。当然，如果接入外网的地址不是固定地址，而是 ISP 随机分配的，使用 MASQUERADE 将会非常方便。

2．配置 SNAT

SNAT 功能是进行源 IP 地址转换，也就是重写数据包的源 IP 地址。若网络内部主机采用共享方式，访问 Internet 连接时就需要用到 SNAT 的功能，将本地的 IP 地址替换为公网的合法 IP 地址。

SNAT 只能用在 nat 表的 POSTROUTING 链，并且只要连接的第一个符合条件的包被 SNAT 进行地址转换，那么这个连接的其他所有的包都会自动地完成地址替换工作，而且这个规则还会应用于这个连接的其他数据包。SNAT 使用选项--to-source，命令语法如下。

```
iptables -t nat -A POSTROUTING -s IP1(内网地址) -o 网络接口 -j SNAT --to-source IP2
```

本命令使得 IP1（内网私有源地址）转换为公用 IP 地址 IP2。

3．配置 DNAT

DNAT 能够完成目的网络地址转换的功能，换句话说，就是重写数据包的目的 IP 地址。DNAT 是非常实用的。例如，企业 Web 服务器在网络内部，其使用私网地址，没有可在 Internet 上使用的合法 IP 地址。这时，互联网的其他主机是无法与其直接通信的，那么，可以使用 DNAT 防火墙的 80 端口接收数据包后，通过转换数据包的目的地址，信息会转发给内部网络的 Web 服务器。

DNAT 需要在 nat 表的 PREROUTING 链设置，配置参数为--to-destination，命令格式如下。

```
iptables -t nat -A PREROUTING   -d IP1 –i 网络接口 -p 协议 --dport 端口 -j  DNAT
--to-destination   IP2
```

其中，IP1 为 NAT 服务器的公网地址，IP2 为访问的内网 Web 的 IP 地址。

DNAT 主要能够完成以下几个功能。

iptables 能够接收外部的请求数据包，并转发至内部的应用服务器，整个过程是透明的，访问者感觉像直接在与内网服务器进行通信一样，如图 12-5 所示。

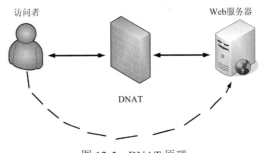

图 12-5   DNAT 原理

4. MASQUERADE

MASQUERADE 和 SNAT 作用相同，也是提供源地址转换的操作，但它是针对外部接口为动态 IP 地址而设计的，不需要使用--to-source 指定转换的 IP 地址。如果网络采用的是拨号方式接入 Internet，而没有对外的静态 IP 地址，那么，建议使用 MASQUERADE。

【例 12-9】公司内部网络有 230 台计算机，网段为 192.168.10.0/24，并配有一台拨号主机，使用接口 ppp0 接入 Internet，所有客户端通过该主机访问互联网。这时，需要在拨号主机进行设置，将 192.168.0.0/24 的内部地址转换为 ppp0 的公网地址，如下所示。

```
[root@server1 ~]# iptables -t nat -A POSTROUTING -o ppp0
              -s 192.168.0.0/24 -j MASQUERADE
```

> **注意**　MASQUERADE 是特殊的过滤规则，它只可以伪装从一个接口到另一个接口的数据。

5. 连接跟踪

（1）连接跟踪。通常，在 iptables 防火墙的配置都是单向的，例如，防火墙仅在 INPUT 链允许主机访问 Google 站点，这时，请求数据包能够正常发送至 Google 服务器，但是，当服务器的回应数据包抵达时，因为没有配置允许的策略，则该数据包将会被丢弃，无法完成整个通信过程。所以，配置 iptables 时需要配置出站、入站规则，这无疑增大了配置的复杂度。实际上，连接跟踪能够简化该操作。

连接跟踪依靠数据包中的特殊标记，对连接状态"state"进行检测，Netfilter 能够根据状态决定数据包的关联，或者分析每个进程对应数据包的关系，决定数据包的具体操作。连接跟踪支持 TCP 和 UDP 通信，更加适用于数据包的交换。

连接跟踪通常会提高通信的效率，因为对于一个已经建立好的连接，剩余的通信数据包将不再需要接受链中规则的检查，这将有效缩短 iptables 的处理时间，当然，连接跟踪需要占用更多的内存。

连接跟踪存在 4 种数据包的状态，如下所示。

- NEW：想要新建立连接的数据包。
- INVALID：无效的数据包，例如损坏或者不完整的数据包。
- ESTABLISHED：已经建立连接的数据包。
- RELATED：与已经发送的数据包有关的数据包，例如，建立连接后发送的数据包或者对方返回的响应数据包。同时使用该状态进行设定，简化 iptables 的配置操作。

（2）iptbles 连接状态配置。配置 iptables 的连接状态，使用选项-m，并指定 state 参数，选项--state 后跟状态，如下所示。

```
-m state --state<状态>
```

假如，允许已经建立连接的数据包，以及已发送数据包相关的数据包通过，则可以使用-m 选项，并设置接受 ESTABLISHED 和 RELATED 状态的数据包，如下所示。

```
[root@server1 ~]# iptables -I INPUT -m state --state
                ESTABLISHED, RELATED -j ACCEPT
```

任务 12-4　NAT 综合案例

1．企业环境

公司网络拓扑图如图 12-6 所示。内部主机使用 192.168.10.0/24 网段的 IP 地址，并且使用 Linux 主机作为服务器连接互联网，外网地址为固定地址 202.112.113.112。现需要满足如下要求。

① 配置 SNAT 保证内网用户能够正常访问 Internet。

② 配置 DNAT 保证外网用户能够正常访问内网的 Web 服务器。

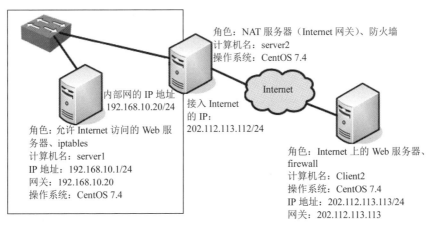

图 12-6　公司网络拓扑图

Linux 服务器和客户端的地址信息见表 12-3（可以使用 VM 的克隆技术快速安装需要的 Linux 客户端）。

表 12-3　Linux 服务器和客户端的地址信息

主机名称	操作系统	IP 地址	角色
内网服务器：server1	CentOS 7	192.168.10.1（VMnet1）	Web 服务器、iptables 防火墙
防火墙：server2	CentOS 7	IP1:192.168.10.20（VMnet1） IP2:202.112.113.112（VMnet8）	iptables、SNAT、DNAT
外网 Linux 客户端：Client2	CentOS 7	202.112.113.113（VMnet8）	Web、firewall

2．解决方案

STEP 1 配置 SNAT 并测试。

（1）搭建并测试环境。

1）根据图 12-6 和表 12-3 配置 server1、server2 和 Client2 的 IP 地址、子网掩码、网关等信息。server2 要安装双网卡，同时一定要注意计算机的网络连接方式。

2）在 server1 上，测试与 server2 和 Client2 的连通性。

```
[root@server1 ~]# ping 192.168.10.20          //通
[root@server1 ~]# ping 202.112.113.112        //通
[root@server1 ~]# ping 202.112.113.113        //不通
```

3）在 server2 上，测试与 server1 和 Client2 的连通性，都是畅通的。

4）在 Client2 上，测试与 server1 和 server2 的连通性，与 server1 是不通的。

（2）在 server2 上配置防火墙 SNAT。

```
[root@client1 ~]# cat /proc/sys/net/ipv4/ip_forward
1                              //确认开启路由存储转发，其值为 1。
[root@server2 ~]# mount   /dev/cdrom   /iso
[root@server2 ~]# yum clean all
[root@server2 ~]# yum install iptables iptables-services   -y
[root@server2 ~]# systemctl stop firewalld
[root@server2 ~]# systemctl start iptables
[root@server2 ~]# iptables -F
[root@server2 ~]# iptables -L
[root@server2 ~]# iptables -t nat –L
[root@server2 ~]# iptables -t nat -A POSTROUTING -s 192.168.10.0/24 -j SNAT –to-source   202.112.113.112
[root@server2 ~]# iptables -t nat -L
………………
```

target	prot opt source	destination	
SNAT	all -- 192.168.10.0/24	anywhere	to:202.112.113.112

（3）在外网 Client2 上配置供测试的 Web。

```
[root@client2 ~]# mount /dev/cdrom   /iso
[root@client2 ~]# yum clean all
[root@client2 ~]# yum install httpd -y
[root@client2 ~]# firewall-cmd --permanent --add-service=http
[root@client2 ~]# firewall-cmd --reload
[root@client2 ~]# firewall-cmd –list-all
[root@client2 ~]# systemctl restart httpd
[root@client2 ~]# netstat -an |grep :80          //查看 80 端口是否开放
[root@client2 ~]# firefox 127.0.0.1
```

（4）在内网 server1 上测试 SNAT 配置是否成功。

```
[root@server1 ~]# ping 202.112.113.113
[root@server1 ~]# firefox   202.112.113.113
```

应该网络畅通，且能访问到外网的默认网站。

请读者在 Client2 上查看/var/log/httpd/access_log 中是否包含源地址 192.168.10.1，为什么？包含 202.112.113.112 吗？

STEP 2 配置 DNAT 并测试。

（1）在 server1 上配置内网 Web 及防火墙。

```
[root@server1 ~]# mount /dev/cdrom /iso
[root@server1 ~]# yum clean all
[root@server1 ~]# yum install httpd -y
[root@server1 ~]# systemctl restart httpd
[root@server1 ~]# systemctl enable httpd
[root@server1 ~]# systemctl stop firewalld
[root@server1 ~]# systemctl start iptables
[root@server1 ~]# systemctl enable iptables
[root@server1 ~]# systemctl status   iptables
[root@server1 ~]# iptables -F
```

```
[root@server1 ~]# iptables -L
[root@server1 ~]# systemctl enable    iptables
[root@server1 ~]# systemctl enable    iptables
[root@server1 ~]# iptables -A INPUT -p tcp --dport 80 -j ACCEPT
[root@server1 ~]# iptables -A INPUT -i lo -j ACCEPT //允许访问回环地址
[root@server1 ~]# iptables -A INPUT   -m   state --state   ESTABLISHED,RELATED   -j ACCEPT
[root@server1 ~]# iptables -A INPUT -j REJECT        //其他访问皆拒绝
[root@server1 ~]# vim /var/www/html/index.html    //修改默认网站内容供测试
[root@server1 ~]# iptables -I INPUT -p icmp -j ACCEPT    //插入允许 ping 命令的条目
[root@server1 ~]# iptables –L
Chain INPUT (policy ACCEPT)
target       prot opt source              destination
ACCEPT  icmp --   anywhere           anywhere
ACCEPT  tcp   --   anywhere           anywhere              tcp dpt:http
ACCEPT  all   --   anywhere           anywhere
            all   --   anywhere           anywhere              state RELATED,ESTABLISHED
ACCEPT  all   --   anywhere           anywhere              state RELATED,ESTABLISHED
REJECT  all   --   anywhere           anywhere              reject-with icmp-port-unreachable
………………
[root@server1 ~]# service iptables save
[root@server1 ~]# cat /etc/sysconfig/iptables -n
    1    # Generated by iptables-save v1.4.21 on Sun Jul 29 09:03:05 2018
    2    *filter
    3    :INPUT ACCEPT [0:0]
    4    :FORWARD ACCEPT [0:0]
    5    :OUTPUT ACCEPT [1:146]
    6    -A INPUT -p icmp -j ACCEPT
    7    -A INPUT -p tcp -m tcp --dport 80 -j ACCEPT
    8    -A INPUT -i lo -j ACCEPT
    9    -A INPUT -m state --state RELATED,ESTABLISHED
   10    -A INPUT -m state --state RELATED,ESTABLISHED -j ACCEPT
   11    -A INPUT -j REJECT --reject-with icmp-port-unreachable
   12    COMMIT
   13    # Completed on Sun Jul 29 09:03:05 2018
```

（2）在防火墙 server2 上配置 DNAT。

```
[root@client1 ~]# iptables -t nat -A PREROUTING -d 202.112.113.112 -p tcp --dport 80 -j DNAT
--to-destination 192.168.10.1:80
```

（3）在外网 Client2 上测试。

```
[root@client2 ~]# ping 192.168.10.1
[root@client2 ~]# firefox 202.112.113.112
```

任务 12-5　配置代理服务器

代理服务器（Proxy Server）等同于内网与 Internet 的桥梁。普通的 Internet 访问是一个典型的客户机与服务器结构：用户利用计算机上的客户端程序，如浏览器发出请求，远端 WWW 服务器程序响应请求并提供相应的数据。而 Proxy 处于客户机与服务器之间，对于服务器来说，Proxy 是客户机，Proxy 提出请求，服务器响应；对于客户机来说，Proxy 是服务器，它接受客户机的请求，并将服务器上传来的数据转给客户机。它的作用如同现实生活中的代理服务商。

1. 代理服务器概述

（1）代理服务器原理。当客户端在浏览器中设置好 Proxy 服务器后，所有使用浏览器访问 Internet 站点的请求都不会直接发给目的主机，而是首先发送至代理服务器，代理服务器接收到客户端的请求以后，由代理服务器向目的主机发出请求，并接收目的主机返回的数据，存放在代理服务器的硬盘，然后再由代理服务器将客户端请求的数据转发给客户端，具体流程如图 12-7 所示。

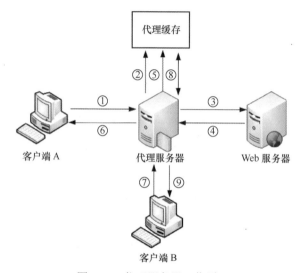

图 12-7   代理服务器工作原理

1）当客户端 A 对 Web 服务器端提出请求时，此请求会首先发送到代理服务器。

2）代理服务器接收到客户端请求后，会检查缓存中是否存有客户端所需要的数据。

3）如果代理服务器没有客户端 A 所请求的数据，它将会向 Web 服务器提交请求。

4）Web 服务器响应请求的数据。

5）代理服务器从服务器获取数据后，会保存至本地的缓存，以备以后查询使用。

6）代理服务器向客户端 A 转发 Web 服务器的数据。

7）客户端 B 访问 Web 服务器，向代理服务器发出请求。

8）代理服务器查找缓存记录，确认已经存在 Web 服务器的相关数据。

9）代理服务器直接回应查询的信息，而不需要再去服务器进行查询，从而达到节约网络流量和提高访问速度的目的。

（2）代理服务器的作用。

1）提高访问速度。

2）用户访问限制。

3）安全性得到提高。

2. 安装、启动、停止与随系统启动 squid 服务

对于 Web 用户来说，squid 是一个高性能的代理缓存服务器，可以加快内部网浏览 Internet

的速度，提高客户机的访问命中率。squid 不仅支持 HTTP 协议，还支持 FTP、gopher、SSL 和 WAIS 等协议。和一般的代理缓存软件不同，squid 用一个单独的、非模块化的 I/O 驱动的进程来处理所有的客户端请求。

```
[root@server2 ~]# rpm -qa |grep squid
[root@server2 ~]# mount /dev/cdrom /iso
[root@server2 ~]# yum clean all                        //安装前先清除缓存
[root@server2 ~]# yum install squid -y
[root@server2 ~]# systemctl start squid                //启动 squid 服务
[root@server2 ~]# systemctl enable squid               //开机自动启动
```

3. 配置 squid 服务器常用的选项

squid 服务的主配置文件是/etc/squid/squid.conf，用户可以根据自己的实际情况修改相应的选项。

与之前配置过的服务程序大致类似，squid 服务程序的配置文件也是存放在/etc 目录下一个以服务名称命名的目录中。表 12-4 是一些常用的 squid 服务程序配置参数。

表 12-4 常用的 squid 服务程序配置参数以及作用

参数	作用
http_port 3128	监听的端口号
cache_mem 64M	内存缓冲区的大小
cache_dir ufs /var/spool/squid 2000 16 256	硬盘缓冲区的大小
cache_effective_user squid	设置缓存的有效用户
cache_effective_group squid	设置缓存的有效用户组
dns_nameservers [IP 地址]	一般不设置，而是用服务器默认的 DNS 地址
cache_access_log /var/log/squid/access.log	访问日志文件的保存路径
cache_log /var/log/squid/cache.log	缓存日志文件的保存路径
visible_hostname www.smile.com	设置 squid 服务器的名称

4. 设置访问控制列表

squid 代理服务器是 Web 客户机与 Web 服务器之间的中介，它实现访问控制，决定哪一台客户机可以访问 Web 服务器以及如何访问。squid 服务器通过检查具有控制信息的主机和域的访问控制列表（ACL）来决定是否允许某客户机进行访问。ACL 是要控制客户的主机和域的列表。使用 acl 命令可以定义 ACL，该命令在控制项中创建标签。用户可以使用 http_access 等命令定义这些控制功能，可以基于多种 acl 选项，如源 IP 地址、域名、甚至时间和日期等来使用 acl 命令定义系统或者系统组。

（1）acl。acl 命令的格式如下：

    acl 列表名称   列表类型   [-i] 列表值

其中，列表名称用于区分 squid 的各个访问控制列表，任何两个访问控制列表不能用相同的列表名。一般来说，为了便于区分列表的含义应尽量使用意义明确的列表名称。

列表类型用于定义可被 squid 识别的类别。例如，可以通过 IP 地址、主机名、域名，日期和时间等。常见的列表类型见表 12-5。

表 12-5　常见 ACL 列表类型

ACL 列表类型	说明
src　ip-address/netmask	客户端源 IP 地址和子网掩码
src　addr1-addr4/netmask	客户端源 IP 地址范围
dst　ip-address/netmask	客户端目标 IP 地址和子网掩码
myip　ip-address/netmask	本地套接字 IP 地址
srcdomain domain	源域名（客户机所属的域）
dstdomain　domain	目的域名（Internet 中的服务器所属的域）
srcdom_regex　expression	对来源的 URL 做正则匹配表达式
dstdom_regex　expression	对目的 URL 做正则匹配表达式
time	指定时间。用法：acl aclname time [day-abbrevs] [h1:m1-h2:m2] 其中 day-abbrevs 可以为：S（Sunday）、M（Monday）、T（Tuesday）、 W（Wednesday）、H（Thursday）、F（Friday）、A（Saturday）注意， h1:m1 一定要比 h2:m2 小
port	指定连接端口，如：acl SSL_ports port 443
Proto	指定所使用的通信协议，如：acl allowprotolist proto HTTP
url_regex	设置 URL 规则匹配表达式
urlpath_regex:URL-path	设置略去协议和主机名的 URL 规则匹配表达式

更多的 ACL 类型表达式可以查看 squid.conf 文件。

（2）http_access。设置允许或拒绝某个访问控制列表的访问请求。格式如下：

```
http_access   [allow|deny]   访问控制列表的名称
```

squid 服务器在定义了访问控制列表后，会根据 http_access 选项的规则允许或禁止满足一定条件的客户端的访问请求。

【例 12-10】拒绝所有的客户端的请求。

```
acl   all   src   0.0.0.0/0.0.0.0
http_access deny   all
```

【例 12-11】禁止 192.168.1.0/24 网段的客户机上网。

```
acl   client1   src   192.168.1.0/255.255.255.0
http_access   deny   client1
```

【例 12-12】禁止用户访问域名为 www.playboy.com 的网站。

```
acl   baddomain   dstdomain   www.playboy.com
http_access   deny   baddomain
```

【例 12-13】禁止 192.168.1.0/24 网络的用户在周一到周五的 9:00—18:00 上网。

```
acl   client1   src   192.168.1.0/255.255.255.0
acl   badtime   time   MTWHF   9:00-18:00
http_access deny   client1   badtime
```

【例 12-14】禁止用户下载*.mp3、*.exe、*.zip 和*.rar 类型的文件。

```
acl   badfile   urlpath_regex   -i   \.mp3$   \.exe$   \.zip$   \.rar$
http_access   deny   badfile
```

【例 12-15】屏蔽 www.whitehouse.gov 站点。

```
acl  badsite  dstdomain  -i  www.whitehouse.gov
http_access  deny  badsite
```

-i 表示忽略大小写字母，默认情况下 squid 是区分大小写的。

【例 12-16】屏蔽所有包含"sex"的 URL 路径。

```
acl  sex  url_regex  -i  sex
http_access  deny  sex
```

【例 12-17】禁止访问 22、23、25、53、110、119 这些危险端口。

```
acl  dangerous_port  port  22  23  25  53  110  119
http_access  deny  dangerous_port
```

如果不确定哪些端口具有危险性，也可以采取更为保守的方法，就是只允许访问安全的端口。

默认的 squid.conf 包含了下面的安全端口 ACL，如下所示。

```
acl  safe_port1   port  80            #http
acl  safe_port2   port  21            #ftp
acl  safe_port3   port  443 563       #https,snews
acl  safe_port4   port  70            #gopher
acl  safe_port5   port  210           #wais
acl  safe_port6   port  1025-65535    #unregistered  ports
acl  safe_port7   port  280           #http-mgmt
acl  safe_port8   port  488           #gss-http
acl  safe_port9   port  591           #filemaker
acl  safe_port10  port  777           #multiling  http
acl  safe_port11  port  210           #waisp
http_access  deny  !safe_port1
http_access  deny  !safe_port2
        （略）
http_access  deny  !safe_port11
```

http_access deny !safe_port1 表示拒绝所有的非 safe_ports 列表中的端口。这样设置系统的安全性得到了进一步的保障。其中"!"叹号表示取反。

> 注意　　由于 squid 是按照顺序读取访问控制列表的，所以合理的安排各个访问控制列表的顺序至关重要。

任务 12-6　squid 和 NAT 企业实战与应用

利用 squid 和 NAT 功能可以实现透明代理。透明代理的意思是客户端根本不需要知道有代理服务器的存在，客户端不需要在浏览器或其他的客户端工作中做任何设置，只需要将默认网关设置为 Linux 服务器的 IP 地址即可（内网 IP 地址）。透明代理服务的典型应用环境如图 12-8 所示。

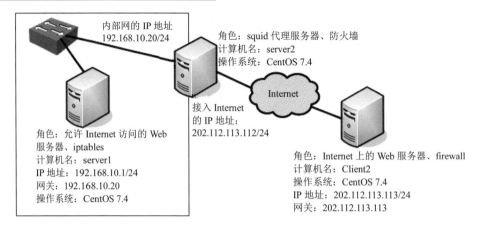

图 12-8　透明代理服务的典型应用环境

1. 实例要求

如图 12-8 所示，要求如下：

（1）客户端在设置代理服务器地址和端口的情况下能够访问互联网上的 Web 服务器。

（2）客户端不需要设置代理服务器地址和端口就能够访问互联网上的 Web 服务器，即透明代理。

（3）代理服务器仅配置代理服务，内存 2GB，硬盘为 SCSI 硬盘，容量 200GB，设置 10GB 空间为硬盘缓存，要求所有客户端都可以上网。

2. 客户端需要配置代理服务器的解决方案

（1）部署网络环境配置。本实训由 3 台 Linux 虚拟机组成，一台是 squid 代理服务器（server2），双网卡（IP1：192.168.10.20/24，连接 VMnet1，IP2：202.112.113.112/24，连接 VMnet8）；1 台是安装 Linux 操作系统的 squid 客户端（server1，IP：192.168.10.1/24，连接 VMnet1）；还有 1 台是互联网上的 Web 服务器，也安装了 Linux（IP：202.112.113.113，连接 VMnet8）。

请读者注意各网卡的网络连接方式是 VMnet1 还是 VMnet8。各网卡的 IP 地址信息可以使用项目 2 中讲的方法进行永久设置，后面的实训也会沿用。

1）在 server1 上（使用 ifconfig 设置 IP 地址等信息，重启后会失效。也可以使用其他方法）。

```
[root@server1 ~]# ifconfig ens33 192.168.10.1 netmask 255.255.255.0
[root@server1 ~]# route add default gw 192.168.10.20        //网关一定设置
```

2）在 Client2 上（不要设置网关，或者把网关设置成自己）。

```
[root@client2 ~]# ifconfig ens33 202.112.113.113 netmask 255.255.255.0
[root@client2 ~]# mount /dev/cdrom   /iso  //挂载安装光盘
[root@client2 ~]# yum clean all
[root@client2 ~]# yum install htppd –y            //安装 Web
[root@client2 ~]# systemctl start httpd
[root@client2 ~]# systemctl enable httpd
[root@client2 ~]# systemctl start firewalld
[root@client2 ~]# firewall-cmd --permanent --add-service=http //让防火墙放行 httpd 服务
[root@client2 ~]# firewall-cmd --reload
```

3）在 server2 代理服务器上，停止 firewalld 启用 iptables。

```
[root@client1 ~]# hostnamectl set-hostname    server2        //改名字为 server2
[root@server2 ~]# ifconfig ens33 192.168.10.20 netmask 255.255.255.0
[root@server2 ~]# ifconfig ens38 202.112.113.112 netmask 255.255.255.0
[root@server2 ~]# ping 192.168.10.1
[root@server2 ~]# ping 202.112.113.113
[root@server2 ~]# systemctl stop firewalld
[root@server2 ~]# systemctl start iptables
[root@server2 ~]# iptables –F                          //清除防火墙的影响
[root@server2 ~]# iptables –L
```

（2）在 server2 上安装、配置 squid 服务（前面已安装）。

```
[root@server2 ~]# vim /etc/squid/squid.conf
acl localnet src 192.0.0.0/8
http_access allow localnet
http_access deny all
#上面 3 行的意思是，定义 192.0.0.0 网络为 localnet，允许访问 localnet，其他被拒绝
cache_dir ufs /var/spool/squid 10240 16 256
#设置硬盘缓存大小为 10GB，目录为/var/spool/squid，一级子目录 16 个，二级子目录 256 个
http_port 3128
visible_hostname server2
[root@server2 ~]# systemctl start squid
[root@server2 ~]# systemctl enable squid
```

（3）在 Linux 客户端 server1 上测试代理设置是否成功。

1）打开 Firefox 浏览器，配置代理服务器。在浏览器中，按下 Alt 键调出菜单，依次选择 "Edit（编辑）"→"Perferences（首选项）"→"Advanced（高级）"→"Network（网络）"→ "Settings（设置）"命令，打开"连接设置"对话框，单击"Manual Proxy（手动配置代理）"，将代理服务器地址设为"192.168.10.20"，端口设为"3128"，如图 12-9 所示。设置完成后单击"OK（确定）"按钮退出。

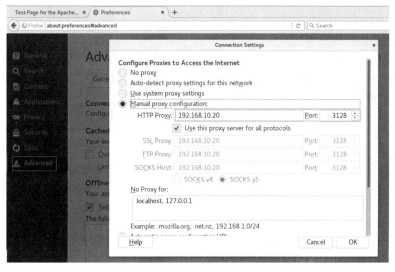

图 12-9　在 Firefox 中配置代理服务器

2）在浏览器地址栏输入 http://202.112.113.113，按回车键。结果出现如图 12-10 所示的界面。特别提示：一定使用"iptables -F"先清除防火墙的影响，再进行测试，否则会出现如图 12-11 的错误界面。

图 12-10　成功浏览

图 12-11　不能正常浏览

（4）在 Linux 服务器端 server2 上查看日志文件。

[root@server2 ~]# **vim /var/log/squid/access.log**

532869125.169　　5 192.168.10.1 TCP_MISS/403 4379 GET http://202.112.113.113/ - HIER_DIRECT/202.112.113.113 text/html

思考：Web 服务器 Client2 上的日志文件有何记录？不妨做一做。

3．客户端不需要配置代理服务器的解决方案

（1）在 server2 上配置 squid 服务。

1）修改 squid.conf 配置文件，将"http_port 3128"改为如下内容并重新加载该配置。

[root@server2 ~]# **vim　/etc/squid/squid.conf**

http_port 192.168.10.20:3128 transparent

[root@server2 ~]# **systemctl restart squid**

2）清除 iptables 影响，并添加 iptables 规则。将源网络地址为 192.168.10.0、tcp 端口为 80 的访问直接转向 3128 端口。

```
[root@server2 ~]# systemctl stop    firewalld
[root@server2 ~]# systemctl restart iptables
[root@server2 ~]# iptables -F
[root@server2 ~]# iptables -t nat -I PREROUTING   -s 192.168.10.0/24 -p tcp --dport 80 -j REDIRECT
--to-ports 3128
```

（2）在 Linux 客户端 server1 上测试代理设置是否成功。

1）打开 Firefox 浏览器，配置代理服务器。在浏览器中，按下 Alt 键调出菜单，依次选择 "Edit（编辑）"→ "Perferences（首选项）" → "Advanced（高级）"→ "Network（网络）" → "Settings（设置）" 命令，打开 "连接设置" 对话框，单击 "No proxy（无代理）" 按钮，将代理服务器设置清空。

2）设置 server1 的网关为 192.168.10.20（删除网关命令是将 add 改为 del）。

```
[root@server1 ~]# route add default gw 192.168.10.20        //网关一定设置
```

3）在 server1 浏览器地址栏输入 http://202.112.113.113，按回车键，显示测试成功。

（3）在 Web 服务器端 Client2 上查看日志文件。

```
[root@client2 ~]# vim /var/log/httpd/access_log
202.112.113.112 - - [28/Jul/2018:23:17:15 +0800] "GET /favicon.ico HTTP/1.1" 404 209 "-" "Mozilla/5.0
(X11; Linux x86_64; rv:52.0) Gecko/20100101 Firefox/52.0"
```

 注意   CentOS 7 的 Web 服务器日志文件是/var/log/httpd/access_log，CentOS 6 中的 Web 服务器的日志文件是/var/log/httpd/access.log。

4. 反向代理的解决方案

如果外网 Client 要访问内网 server1 的 Web 服务器，这时可以使用反向代理。

（1）在 server1 上安装 HTTP 服务、启动，并让防火墙通过。

```
[root@server1 ~]# yum install httpd -y
[root@server1 ~]# systemctl start firewalld
[root@server1 ~]# firewall-cmd --permanent --add-service=http
[root@server1 ~]# firewall-cmd --reload
[root@server1 ~]# systemctl start httpd
[root@server1 ~]# systemctl enable httpd
```

（2）在 server2 上配置反向代理。（特别注意 acl 等前 3 句，意思是先定义一个 localnet 网络，其网络 ID 是 202.0.0.0，后面再允许该网段访问，其他网段拒绝访问。）

```
[root@server2 ~]# systemctl stop iptables
[root@server2 ~]# systemctl start firewalld
[root@server2 ~]# firewall-cmd --permanent --add-service=squid
[root@server2 ~]# firewall-cmd --permanent --add-port=80/tcp
[root@server2 ~]# firewall-cmd --reload

[root@server2 ~]# vim   /etc/squid/squid.conf
acl localnet src 202.0.0.0/8
http_access allow localnet
http_access deny all
http_port   202.112.113.112:80   vhost
cache_peer 192.168.10.1 parent 80 0 originserver weight=5 max_conn=30
```

```
[root@server2 ~]# systemctl restart squid
```

（3）在外网 Client2 上进行测试。[浏览器的代理服务器设为"No proxy（无代理）"。]

```
[root@client2 ~]# firefox 202.112.113.112
```

5. 几种错误的解决方案（以反向代理为例）

（1）如果防火墙设置不好，会出现前图 12-11 所示的错误界面。

解决方案：在 server2 上设置防火墙。当然也可以使用 stop 停止全部防火墙。

```
[root@server2 ~]# systemctl stop iptables
[root@server2 ~]# systemctl start firewalld
[root@server2 ~]# firewall-cmd --permanent --add-service=squid
[root@server2 ~]# firewall-cmd --permanent --add-port=80/tcp
[root@server2 ~]# firewall-cmd --reload
```

（2）acl 列表设置不对可能会出现如图 12-12 所示的错误界面。

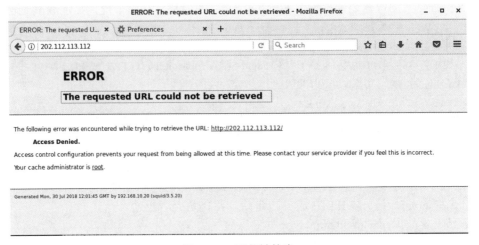

图 12-12　不能被检索

解决方案：在 server2 上的配置文件中增加或修改如下语句。

```
[root@server2 ~]# vim   /etc/squid/squid.conf
acl localnet src 202.0.0.0/8
http_access allow localnet
http_access deny all
```

说明　防火墙是非常重要的保护工具，许多网络故障都是由于防火墙配置不当引起的，需要读者认识清楚。为了后续实训不受此影响，可以在完成本次实训后，重新恢复原来的初始安装备份。

12.4　练习题

一、选择题

1. 在 Linux 2.6 以后的内核中，提供 TCP/IP 包过滤功能的软件称为（　　）。

　　　　A．rarp　　　　　　　B．route　　　　　C．iptables　　　　　D．filter

　　2．在 Linux 操作系统中，可以通过 iptables 命令来配置内核中集成的防火墙，若在配置脚本中添加 iptables 命令：#iptables -t nat -A PREROUTING -p tcp -s 0/0 -d 61.129.3.88 --dport 80 -j DNAT --to –destination 192.168.0.18。其作用是（　　）。

　　　　A．将对 192.168.0.18 的 80 端口的访问转发到内网的 61.129.3.88 主机上

　　　　B．将对 61.129.3.88 的 80 端口的访问转发到内网的 192.168.0.18 主机上

　　　　C．将对 192.168.0.18 的 80 端口映射到内网的 61.129.3.88 的 80 端口

　　　　D．禁止对 61.129.3.88 的 80 端口的访问

　　3．下面（　　）配置选项在 squid 的配置文件中用于设置管理员的 E-mail 地址。

　　　　A．cache_effective_user　　　　　　B．cache_mem

　　　　C．cache_effective_group　　　　　　D．cache_mgr

　　4．John 计划在他的局域网建立防火墙，防止 Internet 直接进入局域网，反之亦然。在防火墙上他不能用包过滤或 SOCKS 程序。而且他想要提供给局域网用户仅有的几个 Internet 服务和协议。John 应该使用的防火墙类型最好是（　　）。

　　　　A．使用 squid 代理服务器　　　　　　B．NAT

　　　　C．IP 转发　　　　　　　　　　　　　D．IP 伪装

　　5．关于 IP 伪装的适当描述是（　　）。

　　　　A．它是一个转化包的数据的工具

　　　　B．它的功能就像 NAT 系统：转换内部 IP 地址到外部 IP 地址

　　　　C．它是一个自动分配 IP 地址的程序

　　　　D．它是一个连接内部网到 Internet 的工具

　　6．不属于 iptables 操作的是（　　）。

　　　　A．ACCEPT　　　　　　　　　　　　B．DROP 或 REJECT

　　　　C．LOG　　　　　　　　　　　　　　D．KILL

　　7．假设要控制来自 IP 地址 199.88.77.66 的 ping 命令，可用的 iptables 命令是（　　）。

　　　　A．iptables -a INPUT -s 199.88.77.66 -p icmp -j DROP

　　　　B．iptables -A INPUT -s 199.88.77.66 -p icmp -j DROP

　　　　C．iptables -A input -s 199.88.77.66 -p icmp -j drop

　　　　D．iptables -A input -S 199.88.77.66 -P icmp -J DROP

　　8．如果想要防止 199.88.77.0/24 网络用 TCP 分组连接端口 21，iptables 命令是（　　）。

　　　　A．iptables -A FORWARD -s 199.88.77.0/24 -p tcp --dport 21 -j REJECT

　　　　B．iptables -A FORWARD -s 199.88.77.0/24 -p tcp -dport 21 -j REJECT

　　　　C．iptables -a forward -s 199.88.77.0/24 -p tcp --dport 21 -j reject

　　　　D．iptables -A FORWARD -s 199.88.77.0/24 -p tcp -dport 21 -j DROP

二、填空题

　　1．_____可以使企业内部局域网与 Internet 之间或者与其他外部网络间互相隔离、限制网络互访，以此来保护_____。

　　2．防火墙大致可以分为 3 类，分别是_____、_____和_____。

3. _____是 Linux 核心中的一个通用架构，它提供了一系列的"表"（table），每个表由若干_____组成，而每条链可以由一条或数条_____组成。实际上，Netfilter 是_____的容器，表是链的容器，而链又是_____的容器。

4. 接受数据包时，Netfilter 提供 3 种数据包处理的功能：_____、_____和_____。

5. Netfilter 设计了 3 个表（table）：_____、_____及_____。

6. _____表仅用于网络地址转换，其具体的动作有_____、_____及_____。

7. _____是 Netfilter 默认的表，通常使用该表进行过滤的设置，它包含以下内置链：_____、_____和_____。

8. 网络地址转换器（Network Address Translator，NAT）位于使用专用地址的_____和使用公用地址的_____之间。

9. 代理服务器（Proxy Server）等同于内网与_____的桥梁。普通的 Internet 访问是一个典型的_____结构。

三、简答题

1. 简述防火墙的概念、分类及作用。
2. 简述代理服务器工作原理。
3. 在 CentOS 7 系统中，iptables 是否已经被 firewalld 服务彻底取代？
4. 请简述防火墙策略规则中 DROP 和 REJECT 的不同之处。
5. 如何把 iptables 服务的 INPUT 规则链默认策略设置为 DROP？
6. 怎样编写一条防火墙策略规则，使得 iptables 服务可以禁止源自 192.168.10.0/24 网段的流量访问本机的 sshd 服务（22 端口）？
7. 请简述 firewalld 中区域的作用。
8. 如何在 firewalld 中把默认的区域设置为 dmz？
9. 如何让 firewalld 中以永久（Permanent）模式配置的防火墙策略规则立即生效？
10. 使用 SNAT 技术的目的是什么？

12.5　项目拓展

12.5.1　项目拓展一：配置与管理 iptables 防火墙

一、项目目的

● 掌握 iptables 防火墙的配置。

二、项目环境

假如某公司需要 Internet 接入，由 ISP 分配 IP 地址 202.112.113.112。采用 iptables 作为 NAT 服务器接入网络，内部采用 192.168.1.0/24 地址，外部采用 202.112.113.112 地址。为确保安全需要配置防火墙功能，要求内部仅能够访问 Web、DNS 及 Mail 三台服务器；内部 Web 服务器 192.168.1.2 通过端口映象方式对外提供服务。网络拓扑图如图 12-13 所示。

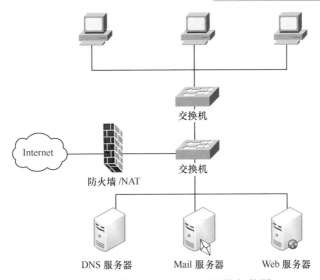

图 12-13 配置 netfilter/iptables 网络拓扑图

三、项目要求

练习 iptables 防火墙的配置。

四、深度思考

在观看（本项目的项目实训视频）时思考以下几个问题。

（1）为何要设置两块网卡的 IP 地址？如何设置网卡的默认网关？

（2）为何要清除掉默认规则？

（3）如何接受或拒绝 TCP、UDP 的某些端口？

（4）如何屏蔽 ping 命令？如何屏蔽掉扫描信息？

（5）如何使用 SNAT 来实现内网访问互联网？如何实现透明代理？

（6）在客户端如何设置 DNS 服务器地址？

（7）谈谈 firewall 与 iptables 的不同使用方法。

（8）iptables 中的-A 和-I 两个参数有何区别？举个例子。

五、做一做

检查学习效果。

12.5.2 项目拓展二：配置与管理 squid 代理服务器

一、项目目的

● 掌握 squid 代理服务器的配置与管理。

二、项目环境

如图 12-14 所示。公司用 squid 作代理服务器（内网 IP 地址为 192.168.1.1），公司所用 IP

地址段为 192.168.1.0/24，并且想用 8080 作为代理端口。

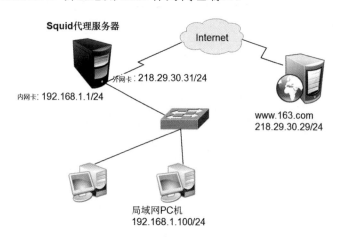

图 12-14　代理服务的典型应用环境

三、项目要求

（1）客户端在设置代理服务器地址和端口的情况下能够访问互联网上的 Web 服务器。

（2）客户端不需要设置代理服务器地址和端口就能够访问互联网上的 Web 服务器，即透明代理。

（3）配置反向代理，并测试。

四、做一做

检查学习效果。

项目 13   配置与管理 VPN 服务器

项目描述

某高校组建了学校的校园网，并且已经架设了 Web、FTP、DNS、DHCP、Mail 等功能的服务器来为校园网用户提供服务，现有如下问题需要解决：

只要能够访问互联网，无论是在家中、还是出差在外，都可以轻松访问未对外开放的校园网内部资源（文件和打印共享、Web 服务、FTP 服务、OA 系统等）。

要解决这个问题需要开通校园网远程访问功能。既在 Linux 服务器上安装与配置 VPN 服务器。

项目目标

● 理解远程访问 VPN 的构成和连接过程。
● 掌握配置并测试远程访问 VPN 的方法。

13.1   相关知识

13.1.1   VPN 工作原理

虚拟专用网络（Virtual Private Network，VPN）是专用网络的延伸，它模拟点对点专用连接的方式通过 Internet 或 Intranet 在两台计算机之间传送数据，是"线路中的线路"，具有良好的保密性和抗干扰能力。虚拟专用网络提供了通过公用网络安全地对企业内部专用网络远程访问的连接方式。虚拟专用网是对企业内部网的扩展，虚拟专用网可以帮助远程用户、公司分支机构、商业伙伴及供应商同公司的内部网建立可靠的安全连接，并保证数据安全传输。

虚拟专用网是使用 Internet 或其他公共网络来连接分散在各个不同地理位置的本地网络，在效果上和真正的专用网一样。如图 13-1 所示，说明了如何通过隧道技术实现 VPN。

假设现在有一台主机想要通过 Internet 网络连入公司的内部网。首先该主机通过拨号等方式连接到 Internet，然后再通过 VPN 拨号方式与公司的 VPN 服务器建立一条虚拟连接，在建立连接的过程中，双方必须确定采用何种 VPN 协议和连接线路的路由路径等。当隧道建立完成后，用户与公司内部网之间要利用该虚拟专用网进行通信时，发送方会根据所使用的 VPN 协议，对所有的通信信息进行加密，并重新添加上数据报的报头封装成为在公共网络上发送的外部数据报，然后通过公共网络将数据发送至接收方。接收方在接收到该信息后也根据所使用的 VPN 协议对数据进行解密。由于在隧道中传送的外部数据报的数据部分（即内部数据报）是加密的，因此在公共网络上所经过的路由器都不知道内部数据报的内容，确保了通信数据的

安全。同时由于会对数据报进行重新封装，所以可以实现其他通信协议数据报在 TCP/IP 网络中传输。

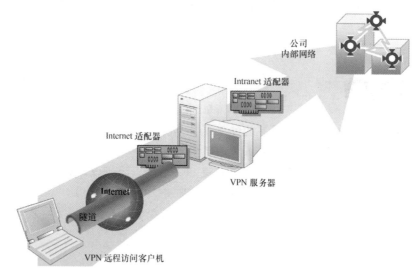

图 13-1　VPN 工作原理图

13.1.2　VPN 的特点和应用

1. VPN 的特点

要实现 VPN 连接，局域网内就必须先建立一个 VPN 服务器。VPN 服务器必须拥有一个公共 IP 地址，一方面连接企业内部的专用网络，另一方面用来连接到 Internet。当客户机通过 VPN 连接与专用网络中的计算机进行通信时，先由 ISP 将所有的数据传送到 VPN 服务器，然后再由 VPN 服务器负责将所有的数据传送到目的计算机。

VPN 具有以下特点：

（1）费用低廉。远程用户登录到 Internet 后，以 Internet 作为通道与企业内部专用网络连接，大大降低了通信费用；而且，企业可以节省购买和维护通信设备的费用。

（2）安全性高。VPN 使用三方面的技术（通信协议、身份认证和数据加密）保证了通信的安全性。当客户机向 VPN 服务器发出请求时，VPN 服务器响应请求并向客户机发出身份质询，然后客户机将加密的响应信息发送到 VPN 服务器，VPN 服务器根据数据库检查该响应，如果账户有效，VPN 服务器接受此连接。

（3）支持最常用的网络协议。由于 VPN 支持最常用的网络协议，所以诸如以太网、TCP/IP 和 IPX 网络上的客户机可以很容易地使用 VPN；不仅如此，任何支持远程访问的网络协议在 VPN 中也同样支持，这意味着可以远程运行依赖于特殊网络协议的程序，因此可以减少安装和维护 VPN 连接的费用。

（4）有利于 IP 地址安全。VPN 在 Internet 中传输数据时是加密的，Internet 上的用户只能看到公用 IP 地址，而看不到数据包内包含的专用 IP 地址，因此保护了 IP 地址安全。

（5）管理方便灵活。架构 VPN 只需较少的网络设备和物理线路，无论是分公司还是远程访问用户，均只需通过一个公用网络接口或 Internet 的路径即可进入企业内部网络。公用网承担了网络管理的重要工作，关键任务是可获得所必需的带宽。

（6）完全控制主动权。VPN 使企业可以利用 ISP 的设施和服务，同时又完全掌握着自己网络的控制权。比如说，企业可以把拨号访问交给 ISP 去做，而自己负责用户的查验、访问权、网络地址、安全性和网络变化管理等重要工作。

2．VPN 的应用场合

VPN 的实现可以分为软件和硬件两种方式。Windows 服务器版的操作系统以完全基于软件的方式实现了虚拟专用网，成本非常低廉。无论身处何地，只要能连接到 Internet，就可以与企业网在 Internet 上的虚拟专用网相关联，登录到内部网络浏览或交换信息。

一般来说，VPN 使用在以下两种场合。

（1）远程客户端通过 VPN 连接到局域网。总公司（局域网）的网络已经连接到 Internet，而用户在远程拨号连接 ISP 后，就可以通过 Internet 来与总公司（局域网）的 VPN 服务器建立 PPTP 或 L2TP 的 VPN，并通过 VPN 来安全地传送信息。

（2）两个局域网通过 VPN 互连。两个局域网的 VPN 服务器都连接到 Internet，并且通过 Internet 建立 PPTP 或 L2TP 的 VPN，它可以让两个网络之间安全地传送信息，不用担心在 Internet 上传送时泄密。

除了使用软件方式实现外，VPN 的实现需要建立在交换机、路由器等硬件设备上。目前，在 VPN 技术和产品方面，最具有代表性的当数 Cisco 和华为 3COM。

13.1.3　VPN 协议

隧道技术是 VPN 技术的基础，在创建隧道的过程中，隧道的客户机和服务器双方必须使用相同的隧道协议。按照开放系统互联参考模型（OSI）的划分，隧道技术可以分为第 2 层和第 3 层隧道协议。第 2 层隧道协议使用帧作为数据交换单位。PPTP、L2TP 都属于第 2 层隧道协议，它们都是将数据封装在点对点协议（PPP）帧中通过互联网发送的。第 3 层隧道协议使用包作为数据交换单位。IPoverIP 和 IPSec 隧道模式都属于第 3 层隧道协议，它们都是将 IP 包封装在附加的 IP 包头中通过 IP 网络传送的。下面介绍几种常见的隧道协议。

1．PPTP

点对点隧道协议（Point-to-Point Tunneling Protocol，PPTP）是 PPP（点对点）的扩展，并协调使用 PPP 的身份验证、压缩和加密机制。它允许对 IP、IPX 或 NetBEUI 数据流进行加密，然后封装在 IP 包头中通过诸如 Internet 这样的公共网络发送，从而实现多功能通信。

只有 IP 网络才可以建立 PPTP 的 VPN。两个局域网之间若通过 PPTP 来连接，则两端直接连接到 Internet 的 VPN 服务器必须要执行 TCP/IP 通信协议，但网络中的其他计算机不一定需要执行 TCP/IP，它们可以执行 TCP/IP、IPX 或 NetBEUI 通信协议。因为当它们通过 VPN 服务器与远程计算机通信时，这些不同通信协议的数据包会被封装到 PPP 的数据包内，然后经过 Internet 传送，信息到达目的地后，再由远程的 VPN 服务器将其还原为 TCP/IP、IPX 或 NetBEUI 数据包。但需要注意的是 PPTP 会话不能通过代理服务器进行。

2．L2TP

第二层隧道协议（Layer Two Tunneling Protocol，L2TP）是基于 RFC 的隧道协议，该协议依赖于加密服务的 Internet 安全性（IPSec）。该协议允许客户通过其间的网络建立隧道，L2TP 还支持信道认证，但它没有规定信道保护的方法。

3. IPSec

IPSec 是由 IETF（Internet Engineering Task Force）定义的一套在网络层提供 IP 安全性的协议。它主要用于确保网络层之间的安全通信。该协议使用 IPSec 协议集保护 IP 网和非 IP 网上的 L2TP 业务。在 IPSec 协议中，一旦 IPSec 通道建立，在通信双方网络层之上的所有协议（如 TCP、UDP、SNMP、HTTP、POP 等）就要经过加密，但不管这些通道构建时所采用的安全和加密方法如何。

13.2 项目设计及准备

 本项目使用 Red Hat Enterprise Linux 7.4 作为服务器。目的是通过本书的学习能够使读者对 CentOS 7 和 RHEL 7 两种内核一样的操作系统都能融会贯通。

13.2.1 项目设计

在进行 VPN 网络构建之前，我们有必要进行 VPN 网络拓扑规划，图 13-2 所示是一个小型的 VPN 实验网络环境（可以通过 VMware 虚拟机实现该网络环境）。

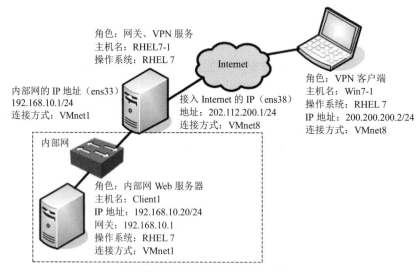

图 13-2　VPN 实验网络拓扑图

13.2.2 项目准备

部署远程访问 VPN 服务之前，应做如下准备。

（1）PPTP 服务、Mail 服务、Web 服务和 iptables 防火墙服务均部署在一台安装有 Red Hat Enterprise Linux 7 操作系统的服务器上，服务器名为 vpn，该服务器通过路由器接入 Internet。

（2）VPN 服务器至少要有两个网络连接，分别为 ens33 和 ens38，其中 ens33 连接到内部局域网 192.168.10.0 网段，IP 地址为 192.168.10.1；ens38 连接到公用网络 200.200.200.0 网段，IP 地址为 200.200.200.1。在虚拟机设置中 ens33 使用 VMnet1，ens38 使用 VMnet8。

（3）在内部网客户主机 Client1 上，为了实验方便，安装 Web 服务器，供测试用，其网卡使用 VMnet1。

（4）VPN 客户端 Win7-1 的配置信息如图 13-2 所示，其网卡使用 VMnet8。

（5）合理规划分配给 VPN 客户端的 IP 地址。VPN 客户端在请求建立 VPN 连接时，VPN 服务器需要为其分配内部网络的 IP 地址。配置的 IP 地址也必须是内部网络中不使用的 IP 地址，地址的数量根据同时建立 VPN 连接的客户端数量来确定。在本任务中部署远程访问 VPN 时，使用静态 IP 地址池为远程访问客户端分配 IP 地址，地址范围采用 192.168.10.11～192.168.10.19，192.168.10.101～192.168.10.180。

（6）客户端在请求 VPN 连接时，服务器要对其进行身份验证，因此应合理规划需要建立 VPN 连接的用户账户。

关于本实验环境的一个说明：VPN 服务器和 VPN 客户端实际上应该在 Internet 的两端，一般不会在同一网络中，为了实验方便，我们省略了它们之间的路由器。

13.3 项目实施

任务 13-1 安装 VPN 服务器

Linux 环境下的 VPN 由 VPN 服务器模块（Point-to-Point Tunneling Protocol Daemon，PPTPD）和 VPN 客户端模块（Point-to-Point Tunneling Protocol，PPTP）共同构成。PPTPD 和 PPTP 都是通过 PPP（Point to Point Protocol）来实现 VPN 功能的。而 MPPE（Microsoft 点对点加密）模块是用来支持 Linux 与 Windows 之间连接的。如果不需要 Windows 计算机参与连接，则不需要安装 MPPE 模块。PPTPD、PPTP 和 MPPE Module 一起统称 Poptop，即 PPTP 服务器。

安装 PPTP 服务器需要内核支持 MPPE（Microsoft 点对点加密）（在需要与 Windows 客户端连接的情况下需要）和 PPP 2.4.3 及以上版本模块。而 Red Hat Enterprise Linux 7 默认已安装了 2.4.5 版本的 PPP，而 2.6.18 内核也已经集成了 MPPE，因此只需再安装 PPTP 软件包即可。

1. 下载所需要的安装包文件

读者可直接从（https://centos.pkgs.org/7/epel-x86_64/pptpd-1.4.0-2.el7.x86_64.rpm.html）网上下载 pptpd 软件包 pptpd-1.4.0-2.el7.x86_64.rpm，或者从出版社资源网站下载，或者向作者索要，并将该文件复制到/vpn-rpm 下。

2. 在 VPN 服务器 RHEL7-1 上安装已下载的安装包文件，执行如下命令

```
[root@RHEL7-1 ~]# cd /vpn-rpm
[root@RHEL7-1 vpn-rpm]# rpm -ivh pptpd-1.4.0-2.el7.x86_64.rpm
warning: pptpd-1.4.0-2.el7.x86_64.rpm: Header V3 RSA/SHA256 Signature, key ID 352c64e5: NOKEY
Preparing...                          ############################### [100%]
Updating / installing...
   1:pptpd-1.4.0-2.el7                 ############################### [100%]
[root@RHEL7-1 vpn-rpm]# rpm -qa |grep pptp
pptpd-1.4.0-2.el7.x86_64
```

3. 安装完成之后可以使用下面的命令查看系统的 PPP 是否支持 MPPE 加密

[root@RHEL7-1 ~]# **strings　'/usr/sbin/pppd'|grep　-i　mppe|wc　--lines**
43

如果以上命令输出为"0"则表示不支持；输出为"30"或更大的数字就表示支持。

任务 13-2　配置 VPN 服务器

配置 VPN 服务器，需要修改/etc/pptpd.conf、/etc/ppp/chap-secrets 和/etc/ppp/options.pptpd 三个文件。/etc/pptpd.conf 文件是 VPN 服务器的主配置文件，在该文件中需要设置 VPN 服务器的本地地址和分配给客户端的地址段。/etc/ppp/chap-secrets 是 VPN 用户账号文件，该账号文件保存 VPN 客户端拨入时所需要的验证信息。/etc/ppp/options.pptpd 用于设置在建立连接时的加密、身份验证方式和其他的一些参数设置。

　　每次修改完配置文件后，必须要重新启动 PPTP 服务才能使配置生效。

1. 网络环境配置

（1）在 VPN 服务器 RHEL7-1 上做配置。为了能够正常监听 VPN 客户端的连接请求，VPN 服务器需要配置两个网络接口。一个和内网连接，另外一个和外网连接。在此我们为 VPN 服务器配置了 ens33 和 ens38 两个网络接口。其中 ens33 接口用于连接内网，IP 地址为 192.168.10.1；ens38 接口用于连接外网，IP 地址为 200.200.200.1。（可使用其他长效方式配置 IP 地址，下面的方式重启后失效！）

[root@RHEL7-1 vpn-rpm]# **ifconfig ens33 192.168.10.1**
[root@RHEL7-1 vpn-rpm]# **ifconfig ens38 200.200.200.1**
[root@RHEL7-1 vpn-rpm]# **ifconfig**

（2）同理在 Client1 上配置 IP 地址为 192.168.10.20/24，并安装 Web 服务器。

1）挂载 ISO 安装镜像。

//挂载光盘到 /iso 下
[root@client1 ~]# **mkdir　/iso**
[root@client1 ~]# **mount　/dev/cdrom　/iso**

2）制作用于安装的 yum 源文件。

[root@client1 ~]# **vim　/etc/yum.repos.d/dvd.repo**

dvd.repo 文件的内容如下：

/etc/yum.repos.d/dvd.repo
or for ONLY the media repo, do this:
yum --disablerepo=* --enablerepo=c8-media [command]
[dvd]
name=dvd
baseurl=file:///iso　　　　　　//特别注意本地源文件的表示，3 个"/"
gpgcheck=0
enabled=1
[root@client1 ~]# **mount /dev/cdrom /iso**
[root@client1 ~]# **yum install httpd –y**

```
[root@client1 ~]# firewall-cmd --permanent --add-service=http
success
[root@client1 ~]# firewall-cmd --reload
success
[root@client1 ~]# systemctl restart httpd
[root@client1 ~]# systemctl enable httpd
[root@client1 ~]# firefox 192.168.10.20
```

能够正常访问默认页面。

（3）在 Win7-1 上配置 IP 地址为 200.200.200.2/24。

　　　　如果希望 IP 地址重启后仍生效，请使用配置文件或系统菜单修改 IP 地址。

在 RHEL7-1 上测试这 3 台计算机的连通性。

```
[root@RHEL7-1 vpn-rpm]# ping 192.168.10.20 -c 2
PING 192.168.10.20 (192.168.10.20) 56(84) bytes of data.
64 bytes from 192.168.10.20: icmp_seq=1 ttl=64 time=0.335 ms
64 bytes from 192.168.10.20: icmp_seq=2 ttl=64 time=0.364 ms

--- 192.168.10.20 ping statistics ---
2 packets transmitted, 2 received, 0% packet loss, time 1000ms
rtt min/avg/max/mdev = 0.335/0.349/0.364/0.023 ms
[root@RHEL7-1 vpn-rpm]# ping 200.200.200.2 -c 2
PING 200.200.200.2 (200.200.200.2) 56(84) bytes of data.
64 bytes from 200.200.200.2: icmp_seq=1 ttl=128 time=1.20 ms
64 bytes from 200.200.200.2: icmp_seq=2 ttl=128 time=0.262 ms

--- 200.200.200.2 ping statistics ---
2 packets transmitted, 2 received, 0% packet loss, time 1000ms
rtt min/avg/max/mdev = 0.262/0.731/1.201/0.470 ms
```

提示　　　　极有可能与 Client（200.200.200.2/24）无法连通，其原因可能是防火墙，将 Client 的防火墙停掉即可。

2．修改主配置文件

PPTP 服务的主配置文件 "/etc/pptpd.conf" 有如下两项参数的设置非常重要，只有在正确合理地设置这两项参数的前提下，VPN 服务器才能够正常启动。

根据前述的实验网络拓扑环境，我们需要在配置文件的最后加入如下两行语句。

localip　192.168.1.100　　//在建立 VPN 连接后，分配给 VPN 服务器的 IP 地址
　　　　　　　　　　　　　　//即 ppp0 的 IP 地址。
remoteip　192.168.10.11-19,192.168.10.101-180　//在建立 VPN 连接后，分配给客户端的可用 IP 地址池
参数说明如下。

（1）localip：设置 VPN 服务器本地的地址。localip 参数定义了 VPN 服务器本地的地址，客户机在拨号后 VPN 服务器会自动建立一个 ppp0 网络接口供访问客户机使用，这里定义的就是 ppp0 的 IP 地址。

（2）remoteip：设置分配给 VPN 客户机的地址段。remoteip 定义了分配给 VPN 客户机的地址段，当 VPN 客户机拨号到 VPN 服务器后，服务器会从这个地址段中分配一个 IP 地址给 VPN 客户机，以便 VPN 客户机能够访问内部网络。可以使用"-"符号指示连续的地址，使用","符号表示分隔不连续的地址。

 注意　为了安全性起见，localip 和 remoteip 尽量不要在同一个网段。

在上面的配置中一共指定了 89 个 IP 地址，如果有超过 89 个客户同时进行连接时，超额的客户将无法连接成功。

3．配置账号文件

账户文件"/etc/ppp/chap-secrets"保存了 VPN 客户机拨入时所使用的账户名、口令和分配的 IP 地址，该文件中每个账户的信息为独立的一行，格式如下。

账户名　　　服务　　　口令　　　分配给该账户的 IP 地址

本例中文件内容如下所示。

```
[root@RHEL7-1 ~]# vim /etc/ppp/chap-secrets
//下面一行表示以 smile 用户连接成功后，获得的 IP 地址为 192.168.10.159
"smile"        pptpd        "123456"        "192.168.10.159"
//下面一行表示以 public 用户连接成功后，获得的 IP 地址可从 IP 地址池中随机抽取
"public"       pptpd        "123456"        "*"
```

提示　本例中分配给 public 账户的 IP 地址参数值为"*"，表示 VPN 客户机的 IP 地址由 PPTP 服务随机在地址段中选择，这种配置适合多人共同使用的公共账户。

4．/etc/ppp/options.pptpd

该文件各项参数及具体含义如下所示。

```
[root@RHEL7-1 ~]# grep  -v  "^#" /etc/ppp/options.pptpd |grep -v "^$"
        //正则表达式的含义录像中有说明
name pptpd     //相当于身份验证时的域，一定要和/etc/ppp/chap-secrets 中的内容对应
refuse-pap                  //拒绝 pap 身份验证
refuse-chap                 //拒绝 chap 身份验证
refuse-mschap               //拒绝 mschap 身份验证
require-mschap-v2           //采用 mschap-v2 身份验证方式
require-mppe-128            //在采用 mschap-v2 身份验证方式时要使用 MPPE 进行加密
ms-dns 192.168.0.9          //给客户端分配 DNS 服务器地址
ms-wins 192.168.0.202       //给客户端分配 WINS 服务器地址
proxyarp                    //启动 ARP 代理
debug                       //开启调试模式，相关信息同样记录在 /var/logs/message 中
lock                        //锁定客户端 PTY 设备文件
nobsdcomp                   //禁用 BSD 压缩模式
novj
novjccomp                   //禁用 Van Jacobson 压缩模式
nologfd                     //禁止将错误信息记录到标准错误输出设备（stderr）
```

可以根据自己网络的具体环境设置该文件。

至此，我们安装并配置的 VPN 服务器已经可以连接了。

5. 打开 Linux 内核路由功能

为了能让 VPN 客户端与内网互连，还应打开 Linux 系统的路由转发功能，否则 VPN 客户端只能访问 VPN 服务器的内部网卡 eth0，执行下面的命令可以打开 Linux 路由转发功能。

```
[root@RHEL7-1 ~]# vim /etc/sysctl.conf
net.ipv4.ip_forward = 1                     //数值改为"1"
[root@RHEL7-1 ~]# sysctl -p                 //启用转发功能
net.ipv4.ip_forward = 1
```

6. 让 SELinux 放行

```
[root@RHEL7-1 vpn-rpm]# setenforce 0
```

7. 启动 VPN 服务

（1）可以使用下面的命令启动 VPN 服务，并加入开机自动启动。

```
[root@RHEL7-1 vpn-rpm]# systemctl start pptpd
[root@RHEL7-1 vpn-rpm]# systemctl enable pptpd
Created symlink from /etc/systemd/system/multi-user.target. ants/pptpd.service to /usr/lib/systemd/system/pptpd.service.
```

（2）可以使用下面的命令停止 VPN 服务。

```
[root@RHEL7-1 ~]# systemctl stop    pptpd
```

（3）可以使用下面的命令重新启动 VPN 服务。

```
[root@RHEL7-1 ~]# systemctl    restart pptpd
```

8. 设置 VPN 服务可以穿透 Linux 防火墙

VPN 服务使用 TCP 的 1723 端口和编号为 47 的 IP（GRE 常规路由封装）。如果 Linux 服务器开启了防火墙功能，就需关闭防火墙功能或设置允许 TCP 的 1723 端口和编号为 47 的 IP 通过。由于 RHEL7 的默认防火墙是 firewall，所以可以使用下面的命令开放 TCP 的 1723 端口和编号为 47 的 IP。

```
[root@RHEL7-1 ~]# systemctl stop firewalld
[root@RHEL7-1 ~]# iptables  -A  INPUT  -p  tcp  --dport  1723  -j  ACCEPT
[root@RHEL7-1 ~]# iptables  -A  INPUT  -p  gre  -j  ACCEPT
```

任务 13-3　配置 VPN 客户端

在 VPN 服务器设置并启动成功后，现在就需要配置远程的客户端以便可以访问 VPN 服务。现在最常用的 VPN 客户端通常采用 Windows 操作系统或者 Linux 操作系统，本节将以配置采用 Windows 7 操作系统的 VPN 客户端为例，说明在 Windows 7 操作系统环境中 VPN 客户端的配置方法。

Windows 7 操作系统环境中在默认情况下已经安装有 VPN 客户端程序，在此我们仅需要学习简单的 VPN 连接的配置工作。

1. 建立 VPN 连接

建立 VPN 连接的具体步骤如下。

（1）保证 Win7-1 的 IP 地址设置为 200.200.200.2/24，并且与 VPN 服务器的通信是畅通的，如图 13-3 所示。

（2）右击桌面上的"网络"→"属性"，或者单击右下角的网络图标，选中"打开网络和共享"，打开"网络和共享中心"窗口，如图 13-4 所示。

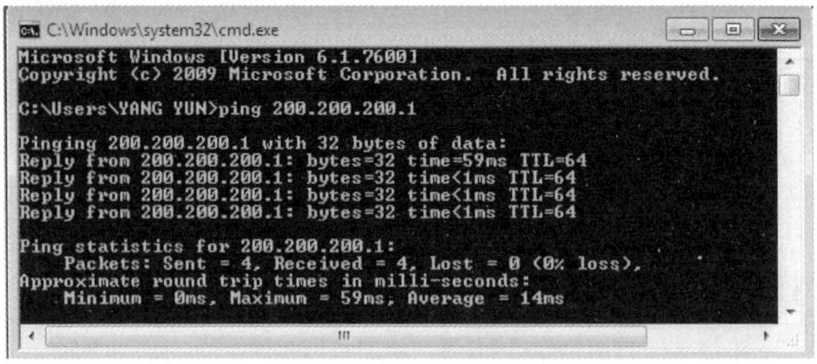

图 13-3   测试连通性

图 13-4   "网络和共享中心"窗口

（3）单击"设置新的连接或网络"按钮，出现图 13-5 所示的"设置连接或网络"窗口。

（4）选择"连接到工作区"选项，单击"下一步"按钮，出现图 13-6 所示的窗口。

图 13-5   "设置连接或网络"窗口

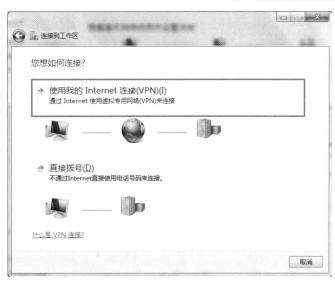

图 13-6　"连接到工作区"窗口

（5）单击"使用我的 Internet 连接(VPN)"，出现图 13-7 所示的"键入要连接的 Internet 地址"窗口。

（6）在"Internet 地址(I)"填上 VPN 提供的 IP 地址，本例为 200.200.200.1，在目标名称处起个名称，如"VPN 连接"。单击"下一步"按钮，出现图 13-8 所示的"键入您的用户名和密码"窗口。在这里填入 VPN 的用户名和密码，本例"用户名"填入 smile，"密码"填入 123456。然后单击"连接"按钮，最后单击"关闭"按钮，完成 VPN 客户端的设置。

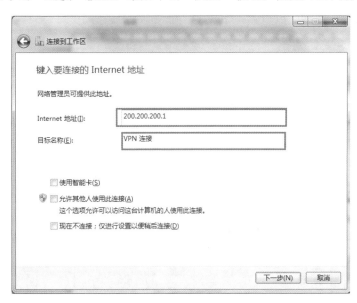

图 13-7　"键入要连接的 Internet 地址"窗口

（7）回到桌面再次右击"网络"→"属性"，如图 13-9 所示。单击左边的"更改适配器设置"，出现"网络连接"窗口，如图 13-10 所示。找到我们刚才建好的"VPN 连接"并双击打开。

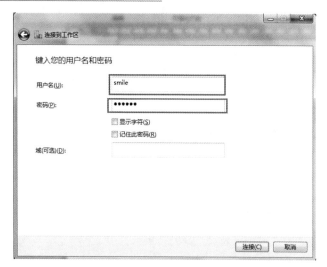

图 13-8　"键入您的用户名和密码"窗口

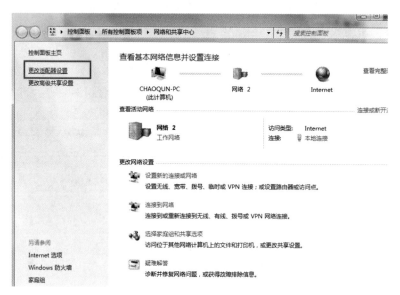

图 13-9　"更改适配器设置"窗口

图 13-10　"网络连接"窗口

（8）出现 13-11 所示的对话框，填上 VPN 服务器提供的 VPN 用户名和密码，"域"可以不用填写。

至此，VPN 客户端设置完成。

图 13-11 "连接 VPN 连接"对话框

2. 连接 VPN 服务器并测试

接着上面客户端的设置，继续连接 VPN 服务器，步骤如下。

（1）在图 13-8 中，输入正确的 VPN 服务账号和密码，然后单击"连接"按钮，此时客户端便开始与 VPN 服务器进行连接，并核对账号和密码。如果连接成功，就会在任务栏的右下角增加一个网络连接图标，双击该网络连接图标，在打开的对话框中选择"详细信息"选项卡即可查看 VPN 连接的详细信息。

（3）在客户端以 smile 用户登录，在连接成功之后在 VPN 客户端利用 ipconfig 命令可以看到多了一个 ppp 连接，如图 13-12 所示。

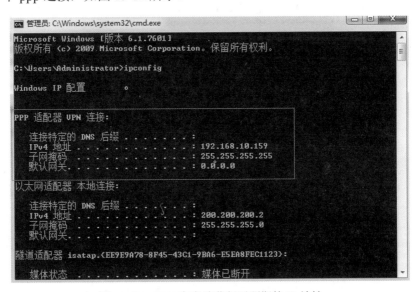

图 13-12 VPN 客户端获得了预期的 IP 地址

（3）在客户端测试 Web 服务器，在网址处输入 http://192.168.10.20，结果如图 13-13 所示。

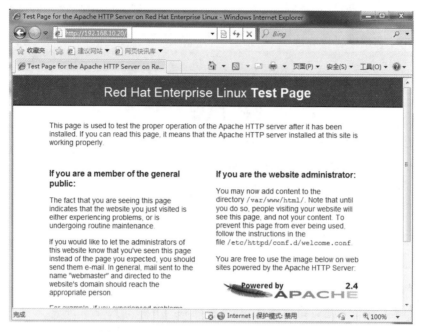

图 13-13　VPN 客户端成功访问 Web 服务器

（4）在 VPN 服务器端利用 ifconfig 命令可以看到多了一个 ppp0 连接，且 ppp0 的地址就是前面我们设置的"localip"地址 192.168.1.100，如图 13-14 所示。

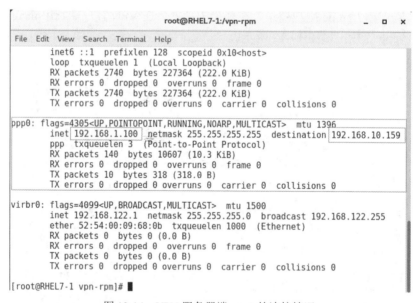

图 13-14　VPN 服务器端 ppp0 的连接情况

以用户"smile"和"public"分别登录，在 Windows 客户端将得到不同的 IP 地址。如果用"public"登录 VPN 服务器，客户端获得的 IP 地址应是主配置文件中设置的地址池中的 1 个，如 192.168.10.11，请读者试一试。

3.　不同网段 IP 地址小结

在 VPN 服务器的配置过程中，我们用到了几个网段，下面逐一分析。

（1）VPN 服务器有两个网络接口：ens33、ens38。ens33 连接内部网络，IP 是 192.168.10.1/24；ens38 接入 Internet，IP 是 200.200.200.1/24。

（2）内部局域网的网段为 192.168.10.0/24，其中内部网的一台用作测试的计算机的 IP 是 192.168.10.20/24。

（3）VPN 客户端是 Internet 上的一台主机，IP 是 200.200.200.2/24。实际上客户端和 VPN 服务器通过 Internet 连接，为了实验方便省略了其间的路由，这一点请读者注意。

（4）主配置文件"/etc/pptpd.conf"的配置项"localip　192.168.1.100"定义了 VPN 服务器连接后的 ppp0 连接的 IP 地址。读者可能已经注意，这个 IP 地址不在上面所述的几个网段中，是单独的一个。其实，这个地址与已有的网段没有关系，它仅是 VPN 服务器连接后，分配给 ppp0 的地址，为了安全考虑，建议不要配置成已有的局域网网段中的 IP 地址。

（5）主配置文件"/etc/pptpd.conf"的配置项"remoteip　192.168.10.11-19,192.168.10.101-180"是 VPN 客户端连接 VPN 服务器后获得 IP 地址的范围。

13.4　练习题

一、填空题

1．VPN 的英文全称是_____，中文名称是_____。

2．按照开放系统互联（OSI）参考模型的划分，隧道技术可以分为_____和_____隧道协议。

3．几种常见的隧道协议有_____、_____和_____。

4．打开 Linux 内核路由功能，执行命令_____。

5．VPN 服务连接成功之后，在 VPN 客户端会增加一个名为_____的连接，在 VPN 服务器端会增加一个名为_____的连接。

二、简述题

1．简述 VPN 的工作原理。
2．简述常用的 VPN 协议。
3．简述 VPN 的特点及应用场合。

13.5　项目拓展

一、项目目的

● 掌握配置并测试远程访问 VPN 的方法。

二、项目环境

图 13-15 所示是一个小型的 VPN 实验网络环境（可以通过 VMware 虚拟机实现该网络环境）。

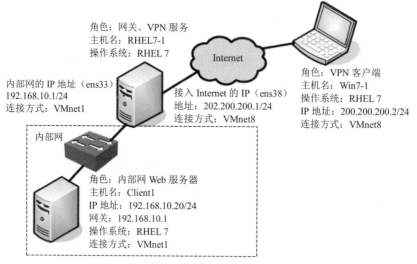

角色：网关、VPN 服务
主机名：RHEL7-1
操作系统：RHEL 7

Internet

角色：VPN 客户端
主机名：Win7-1
操作系统：RHEL 7
IP 地址：200.200.200.2/24
连接方式：VMnet8

内部网的 IP 地址（ens33）
192.168.10.1/24
连接方式：VMnet1

接入 Internet 的 IP（ens38）
地址：202.200.200.1/24
连接方式：VMnet8

内部网

角色：内部网 Web 服务器
主机名：Client1
IP 地址：192.168.10.20/24
网关：192.168.10.1
操作系统：RHEL 7
连接方式：VMnet1

图 13-15　VPN 实验网络拓扑图

三、项目环境

某企业需要搭建一台 VPN 服务器。使公司的分支机构以及 SOHO 员工可以从 Internet 访问内部网络资源（访问时间为 09:00—17:00）。

四、深度思考

在观看（本项目的项目实训视频）时思考以下几个问题。

（1）VPN 服务器、内部局域的主机、远程 VPN 客户端的 IP 地址情况是怎样的？

（2）本次（本项目的项目实训视频）中主配置文件的配置与我们课上讲的有区别吗？（从网段上分析）

（3）如果客户端能访问 192.168.0.5，但却不能访问 192.168.0.100，可能的原因是什么？

（4）为何需要启用路由转发功能？如何设置？

（5）如何设置 VPN 服务穿透 Linux 防火墙？

（6）eth0、eth1、ppp0 都是 VPN 服务器的网络连接，在本次实验中，它们的 IP 地址分别是多少？客户端获取的 IP 地址是多少？

（7）在配置账号文件时，如果需要客户端在地址池中随机取得 IP 地址，该如何操作？

五、做一做

检查学习效果。

综合实训一　Linux 系统故障排除

一、实训场景

假如你是 A 公司的 Linux 系统管理员，公司有几台 Linux 服务器。现在这几台服务器分别发生了不同的故障，需要进行必要的故障排除。

Server A：由实训指导教师修改 Linux 系统的/etc/inittab 文件，将 Linux 的 init 级别设置为 6。Server B：由实训指导教师将 Linux 系统的/etc/fstab 文件删除。Server C：root 账户的密码已经忘记，无法使用 root 账户登录系统并进行必要的管理。

为便于日后进行类似的故障排除，建议在完成故障排除后，对/etc 目录进行备份。

二、实训基本要求

1．参加实训的学生启动相应的服务器，观察服务器的启动情况和可能的故障信息。
2．根据观察的故障信息，分析服务器的故障原因。
3．制订故障排除方案。
4．实施故障排除方案。
5．进行/etc 目录的备份。

三、实训前的准备

进行实训之前，完成以下任务：

1．熟悉 Linux 系统的重要配置文件，如/etc/inittab、/etc/fstab、/boot/grub/grub.conf 等。

2．了解 Red Hat Enterprise Linux 的常用故障排除工具，如 GRUB 引导管理程序、Red Hat 救援模式等，并了解各个工具适合的故障排除类型。

四、实训后的总结

完成实训后，进行以下工作：

1．在故障排除过程中，观察服务器的启动情况，并记录其中的关键故障信息，将这些信息记录在实训报告中。

2．根据故障排除的过程，修改或完善故障排除方案。

3．写出实训心得和体会。

综合实训二　企业综合应用

一、实训场景

B 公司包括一个园区网络和两个分支机构。在园区网络中，大约有 500 个员工，每个分支机构大约有 50 员工，此外还有一些 SOHO 员工。

假定你是该公司园区网络的网络管理员，现在公司的园区网络要进行规划和实施，现有条件如下：公司已租借了一个公网的 IP 地址 100.100.100.10，和 ISP 提供的一个公网 DNS 服务器的 IP 地址 100.100.100.200。园区网络和分支机构使用 172.16.0.0 网络，并进行必要的子网划分。

二、实训基本要求

1. 在园区网络中搭建一台 squid 服务器，使公司的园区网络能够通过该代理服务器访问 Internet。要求进行 Internet 访问性能的优化，并提供必要的安全特性。

2. 搭建一台 VPN 服务器，使公司的分支机构以及 SOHO 员工可以从 Internet 访问内部网络资源（访问时间：09:00—17:00）。

3. 在公司内部搭建 DHCP 和 DNS 服务器，使网络中的计算机可以自动获得 IP 地址，并使用公司内部的 DNS 服务器完成内部主机名以及 Internet 域名的解析。

4. 搭建 FTP 服务器，使分支机构和 SOHO 用户可以上传和下载文件。要求每个员工都可以匿名访问 FTP 服务器，进行公共文档的下载；另外还可以使用自己的账户登录 FTP 服务器，进行个人文档的管理。

5. 搭建 samba 服务器，并使用 samba 充当域控制器，实现园区网络中员工账户的集中管理。并使用 samba 实现文件服务器，共享每个员工的主目录给该员工，并提供写入权限。

三、实训前的准备

进行实训之前，完成以下任务：
1. 熟悉实训项目中涉及的各个网络服务。
2. 写出具体的综合实施方案。
3. 根据要实施的方案画出园区网络拓扑图。

四、实训后的总结

完成实训后，进行以下工作：
1. 完善拓扑图。
2. 根据实施情况修改实施方案。
3. 写出实训心得和体会。

参考文献

[1] 杨云，林哲. Linux 网络操作系统项目教程（RHEL 7.4/CentOS 7.4）（微课版）[M]. 3 版. 北京：人民邮电出版社，2019.

[2] 杨云，运永顺，和乾，等. Linux 网络服务器配置管理项目实训教程[M]. 2 版. 北京：中国水利水电出版社，2014.

[3] 唐柱斌. Linux 操作系统与实训（RHEL 6.4 / CentOS 6.4）[M]. 北京：清华大学出版社，2016.

[4] 杨云. Red Hat Enterprise Linux 6.4 网络操作系统详解[M]. 北京：清华大学出版社，2017.

[5] 杨云，张青. Linux 网络操作系统项目教程（RHEL 6.4/CentOS 6.4）[M]. 2 版. 北京：人民邮电出版社，2016.

[6] 杨云，马立新. 网络服务器搭建、配置与管理：Linux 版[M]. 2 版. 北京：人民邮电出版社，2015.

[7] 刘遄. Linux 就该这么学[M]. 北京：人民邮电出版社，2016.

[8] 刘晓辉，张剑宇，张栋等. 网络服务搭建、配置与管理大全（Linux 版）[M]. 北京：电子工业出版社，2009.

[9] 陈涛，张强，韩羽. 企业级 Linux 服务攻略[M]. 北京：清华大学出版社，2008.

[10] 曹江华. Red Hat Enterprise Linux 5.0 服务器构建与故障排除[M]. 北京：电子工业出版社，2008.

[11] 51CTO 博客. http://blog.51cto.com/.